低碳城市规划理论与方法

张洪波 著

内 容 简 介

本书从城市规划视角探索低碳城市空间发展模式和规划控制体系,建构了城市低碳发展的规划控制内容和方法,并在城市碳排放效应方面,从居住区和工业园区两个领域详细阐述了低碳规划方法、指标体系和建设模式,有助于推动城市规划理论走向纵深交叉的多元维度的"协同共生设计观",以整体性思维重新审视城市空间结构关系,从而有效地指导低碳城市规划设计与建设实践。

本书可供从事城市建设、城市管理、城市规划等人员使用,亦可供高等院校相关专业师生阅读和参考。

图书在版编目(CIP)数据

低碳城市规划理论与方法/张洪波著. —哈尔滨:
哈尔滨工业大学出版社,2022.8
ISBN 978 - 7 - 5767 - 0413 - 6

Ⅰ.①低… Ⅱ.①张… Ⅲ.①节能 - 城市规划 - 研究 -
中国 Ⅳ.①TU984.2

中国版本图书馆 CIP 数据核字(2022)第 176339 号

策划编辑 闻 竹
责任编辑 张羲琰
封面设计 郝 棣
出版发行 哈尔滨工业大学出版社
社 址 哈尔滨市南岗区复华四道街 10 号 邮编 150006
传 真 0451 - 86414749
网 址 http://hitpress.hit.edu.cn
印 刷 哈尔滨久利印刷有限公司
开 本 787mm×1092mm 1/16 印张 15 字数 327 千字
版 次 2022 年 8 月第 1 版 2024 年 5 月第 1 次印刷
书 号 ISBN 978 - 7 - 5767 - 0413 - 6
定 价 99.00 元

(如因印装质量问题影响阅读,我社负责调换)

前　言

　　近百年来,全球温室气体排放量持续增加,引发全球气候变化,导致气候变暖,海平面上升,已经威胁到人类生存,由此引发了人们追求低碳、生态、可持续发展的生存环境。对于人口、资源和基础设施相对集中的城市地区而言,寻求低碳生态化发展已经成为解决全球碳排放的关键问题。在蓬勃发展的全球低碳思潮和低碳城市建设实践的双重作用下,国内低碳城市规划理论和技术体系在系统的理论指导和技术实践措施方面还存在不足。从城市规划层面寻求低碳发展的规划体系和空间建设模式已成为迫切需要解决的问题。因此,本书从低碳城市建设内涵与发展模式以及碳排放控制的关键领域出发,力求建构一种适于分析和研究低碳城市发展的空间控制理论。

　　本书从城市规划视角分析了国内外低碳城市相关研究进展和城市空间发展模式,结合我国国情系统阐释了低碳城市的内涵和空间发展模式以及规划控制体系,提出了低碳城市空间发展的价值取向和契合的发展模式,并提出城市向低碳演化发展的规划控制内容和方法。基于城市复杂系统耦合关系,提出低碳城市的空间协同规划体系,构建一个协同、有序、高效、持续发展的城市空间结构。在城市碳排放效应方面,从居住区和工业园区两个领域详细阐述了低碳规划方法和指标体系,以及低碳居住区和低碳园区规划控制体系和建设模式。

　　本书构建了低碳城市协同规划基本理论框架,有助于探索低碳城市的规划理论与方法创新,推动城市规划理论与气候变化从以前的"条件设计观"走向纵深交叉的多维度的"协同共生设计观",以整体性思维重新审视城市空间结构关系,从而有效地指导低碳城市规划设计与建设实践。本书的多学科交叉研究尚处于初步探索阶段,有待今后的逐步提高和进一步研究。

作　者

2022 年 4 月

目　　录

第1章 绪 论

1.1 研究背景

1.1.1 现实背景——全球气候变化与城市面临的危机

1. 全球气候变暖

全球气候变暖已经严重影响到人类的生存和社会的可持续发展,如海平面上升、冰川融化、冻土层减少、生态系统退化、极端天气频发等,这些严峻问题已威胁到粮食安全、水资源安全、公共卫生和人类健康。联合国政府间气候变化专门委员会(Intergovernmental Panel on Climate Change, IPCC)在1990年评估报告中明确指出了全球气温升高的危害,证实近代全球气候变暖的主要原因是人类活动排放大量的二氧化碳(CO_2)、甲烷(CH_4)、氧化亚氮(N_2O)等温室气体所造成的。

100多年来的观测数据表明,由于温室效应导致全球平均气温上升了0.8℃,人类距离地球生态灾难发生的危险临界点只有1.2℃,并预测到2100年全球平均气温将升高1.8℃~4.0℃。同时IPCC研究认为,全球气温如果上升2.0℃将会给人类带来灾难性影响,会出现海平面上升引发洪涝灾害,人口面临饥荒,公共卫生受到威胁,淡水资源短缺,引发地球危机。

人类从农耕文明走向工业文明的过程中,由于过度依赖化石能源、不合理利用土地、森林和草原湿地破坏严重、人口猛增等因素,因此导致大气中二氧化碳、甲烷、氢氟碳化物(HFCs)、氧化亚氮、全氟碳化物(PFCs)等五种温室气体浓度急剧增加,是全球气温上升的根本原因。

全球气候变暖的事实已经引发了人类对生存危机的深刻思考,气候暖化现象及其不利影响也日益成为人类共同关心的热点问题。近百年来碳排放数据表明,全球碳排放的75%~80%来自城市温室气体排放,造成这一现象的主要原因是城市能源消耗的85%依靠化石能源。世界资源研究所统计数据表明,近160年来全球二氧化碳排放量超过1.2万亿吨。其中,2013年全球范围煤炭、天然气、石油消耗产生的二氧化碳排放量已经超过300亿吨(图1-1)。

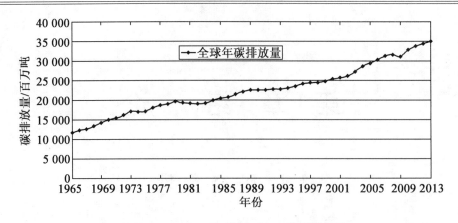

图 1 - 1　1965—2013 年全球二氧化碳排放量

　　当前全球碳排放量增加趋势明显,我国年均碳排放增加量不容乐观。1960—2018 年世界主要国家碳排放趋势表明,中国和印度碳排放处于增长阶段,但增速已经开始放缓;2005 年,我国碳排放超过美国,位列全球第一(图 1 - 2),同时我国也是城市建设总量最大、增长速度最快的国家,人均城市建设用地较 1980 年增长了 2.78 倍。研究数据显示,2010—2012 年间,按照石油消耗和水泥生产排放的二氧化碳增加量统计,全球 75% 的增量来自我国,仅 2017 年我国碳排放量就占全球碳排总量的 27.6% ,这主要是因为我国处于工业化和城镇化加速期,城乡产业结构和能源结构过度依赖煤炭和石油等化石能源。从温室气体排放领域看,化石能源、工业、交通及建筑领域为主要的碳排放主体(图 1 -3)。

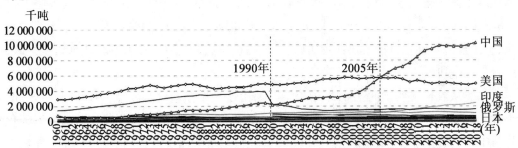

图 1 - 2　1960—2018 年各国碳排放演变趋势

　　全球气候变暖,极端天气频发,波及全球多数国家。近 10 年来,我国受气候变化导致的自然灾害造成的经济损失都在 2 000 亿元以上。因此改变传统的能源方式,更新技术和发展理念,减缓碳排放量,已经成为人类共同面对的关键问题。

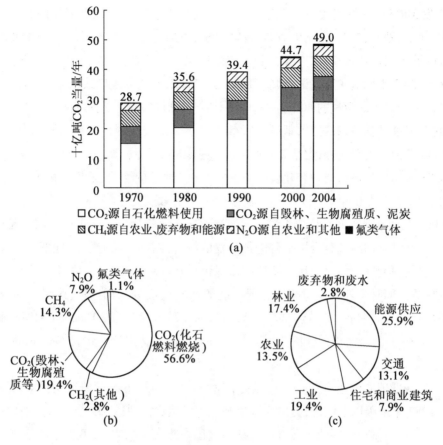

图1-3 全球温室气体排放量和分布领域

为应对气候变化,全面贯彻新发展理念,构建新发展格局,处理好发展与减排的关系,谋划好中长期发展战略,统筹稳增长和调结构,2021年10月国务院出台了《2030年前碳达峰行动方案》,明确提出"十四五"期间,产业结构和能源结构调整优化要取得明显进展,重点行业能源效率大幅提升,煤炭消费增长得到严格控制,绿色低碳技术研发和推广应用取得新进展。我国提出到2030年,非化石能源消费比例达到25%左右,单位国内生产总值二氧化碳排放比2005年下降65%以上,重点实施能源绿色低碳转型行动、节能降碳增效行动、工业领域碳达峰行动、城乡建设碳达峰行动、交通运输绿色低碳行动、循环经济助力降碳行动、绿色低碳科技创新行动、碳汇能力巩固提升行动、绿色低碳全民行动。英国和德国都计划在2050年将碳排放量减少80%,可以看出全球都在进行减碳行动,应对气候变化。

2.中国低碳城市建设现状

2008年,我国发布了《中国应对气候变化的政策与行动》白皮书,明确指出中国地表平均气温较100年前升高了1.1℃,海平面上升了90毫米,气候变暖趋势明显。为此,

2010 年发布的《国家发展改革委关于开展低碳省区和低碳城市试点工作的通知》,确定了广东、辽宁、湖北、陕西、云南五省和天津、重庆、深圳、厦门、杭州、南昌、贵阳、保定八市作为低碳城市试点地区;2012 年第二批试点地区又确立了 28 个城市;2017 年第三批试点城市又增加 45 个城市。这些试点城市和地区中有 13 个城市人口数量超过 500 万,总人口数量占全国总人口数量的 40% 左右,GDP 占全国总量的 60% 左右,这些城市人口规模大、碳排放量高,同时资源丰富,低碳建设效果显著。随着我国加入《巴黎协定》,确定了力争 2030 年前实现碳达峰,力争 2060 年前实现碳中和目标。

为此,城市要从城市规划和建设等方面,寻求一种可持续的"低碳"城市发展模式来化解目前"高碳"城市给人类带来的灾难与威胁是当务之急。

2006 年,阿联酋阿布扎比的低碳城示范项目——马斯达尔(Masdar)零碳城是由政府主导开发,并结合国际基金投资平台进行开发的综合性新城,功能包括商务商业、科技研发、生态居住、科教配套等,使用一系列高新绿色科技项目,通过城市内部自循环,完全实现零碳排放。同时国外早些年类似低碳节能的案例也很多,如美国纽约州 Ecovillage 和亚利桑那州 Civano 社区、芬兰赫尔辛基 Viikki、瑞典马尔默 Vastra Hamnen 和斯德哥尔摩 Hammarby Sjostad、荷兰伊科鲁尼亚小区 Ecolonia、英国格林尼治世纪村 Greenwich Millennium Village 等。

在我国,低碳城市建设正处于城镇化高潮期。中国城市科学研究会的一项统计表明,全国 287 个地级以上城市,提出低碳生态城市发展目标的达 259 个。未来我国低碳城市建设必将成为城市发展的主要方向。从目前国内建设市场来看,我国建设工程量约占世界总建设量的一半,因此在我国建设低碳城市具有广阔前景。然而,在低碳城市实践方面,还缺乏系统的、能指导低碳城市开发建设的低碳规划理论体系和低碳规划指标内容,所以,全球气候变化时期,城市规划理论、方法和原理受到挑战,需要完善能真正指导低碳城市建设的低碳城市规划理论。

具体来看,我国低碳城市建设存在以下两方面的不足:一是注重技术和经济发展而忽视社会和生态问题。我国低碳生态城市建设普遍注重从技术角度实现城市节能减排目标,忽视了地域生态环境和社会民生问题。美化蓝图下的低碳规划,关于社会和谐问题往往停留在口号或简单的指标上,缺乏深刻的认识和考虑,更缺少公众参与环节。而且有些地区的生态城镇建设选址在生态敏感区或保护区内,严重破坏了原有的生态基底。二是低碳生态城建设成本考虑不足。我国很多低碳生态城镇建设缺乏对建设成本的考虑,城市的规划建设和实施政策导向对成本效益考虑不足。有些低碳城市或生态新城开发建设本着高起点规划、低碳环保理念,规划初衷是减少资源浪费降低生活成本,然而其建设过程往往是"大手笔"的高投入,为追求低碳城市的"标杆"而进行造城运动,将建设成本问题作为次要问题。

1.1.2 科学背景——低碳城市规划理论

2020年9月,在第75届联合国大会上习近平总书记提出中国力争2030年前实现碳达峰和努力争取2060年前达到碳中和目标,是国家重大战略决策,事关国家永续发展和构建人类命运共同体,这对于低碳城市规划理论发展和城镇低碳化建设具有重要指导意义。《2021年全球气候状况》报告指出,过去的六年(2015—2020)是全球有记录以来最热的年份,气候危机已经是当今人类面临的重大危机挑战。截至2020年,全球超过120个国家和地区提出碳中和目标,并陆续制定减碳目标和规划路线图。

与此同时,城市空间规划作为最广泛共识且有效控制碳排放的手段,成为指导城市建设低碳发展的关键。在城市向低碳生态化演进和发展过程中,低碳规划理论和技术是具有特殊重要性的规划类型之一,是人类的自然观、生态文明观、价值观和低碳生活方式的直接体现。城市是复杂巨系统,也是碳排放高发地域,全国土地利用的数量结构预测变化数据表明,碳排放主要集中在全国约7%的土地上,推动全球21%人口的城镇化,尤其人口超过百万的大都市区是化石能源利用的主要场所,成为碳排放量高发区域。

低碳城市规划相关理论研究在世界各国都处于探索和研究阶段,目前并没有统一的系统性理论体系。我国现代城市规划经历中华人民共和国成立初期初始萌芽期、改革开放前后缓慢发展期、改革开放初期启动建构期,以及2000年后全面发展期等几个阶段。随着我国生态环境出现"短板",表现为生态脆弱性、生态环境问题严峻、空气污染、生态环境退化等问题,以及世界各国关注气候变化,低碳发展成为全球发展共识,这一时期我国开始高度重视国土与城市生态环境在各个领域的凸出问题,2014年出台了《国家新型城镇化规划(2014—2020年)》,提出了众多"生态命题",表明国家层面已经将城镇化与生态环境及气候变化予以关联。2008年,保定市发改委与清华大学合作,联合编制了《保定市低碳城市发展规划纲要(2008—2020年)(草稿)》。2010年,厦门市率先在国内编制出台《低碳城市总体规划纲要》,重点将从占碳排放总量90%以上的交通、建筑、工业生产等三大领域探索低碳发展模式。近年来,世界各地也陆续开展了低碳城市新区和社区案例研究,总体来看,西方国家低碳建设实践多以小规模社区尺度开展建设实践尝试,而我国低碳城市建设规模偏大,在城市新区、开发区和园区层面展开低碳建设实践,并采取地方性低碳导则规划技术控制指标体系指导实践建设。

可供借鉴的外国经验,如2019年美国《一个纽约2050:建立一个强大且公平的城市》全面纳入气候变化核心目标,建构"目标—策略—行动—指标"内容框架,建立多情景模型对碳中和路径进行预测。英国《大伦敦规划2021》提出系列政策和策略,规划围绕减缓、适应、循环经济三个维度构建涉及城市多领域的低碳发展目标,以实现最小化温室气体排放。法国《国家低碳战略》建立了"多规"传导机制,国家低碳战略纵向传导到省级气候专项规划、横向传导到大区域总体规划和地方级城市规划,并探索建立巴黎3D GIS平台用于能源、资源和碳排放的监测评估。日本 2013 年发布《低碳城市建设规划编制手册》《低碳城市建设规划实践手册》，并在 2020 年宣布 2050 年前实现碳中和目标，建立法律条例，编制导则，推进规划实施等低碳城市框架体系。

我国经过近年来的低碳建设实践尝试，低碳城镇化建设方面取得一定减碳效果，但面临复杂的城市巨系统，在低碳规划理论和技术规范框架尚未完善的前提下，存在规划编制与实施脱节问题，主动适应国土空间规划体系改革滞后，提高城市低碳生态化规划的应需性水平不高，探索低碳规划体系创新动力不足，构建符合我国国情的城市低碳生态规划理论与实践体系成为实现国家战略的关键。为此同济大学黄翔峰提出在国土空间规划中融入"碳达峰、碳中和"发展理念，建设低碳城市，促进绿色低碳发展是当前城市发展的关键。徐毅松（2020）、孙施文（2020）等提出空间规划作为国家空间发展的指南，是统筹各类建设活动的纲领，直接影响国土空间结构、建筑、交通、生态、能源等领域，融入低碳理念发展的国土空间规划具有协调多层级规划的机制优势。

传统的城市规划理论和方法向低碳城市规划转变还需要一个过程，同时还需要更多的学科交叉知识运用到城市规划实践和建设中来。可喜的是，从近 20 年来国内生态城市相关学生研究态势来看，生态、宜居的城市研究备受关注。尤其是近 5 年来低碳城市和零碳城市的学术前沿研究愈受瞩目，成为当前的学术热点问题，为推动低碳城市规划理论奠定了基础。

目前，城乡规划向低碳生态化发展的理论系统方面缺乏从城市环境质量层面、城市发展"数量"层面和城市可持续发展的时间层面，建立与之相对应的"低碳协调度""低碳发展度""低碳持续度"的城乡规划和建设体系。因而，在全球气候变化已将人类发展推进低碳时代的要求背景下，唯有转变传统的城市规划和建设思维，拓宽城乡规划工作视野，构建新的规划理论体系和规划方法，才能有效引导城市迈向可持续发展之路。

根据我国国情，国土空间规划成为统筹城乡发展和城镇化健康发展的重要规划体系，应转变规划理念，在目标认识、规划实施路径和工作方法等方面要全面响应"碳达峰和碳中和"总体战略要求。结合"双碳"目标要求，制定城乡低碳发展的国土空间编制技术体系，分析空间规划与碳排放、碳汇之间的耦合关系，并结合国土空间"一张图"增补建筑、交通、工业、能源、生态空间等方面减碳技术指标体系和增强碳汇的路径（表 1 - 1）。

表 1 - 1　城乡规划领域碳排放清单框架及低碳政策措施

温室气体排放领域	内容控制	主要政策和低碳措施
工业生产	工业产值、工业直接碳排放	生态工业园区、区域循环经济、产业结构调整
城市绿地	各类城市公共绿地面积	城市绿地碳汇

表 1 - 1 城乡规划领域碳排放清单框架及低碳政策措施

温室气体排放领域	内容控制	主要政策和低碳措施
城乡建筑领域	民用建筑(住宅、公建)面积;工业建筑面积;农村居民点建筑面积	建筑节能减排、绿色建筑认证
交通运输	城市客运交通、区域间长途客运(民航、公路、铁路、水运);货运量	绿色出行、公共交通导向交通方式、绿色节能物流体系、新能源汽车
水资源利用	水资源供应量、污水处理量、中水回用量	节水规划、节水处理技术及设备
农林生态空间	林地、草地、园地、农田地	湿地和农田保护、植树造林
废弃物利用	废弃物处理(填埋、焚烧、堆肥)	废弃物回收再利用、废弃物处理回收能源
可再生能源利用	可再生能源使用量	建筑一体化可再生能源利用

1.1.3 研究目的

世界各国、各地区都在积极应对气候变化,推动碳达峰和碳中和行动。我国提出《2030 年前碳达峰行动方案》,加快推进城乡建设绿色低碳发展,构建人类命运共同体。《2021 年全球气候状况》报告表明,全球变"热"问题已经触发了全球共同关注气候变化与人类的可持续发展。为应对全球气候变化和人类生态危机,全球低碳城市、零碳城市和零碳社区建设实践已经陆续展开,然而指导低碳发展的规划理论和技术研究尚在探索和研究中。对于我国这样的碳排放第一、人口第一且人为碳排放 85% 都集中在城市的国家来说,低碳对我国各行业的冲击都很大。在"双碳"目标下,城乡规划层面应强化在空间维度、产业维度和功能维度,在全域视角研究碳排放与生态碳汇的协同,提高各层级规划低碳目标和技术指标控制,将城市建设成为更加低能耗、低排放、高效率、宜居且与自然和谐、共生发展的低碳生态城市。但是,目前现实的城市建设和规划设计工作中还缺乏有效引导和控制碳排放的措施和手段。针对这些问题,本书总结了当前存在的一些关键问题:

(1)低碳规划观念趋于表层化,低碳目标和技术体系与实践编制脱钩。国土空间规划背景下,缺乏对低碳城市和低碳规划内涵和特征的深入认识和理解,因而在规划理论研究中造成概念上的混淆不清,指导国土空间规划实践的减碳措施还缺乏系统性和整体性,实践上注重技术而缺乏理性和成本效益考虑。

(2)空间规划结构对城市碳排放锁定效应较为认同,但相关的理论研究和规划实践缺乏从总体空间结构系统进行分析和研究,现状规划编制和实践建设多以单一的技术进行叠加,并没有从国土空间规划层面,将多维度城市空间维度、功能维度、产业维度与气候变化以及自然生态关系进行有效的协同考虑,因而导致规划作用于建设实践的减碳效果甚微。

（3）从国土空间规划现行编制和规划层级关联关系来看，明显缺乏针对气候变化和减少碳排放的技术手段和规划层级间连锁传导效应机制，缺乏从空间结构布局和用地控制角度的低碳规划技术和政策机制。

（4）当前，总体规划仍然缺乏从经济、社会、环境以及规划系统本身所构成的四维层面，重新思考作为控制碳排放源头的国土空间低碳规划研究框架体系，更缺少从低碳城市运行模式和低碳社会模式等角度，考评城市空间发展的选择和价值取向。

研究的目的是应对全球气候变化，减少城市碳排放，指导城市低碳发展。城市是复杂"巨能量"系统，碳排放问题源头涉及多领域和多因素特征，既有城镇化进程加快造成城市规模不断扩大、人口众多、生态环境破坏的原因，又有人们生活理念和生活及消费方式、产业园区空间布局和能源过度消耗等原因。基于以上问题，本书得出以下研究目的：

（1）在国土空间规划背景下，城市空间发展模式选择和决策价值取向需要从气候变化和城市碳排放以及生态和社会等层面进行思考和衡量。本书将气候变化和低碳引介到当前的国土空间规划理论和实践中，其目的是衡量现代城市空间发展模式和价值观的导向合理性，为国土空间低碳规划理论和实践研究打下坚实的基础。

（2）深刻剖析低碳城市的发展内涵及运行模式和规律，使低碳城市规划和建设在国土空间规划各层级规划中更加明确化和精细化，开拓国土空间低碳规划的新视野，从而进一步提出低碳城市的协同规划理念、协同规划理论体系研究框架、低碳居住区规划和低碳工业园区规划，为城市规划理论和实践的深入研究提供理论指导和应用操作方法。

（3）基于城市空间结构要素的协同分析和网络化体系解析基础，从协同和网络关系原理对城市空间结构作用关系方面，提出低碳城市空间结构的协同组织模式，为转变高碳的城市空间结构和土地利用模式提供可操作的规划方法和决策机制。

（4）通过分析低碳城市空间系统的特征、内涵以及规划要素之间的关联关系，为城市减少碳排放提供了减碳的路径，并为低碳居住区规划和低碳工业园区规划控制城市碳排放提出引导和控制策略。

1.1.4　研究意义

本书将从理论层面推动低碳城市的规划理论与方法创新，从城市整体空间层面实现城市空间结构与城市功能匹配，从而为减少城市碳排放提供一种发展途径和空间载体，这对我国城乡规划与建设实践具有现实的指导意义。

1. 有助于推动低碳城市的规划理论与方法创新

本书以城市低碳和零碳为目标，从气候系统、自然生态系统与城市系统之间的耦合关系为宏观主线，深入挖掘人为建设层面的城市空间结构关系与碳排放的作用效应、居住区低碳规划布局方法、工业园区降碳的规划措施，从而有效推动城市空间规划的研究方法创新,完善城市规划理论并探索城市低碳化的策略。同时也是推动城市规划理论与气候变化从以前的"条件设计观"走向纵深交叉、多元维度的"协同共生设计观",从低碳理念的深入认知走向规划设计实践的实用设计方法的有益探索。

2. 以可持续发展理念重新审视城市空间结构关系

城市空间结构对于碳排放有一定锁定效应,传统城市的高能耗、高排放现象出现的原因,主要是城市空间结构模式与城市网络系统之间对于城市各种"流"的传导路径和连接关系造成断裂和阻碍的结果,出现城市空间整体与资源利用低效发展态势。而低碳目标作用下的城市空间发展是寻求空间整体结构走向关联互补,避免城市功能组团的"孤岛"形态,驱使城市空间从整体层面建立与气候及自然协同适应、共生发展的低碳基面,进而促使城市空间发展的关键要素之间建立彼此协同发展的关联模式。城市整体性的协同思维能有效识别城市空间减碳的主导要素之间的关联关系,从而把握低碳城市的空间结构组织特征和运行规律,为提高城市空间整体效能提供路径。

3. 有效指导空间规划与设计实践

低碳城市的空间结构组织通过空间模式选择和规划调控行动两个层面的内容,既有效地把握了城市空间结构整体的合理性,又有效组织了城市空间关键要素与碳排放的关系,促进城市规划领域寻求城市低碳增长的空间规划方法,因此能够有效地指导城市规划的设计与规划实践,更加明确了通过城市规划的工具手段减少城市碳排放的实效作用和未来发展方向。

1.2　国内外研究概况

1.2.1　国外相关研究动态与进展

1. 低碳城市相关研究

欧美等西方国家在低碳规划理念的转变、低碳技术创新和低碳管理等方面,主要集中在城市碳排放因素、城市碳循环与碳代谢、低碳城市规划、城市碳管理等方面,这些为发展中国家提供了可借鉴的示范作用。应对气候变化行动方面的领跑城市主要包括英国伦敦、德国迪岑巴赫(绿色可持续的气候中和新区)、日本柏之叶(环境共生的智慧型城市)、瑞典马尔默(可持续型城市)、丹麦哥本哈根(可持续型城市)、加拿大温哥华、巴西库里蒂巴、阿联酋马斯达尔(零碳到可持续发展的沙漠乌托邦)等。Dong(2019)通过经济与城市化关系研究表明,在城市化初、中、后期阶段,城市化与碳排放关系为不显著、负面抑制和正面促进关系。在低碳城市空间规划途径方面,Newman 和 Kenworthy(2006)研究结果表明城市密度是影响交通能耗的主要原因,空间形态、规模、城市基础设施和服务水平对碳排放有重要影响。Betsill 等（2009）基于紧凑城市、精明增长等空间策略，研究了土地开发强度与能源消耗、功能区街区规模与交通出行量等与碳排放关系。Borrego 等（2006）通过对美国、欧洲、澳大利亚和亚洲 84 个城市研究发现，城市空间形态与城市空气质量有较强相关性。Glaeser（2009）通过对美国 10 个典型大城市中心与郊区住宅生活能耗、交通、采暖空调等进行实证研究，系统研究了城市二氧化碳排放计量方法及应用分析，从碳排放经济角度，科学提出了实现城市低碳化发展的政策建议。Schmidt 研究慕尼黑应对气候变化战略，提出城市应紧凑、高密度发展、宗地再利用；住房、工作、休憩和购物多元功能混合利用；倡导近距离出行，如以公共交通、步行和自行车出行的高可达性。Sanhita 等（2015）几位学者对印度德里的低碳发展路径进行研究，提出城市发展总体上应加强城市土地利用效率、城市资源管理和环境保护层面的开发和保护，从而实现城市迈向低碳节能方向发展。

丹麦哥本哈根的"手指形"规划创造了独特的"丹麦模式"，通过高效利用城市公共交通体系，减少交通碳排放，同时加强和保护城市碳汇体系，并有效控制城市空间形态，实现了城市低碳发展，成为可持续发展城市的典范。丹麦号称"风电王国"，风能利用是丹麦低碳发展的一部分，在绿色建筑、绿色交通、节能技术等方面都做出了积极努力，在过去 25 年中，丹麦可再生能源发电量占总发电量 30%，经济增长了 75%，但能源消耗基本维持不变，为此哥本哈根宣布到 2025 年有望成为世界上第一个碳中性城市。瑞典斯德哥尔摩城市绿楔规划通过城市绿楔形成城市通风廊道，改善区域气候环境，同时也形成了城市碳汇体系网络，有效改善区域气候环境。

2. 关于城市空间结构与协同规划的相关研究

城市是一个复杂巨系统，为此 Bourne（1982）通过对城市形态结构与城市功能相互作用的分析研究，认为城市不仅要强调城市空间结构构成要素（实体要素、经济和社会要素），同时又要强调各要素之间的相互作用关系。这样的深入分析和研究为城市空间发展与要素协同奠定了基础。Simao 等（2009）学者对英格兰城市与郊区规划研究中，以 GIS（地理信息系统）作为技术平台，构建了多层次协同规划框架，通过建立规划系统信息库（经济、社会发展、资源与环境、城市发展现状），对各层面规划进行评估和要素控制，构建彼此协同的城市空间控制体系和规划要素控制体系，并具体建立了协同规划控制单元，对经济指标、土地利用效率、资源和环境提出明确的要求和控制标准。Gustavo 等（2012）学者通过协同土地利用规划框架系统，在荷兰城市空间发展决策做出判断的案例研究中，建立了土地利用协同规划与空间决策体系，在该体系框架下提出对城市规划编制技术体系、评估体系以及空间发展决策的相关要求和协同机制。Grazi 等（2008）学者从城市空间组织、交通、气候变化、城市空间规划与政策等方面进行协同研究，提出将区域气候环境变化、交通发展融入城市空间规划中，分析了交通对于温室气体排放的影响、交通技术层面的能源效率、空间发展减碳策略。

在城市街区空间层面上,Myint(2008)通过对美国俄克拉荷马州的案例研究,提出了在城市系统内部建立功能单元的协同思路。在该案例研究中,提出了 24 个协同功能单元,将社会经济、文化与环境、城市发展与决策融入具体的城市协同功能单元,提出相应的协同控制准则和相应的指导机制。

1.2.2　国内相关研究动态与进展

1.低碳城市及其规划理论研究现状

低碳城市既是城市发展的一种理念,也是城市可持续发展战略。我国低碳城市研究不是在后工业化阶段的低碳化发展,而是探索符合中国国情的城市低碳化发展模式,是在一个复杂情况下迅速发展起来的,一方面,全球气候变化加剧,城市节能减排任务艰巨;另一方面,城市化进程稳步推进,人口众多,资源消耗严重。在此背景下,我国的城市发展模式应该如何转型? 城市发展模式转型的趋势是什么? 这些已经成为决策者和城市规划建设者迫切需要思考和解决的问题。

国内关于低碳城市的研究主要从城市空间结构、城市形态、土地利用、低碳社区、城市产业体系、城市交通体系等方面入手,研究内容包括紧凑城市布局、用地功能混合、以公共交通为主导的综合交通模式、多中心组团空间布局、城市绿地碳汇系统、绿色建筑设计等。低碳城市空间布局方面,方伟坚等(2008)从城市形态结构、土地利用和空间规划等层面,研究了优化空间布局低碳化发展,并证明了"摊大饼"发展模式是一个高碳的城市空间模式。陈洪波(2011)提出低碳发展的五大关键领域,包括空间布局、产业、建筑、交通和基础设施,并通过土地混合使用、适度密度、绿化布局等关键措施,促进城市低碳化发展。也有学者致力于从气候变化与城市的交叉角度,开展了一系列交叉学科领域的认识性研究,对低碳城市、低碳城市规划概念的界定、研究的范畴、研究的过程、研究方法等方面均有不同层面及深度的探讨。然而,由于气候变化条件复杂以及低碳规划研究领域的宽泛、研究对象的不确定等综合因素,造成了其研究领域的复杂性。目前对于低碳城市规划理论体系还没有形成统一的认识。

低碳城市及其规划理论研究现状大致分成三类:第一类是关于低碳城市内涵、目标和战略方面的认识性研究;第二类是关于低碳城市规划理论体系本身的深层次研究;第三类是结合规划案例进行的相关定量、定性研究。

(1)低碳城市的认识性研究。

基于人类社会发展阶段,城市经历了农业社会—工业社会—后工业社会三个阶段,随着城市能源消耗与环境恶化,需求可持续发展的低碳模式成为当前世界关注的焦点。从低碳城市发展的实质来看,它是实现人类生态文明的重要途径和方向。低碳城市是人类应对气候变化时期营建城市可持续发展的一种建设模式,其目的是减少对自然和大气环境的威胁,提高城市生活环境品质,促进城市可持续发展。当前,低碳城市的概念界定并没有形成统一的内涵,相关研究尚处于探索阶段。一般认为,低碳城市是以城市空间为载体发展低碳经济,以公共交通和轨道交通为支撑,转向低碳生活模式,从而减少城市碳排放,实现城市可持续发展。低碳城市建设的模式有多样化选择,以体现城市高效、低耗、可持续发展为城市建设根本。

辛章平等(2008)认为低碳城市的核心是降低能源消耗、减少二氧化碳排放。夏堃堡(2008)认为低碳城市是低碳生态和低碳消费,建立资源节约型、环境友好型社会,建设良性可持续的能源生态系统。卢源等(2010)清晰阐述了低碳城市与生态城市不同的价值和目标体系,并结合上海嘉定新城的安亭新市镇案例,说明了在城市空间形态布局和交通模式选择方面,有助于减少城市总体碳排放,并提出了实现低碳城市的三大可能路径,包括技术性路径、城市性路径和社会性路径。清华大学建筑学院谭纵波教授(2010)认为,低碳城市规划的定位可以考虑构建一个适应低碳要求的、稍加修正的城市规划,从大的方面讲是城市规划体系,具体来说是城市规划的技术和编制的技巧。北京大学吕斌教授(2011)认为,从规划的角度直接与低碳或者减碳关联较少,但在空间上可以从三个尺度控制碳排放:第一层次是建筑或者场地的尺度;第二层次是社区的尺度或者城市的尺度;第三层次是区域的尺度。

(2)低碳城市规划相关理论研究。

为应对气候变化及生态危机,从城市规划学科研究城市低碳发展、低碳生态城市建设理论及方法,对于蓬勃发展的我国低碳城市建设具有重要的实践引导和相应的低碳规划理论指导意义。从理论研究层面来看,低碳发展理念是城市应对气候变化和提高城市环境品质的重要途径。首先,低碳发展理念意味人们营建城市的价值取向和建设模式发生重大转型。工业革命引发的世界生产性大爆炸,已经给地球生态环境造成了极大的破坏,尤其近年来气候变暖正加剧人类与自然的危机,当前关注可持续发展问题也显得尤为急迫。另外,倡导"绿色、低碳、生态"发展目标,以及全球经济模式的转型,都成为低碳城市建设的驱动力。因而,针对不同国情,采用适宜的建设模式和可行的政策、技术以及空间发展路径的有益探索,正成为当前低碳城市规划理论及实践层面需要深入研究的内容。沈清基等(2010)较为系统地总结了低碳生态城市的内涵、特征及建设原理之间的关联性,具体从哲学、功能、经济、社会和空间等多层面解析了低碳城市、生态城市以及低碳生态城市之间的内涵,并提出了低碳生态城建设的基本原理。

从城市生态系统正负效应来看,城市在促进经济、社会发展方面起到了正效应,而从城市环境污染和生态恶化方面来看,则成为影响发展的负效应。从低碳减排技术层面来看,城市规划本身并不具备直接减排功能,而是作为空间发展选择、城市发展价值取向以及技术集成与应用的平台。因此,低碳城市规划和建设需要系统协调影响城市碳排放的规划要素之间的关系,例如在城市空间发展选择、土地与交通协同发展模式、产居平衡以及城市碳汇体系等方面,探索适宜中国国情的低碳城市建设理论体系和规划控制要素。

周岚等(2011)提出规划工作者需要正视低碳时代城市发展,提出在总体规划和控制阶段纳入低碳发展要素,从城市生态环境容量、城市生态边界、空间结构组织、功能分区、开发强度等多层面做出适应性变革。潘海啸等(2008)从区域、总体规划、详细规划三个层面的低碳发展模式方面,提出了低碳城市空间规划策略,包括发展区域公共交通导向的走廊模式、以城市公共交通为开发导向的土地空间利用,并倡导短路径出行且混合高效利用的功能模式、控制街区尺度和住区规模,促进慢行交通系统发展。张泉等(2010)提出从城市空间布局与形态、土地利用模式等方面进行相关性的理论研究和实践探索。王建国等(2011)认为绿色城市设计与城市规划,是"十二五"城市规划设计的新方向,同时提出低碳型城市规划的概念,即低碳城市的经济以低碳为发展模式及方向、市民生活以低碳为理念和行为特征,实施低碳管理模式,关注人与自然和谐发展。顾朝林(2009)提出低碳城市规划理论和方法主要在于构建适合中国国情的低碳城市规划理论研究框架,寻求低碳规划建设模式,建立低碳社会与低碳城市系统之间的耦合关系,并从不同规划层面提出了低碳规划编制技术创新和制度创新的思路。

(3)结合案例的相关研究。

深圳低碳城市建设从优化城市空间、引导产业低碳发展、建立绿色交通系统、推广绿色建筑等方面入手,推动低碳城市建设。卢佳(2009)以深圳市为例,从城市空间角度提出发展低碳城市的关键要素,认为紧凑而有弹性的城市空间控制、控制城市生态安全底线以保持良好的生态环境、通过城市更新和建筑密度分区提高土地利用效率、环境友好的交通规划和生态体系规划等要素控制,有助于实现城市低碳发展。唐元洲和陈晓静(2009)分析了国内外步行城市有助于减少城市碳排放,并结合深圳市步行系统规划进行了低碳城市的相关研究,提出了深圳市步行系统单元网络体系规划、适宜步行系统单元开发的设计导则。同济大学城市可持续发展与公共政策研究所陈飞和诸大建(2009)两位学者结合上海实例,界定了低碳城市的内涵、模型与评价方法,以上海为例进行实证分析,定量化研究上海城市发展过程中的碳排放量,找出现实矛盾及问题,确定未来低碳发展总体战略目标,从建筑、生产及交通领域研究制定基于城市生活低碳化、物质生产循环化及城市空间紧凑化的发展策略。唐磊(2009)结合南京市总体规划,进行了低碳总体规划的相关研究,详尽分析了南京市低碳城市规划的前期背景和条件,并从转变城市发展理念,调整城市工业结构,严格限制高能耗工业发展,加强交通和土地利用一体化规划,提高土地混合利用率,重点开发轨道交通和公共交通建设等几个方面,提出了低碳城市规划策略。张文彤和胡一东(2010)结合《武汉城市总体规划(2009—2020年)》案例,提出武汉低碳城市建设要以生态模式战略为核心,用生态足迹的方法控制城市规模;进行城市生态敏感性评估,确定城市禁止建设区域;依托快速交通体系形成城市轴线发展;采用流体力学模型分析城市通风廊道,构建低碳城市空间框架,促进城市自然循环。李晓伟等(2010)结合厦门市总体规划进行了低碳模式的新尝试,详细分析了厦门城市规划现状,并结合紧凑城市发展要求,提出低碳城市规划目标,构建低碳城市空间结构,优化城乡空间布局,推动城市转向低碳发展。

在城市空间结构和城镇群空间结构研究中,采用协同规划方法的案例较少,目前在一些试点地区和示范性项目中尝试性采用协同规划方法。例如在《珠江三角洲城镇群协调发展规划》中,充分体现了协同规划和互动规划的作用和意义。该项规划于 2006 年实施,也是国内首部规范区域空间开发、建设、协调发展的规划,其工作思路是协调上下级规划,并建立土地利用刚性与弹性的协同关系。规划重点突出了资源利用、生态环境保护、重大基础设施布局,进而提出优化城镇群空间组合、合理布置产业区划、建立土地与交通及生态协同发展的支撑系统框架。

2. 低碳城市建设实践总结

综合上述国内外低碳城市发展实践的结果,总体来看,国外低碳城市实践地区多为发展程度较高的城市或以生活区为主的居住性城市。然而处于快速发展进程中的中国城市,多为综合性城市,产业用地和能耗占一定比例,因此,在国内建设低碳城市情况更为复杂,实现"低碳或零碳"的目标相对更难。

综合国内外低碳城市发展实践,其发展目标和建设模式归纳主要有:综合型低碳社会模式和示范型低碳城市探索模式。综合型低碳社会模式主要是以具备良好经济转型基础的发达国家为主,包括英国、丹麦、日本等国家,低碳领域包括新能源开发利用、绿色建筑、低碳交通、低碳社会消费模式等各个层面,同时加强城市各系统之间密切协作,有效解决城市碳排放问题。

示范型低碳城市探索模式主要是以发展中国家为主体,为实现城市低碳发展而进行的低碳示范项目,我国很多规划或在建的试点城市都属于这类模式(表 1-2)。2010 年 7月,国家发改委开始启动第一批低碳试点城市,截至目前已经启动三批。国家开展低碳城市试点目的是推进生态文明建设,推动绿色低碳发展,确保实现我国"双碳"目标。

表 1-2　国内低碳城市建设发展模式

城市或示范区	规划(建设)目标	规划策略	类型
中新天津生态城	规划充分体现"三和""三能"的规划目标	突出生态特点的定位与产业;采用生态型空间布局理念与模式	大规模产居综合新城
唐山曹妃甸国际生态城	按照"共生城市"概念,建设成为可持续发展的"深绿型"生态城市	建立三个层次的规划指标体系,进行生态要素控制,同时通过交通与土地的整合规划,达到城市各系统之间有效协调合作,减少城市碳排放	大规模产居综合新城

续表 1 – 2

城市或示范区	规划(建设)目标	规划策略	类型
无锡太湖新城	国家绿色生态城区,打造无锡市新中心,探索生态型、循环型、资源节约型绿色建筑应用,提出25%新建建筑通过绿建一星认证,60%通过绿建二星认证,15%通过绿建三星认证	绿色建筑认证;可再生能源利用比例大于8%;非传统水源利用;慢行系统	大规模产居综合新城
上海崇明东滩生态城	《上海市城市总体规划(1999 年—2020 年)》中,其发展目标定为"国际大都市的综合型的生态岛",总体愿景是以"低生态足迹"理念为基础建设全球领先发展的"生态新城镇"	在可持续发展框架下,制定可持续设计导则,采取集约土地利用模式,发展公共交通,制定创新规划评估方法,定量评估城市发展要素	大规模产居综合新城

从目前低碳城市建设实践来看,技术层面的应用较为广泛,而从城市空间整体或城市规划层级间协同发展等层面控制城市碳排放的方法和手段方面涉及较少。从城市规划编制、规划管理以及相应制度层面控制,成为低碳城市建设的关键,具体的协同规划编制和执行成为控碳和减碳的有效手段。

3. 关于城市空间结构与协同规划的相关性研究

近年来,国内很多大城市凸显出"城市病",从一定意义上说,是城市空间布局与城市交通、社会经济发展、生态空间不协同发展的结果。随着城市空间发展矛盾的增多,国内在城市群发展和城市空间结构方面逐渐开始重视融入协同规划思想,进行城市空间结构整合和优化。胡禹域等(2010)在重庆渝中半岛规划中,对半岛碎片式历史环境与城市空间发展进行了有效的协同研究。该规划从城市空间发展和历史环境整体发展的角度,将城市历史空间与城市现代空间进行协同关联,提出协同发展理念,使碎片式历史空间环境与城市空间发展共融,城市整体空间环境更为系统化,城市功能完善化,并促进了城市整体形态缝合。大连长海县獐子岛生态城规划项目明确了各层面规划间的协同关系,从城市空间发展、产业布局、土地生态适宜性分析、资源利用与污染排放等多层面,建立有效协同关联框架,并将 GIS 作为协同规划的技术组织平台。谭敏等(2010)在成渝城镇密集区空间集约发展研究中,运用综合协调研究方法,对区域城镇协调发展、城镇空间有效拓展、生态空间保护、城乡统筹等方面进行了深入分析,提出采用城镇综合协调发展的方式,引导紧凑的城镇空间布局与建设模式。在居住与交通协同发展方面,国内一些大城市已经进行了初步尝试,上海通过采用协同发展的途径,降低了中心城区人口密度,促进城市经济高效发展,并从城市节能、高效运行角度,提出多层次、组团式发展的居住型城镇与多核心的城市空间结构。同时,在城市片区发展中,近年来城市大事件催化作用下的城市体育综合中心、会展博览综合中心等成为城市新的核心增长点。王小健等（2007）通过对南京奥体中心作为城市主要大事件的活动空间载体研究，采用城市主要空间节点与城市整体空间协同发展的规划方法，优化奥体中心选址，并带动片区经济发展，促进区域社会复兴和功能再生。

4. 低碳居住区相关研究

居住社区是人们日常生活和活动最频繁的空间，城市 20% 以上的碳排放与住宅行业有关，为此居住区碳排放也是城市低碳治理的重要方面。袁奇峰等（2020）对未来城市居住区建设，从空间组织、功能多元混合、低碳生态循环、智慧技术应用等方面探析了居住区创新发展方向。冀媛媛等（2020）基于居住区景观碳汇实证研究，提出居住区景观减少碳源、增加碳汇的措施，发挥居住区景观生态效益。满洲等（2018）的居住区实证调研数据研究表明，居住区周边土地混合度与低碳出行比率呈高度正相关，进而提出提高城市功能区土地混合度，改善居民通勤结构，减少交通碳排放。居住区碳排放特征研究方面，朱雪梅等（2014）通过对广州 33 个居住区采取定量研究，基于居住区不同规模、居住区类型、社区群体等多因素比较分析，提出居住区规划设计层面的低碳化策略和低碳管理目标。基于低碳规划设计层面，宣蔚等（2013）从用地、住宅、城市功能和场所多元化使用等方面，建立了控规整体层面和街区层面的低碳控制导则和指标体系。

1.2.3 已有研究成果存在的不足

综上所述，基于国内外低碳城市和规划的相关研究成果，可以看出全球碳排放量增加，引发全球气候变暖的关键时期，国内外学者和研究机构在低碳城市理论与实践方面都取得了可喜的成绩，有力推动了全球城市逐步走向低碳发展的建设开端。然而，全球关于低碳城市和低碳规划的相关研究仍处于探索阶段，在低碳城市相关技术和政策的推广和可复制性方面，还存在很多障碍，在研究深度和广度方面都有很多需要探索和完善之处，这是因为：

（1）已有的研究对城市规划、社会发展背景、国情和地域特征等因素考虑不够充分；对国外低碳城市和低碳规划的引介，忽视了其背后的国情、经济基础、政治因素和意识形态变迁。

（2）研究低碳城市的学者对于倡导低碳（或零碳）城市抱有非常高的热情，从宏观角度和概念层面的分析居多，缺乏定性与定量相结合的深层次规划研究，往往将城市产业、城市交通和空间布局孤立地进行研究，缺乏从城市系统要素之间关联性和协作性角度，研究城市与碳排放的关系及其相应的规划方法。

（3）就国内研究现状而言，关于低碳城市规划的目标体系、成果体系、实施保障体系、评估反馈体系等方面的研究还较分散，缺乏协同规划原理和空间规划相互结合的系统研究方法，这也是本书深入研究的方向。

1.3 研究对象与重要概念的界定

1.3.1 研究对象

通过低碳城市的规划与建设实践推动城市减少碳排放,从而迈向可持续发展的路径是人类所期望图景。为了控制碳排放和气候变化带来的危害,低碳城市是人类应对气候变化的城市空间发展的图景,然而这种人为设计活动能否与复杂的现实性城市图景相吻合,在一定程度上取决于决策者和规划者对于气候变化影响下城市与气候作用关系以及城市空间发展与碳排放规律的认知程度。因此,对于气候变化与城市发展以及碳排放与低碳城市空间结构的相互关系的协同认知是非常必要的。从协同作用和系统网络关联原理的角度研究和认识,能充分了解当前城市与自然和气候的协同发展现状、相互作用与影响的关系,以及城市空间发展与碳排放演化趋势,为城市与自然协同共生发展以及城市内部空间要素间协同、高效、有序发展提供一种解决途径。

1. 以协同的观点建立关系

系统协同观是认识世界的一种思维方式,或者说是一种方法。协同学从大系统中的子系统之间如何进行协作的研究思路,为城市适应全球气候变化,建立城市与自然系统之间、城市内部要素之间的协同发展框架提供了科学指导。协同观的精髓思想是强调彼此间的关联作用对系统结构形成的重要性。从城市系统来说,城市系统与区域气候、自然环境能共同处于适应、和谐、共生的良好状态,其前提条件是建立彼此间相互协同的目标和价值观。在这样的协同观驱使下,城市与气候及自然环境间能够和谐共生、弹性调节与适应变化,从而走向共同协作,推动整体系统向可持续目标发展,否则彼此间各行其是就会使系统走向混乱、无序直至衰亡的状态。

在全球气候变化背景下,从协同观角度建构城市发展与自然气候及环境间协同、同步、互补的关系,分析碳排放的影响下城市空间整体走向与自然协同,建立新的有序结构,揭示城市内外共生的进化动力。为了实现城市"超共生"发展,城市与自然及城市内部间必须建立多维度和多层面的协同系统,并且通过协作生成新的城市空间结构和功能结构,以期将城市从复杂的无序发展状态达到有序、协调的共生发展状态,以此来帮助人类阻止气候进一步变暖。

2. 以城市要素网络关联的观点分析关系

网络关联性思想把城市复杂系统解释为城市所有和内部及外部有关联性的元素,按照彼此相异互补的功能形成系统的有机整体。就城市而言,城市要素彼此之间的关联性越强,城市网络的结构性越鲜明,城市就越有活力。城市网络的结构性要素包括节点、关联性和层次性,宜居而紧凑高效的城市正是依赖这些要素,通过大量不同的路径和连接体系运行的。从城市网络的关联性原理来看,城市各功能区以某种网络化的形态模式去整合城市空间元素,从而支持城市系统运作。

以上分析表明,城市形态也可以理解为网络与几何学之间复杂的相互作用,而城市问题的出现正是由于城市中网络系统与城市的几何模式之间日益失衡所致。本书通过探讨城市空间结构内部的要素关联关系,从宏观、中观和微观的不同规划层面建立与空间结构要素相协调,并紧密联系的低碳城市空间结构要素网络化系统,把握城市从整体到局部的网络化关联特征,为提高城市空间整体效能和推动要素联动发展提供有效支撑。

1.3.2　重要概念的界定

1.相关概念的内涵解析

（1）低碳。

低碳意指较低(更低)的温室气体(二氧化碳为主)排放。碳是一种很常见的元素,主要是运用于化学和大气科学中,尤其是在大气科学中经常用到碳的词汇。"低碳"一词首次在2003年英国能源白皮书——《我们未来的能源:创建低碳经济》中"低碳经济"概念中提出。低碳的提出主要是由于近300年工业文明的推动下,人类对地球无节制的开发和利用导致二氧化碳排放量越来越大,进而导致全球气候变暖,人类预感到地球整体生态环境将遭受前所未有的危机。世界范围内减少碳排放的行动,成为全球首要关注的问题。

在20世纪之前,碳与城市之间的研究和讨论较少,原因是全球城市人口和规模以及人类对环境的影响还没有突显出来,为此人们忽视了"碳排放"问题,也没有充分预见到未来碳排放对全球气候及生态环境的重要影响。随着全球工业化和城市化的不断推进,碳排放量的过度排放引发了全球气候,继而成为全球瞩目的焦点问题。

低碳从经济学角度强调"低能耗、低污染、低排放和高效能、高效率、高效益",以碳中和技术为发展方法的绿色经济发展模式(表1-3)。低碳从社会生活模式的角度强调人们的生活方式尽量减少能源消耗,选择低碳交通出行方式、低碳消费理念,倡导绿色生活。从城市规划学科角度,低碳强调城市规划源头碳排放,将低碳理念融入规划设计的全过程中,采取优化的土地布局方式,引导社会低碳发展,降低城市总体的碳排放量。

表1-3　循环经济、绿色经济与低碳经济的异同

	循环经济	绿色经济	低碳经济
提出时间	20世纪60年代	1989年《绿色经济蓝皮书》	2003年能源白皮书《我们能源的未来:创建低碳经济》

续表 1-3

	循环经济	绿色经济	低碳经济
概念内涵	以资源的高效利用和循环利用为核心,以减量化、再利用、资源化为原则,以低消耗、低排放、高效率为特征	以市场为导向,以传统产业经济为基础,以生态环境建设为基本产业链,以经济与环境的和谐为目的而发展起来的经济形式	低碳经济包含低碳技术和产业、低碳生活,是从高碳能源时代向低碳能源时代演化的一种经济发展模式
共同点	共同的系统观:表现在人与自然相互依存,相互影响 共同的发展观:经济发展要在资源和环境承载力范围内进行 共同的生产观:用较少的资源投入,产出最大资源效率,清洁生产 共同的消费观:适度消费,加大废物循环利用		
差异点	循环经济的核心是强调物质的循环利用,使各种物质循环更好地利用起来,以提高资源效率和环境效率	绿色经济是以人为本,以全面提高人民生活福利水平为核心,保障人与自然、人与环境的和谐共存,促进人与人之间的社会公平最大化的可持续发展,使社会系统的最大公平目标得以实现	低碳经济是以低能耗、低污染为基础的经济,并从技术、制度和观念层面发生根本性转变

(2)低碳城市。

低碳城市的本质是可持续发展理念的具体实践。由于该领域的研究处于初步探索阶段,国内外关于低碳城市概念和内涵还没有统一。就国内相关研究而言,中国科学院可持续发展战略研究组提出,低碳城市是以城市空间为载体,从经济、交通、建筑、技术以及价值观等方面进行转变,以期达到最大限度地减少碳排放的城市。从低碳经济运行模式角度,夏堃堡(2008)认为低碳城市是建立在资源节约型、环境友好型社会的基础上,生产和消费环节低碳化发展,从而创建可持续的能源生态体系。中国能源与碳排放研究课题组将低碳城市界定为,城市倡导低碳生活和低碳出行,采用低碳经济发展模式,城市管理以低碳社会为建设标本和蓝图的城市。仇保兴(2010)从低碳和生态的复合角度提出了低碳生态城的概念,指出低碳生态城就是建立在人类对人与自然关系更深刻认识的基础上,以降低温室气体排放为主要目的,建立高效、和谐、健康、可持续发展的人类聚居环境。世界自然基金会对低碳城市概念界定是,一种主动从工业文明跨越到生态文明的过程,关注城市经济生产模式、能源供应和消耗模式、社会消费模式等是否体现为低碳化。

总结低碳城市的概念大致分成以下几类:基于城市物质空间环境角度,主要强调城市源头低碳化、结构低碳化和末端低碳化;从经济学方面考虑,低碳城市强调城市运行效率最大化;从社会学角度而言,低碳城市概念强调城市生活低碳化、行为低碳化、低碳观念和低碳意识的增强。

　　根据人类社会总体发展历程,很多社会学家认为人类社会已经经历了农业文明、工业文明,现在正步入生态文明。然而在全球气候变化严峻时期,低碳成为生态文明的一个重要分支,而且全球气候形势也要求人们必须迈向低碳发展。为此,城市的发展历程也先后经历了早期的碳平衡的城市发展时期,工业化快速发展时期高碳排放下的工业城市时期,以及进入生态文明时代,必须迈向低碳城市发展的复杂过程(图1-4)。

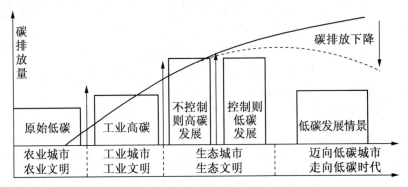

图1-4　迈向低碳城市发展的演进过程

　　英国城市地理学家彼得·霍尔认为城市的研究已经进入了关注全球气候变化时期,这意味着未来的相关研究局面更为复杂化和系统化。人们不仅仅是在追求当前的低碳城市建设,而是为未来"超越低碳城市"打基础。然而从城市规划学科角度而言,低碳城市既是规划变革的一次转折点,也是学科纵深交叉。研究城市碳排放因子也非常多,因此低碳城市的研究重点首先应抓住碳排放的主要原因,分析其来源,通过城市规划手段增强城市碳汇体系,加强城市碳足迹调查,建立城市碳排放监督管理体系。

　　(3)可持续发展与低碳。

　　从"低碳"角度而言,低碳城市发展本身就是践行可持续发展的具体实践和途径(图1-5)。可持续发展思想的提出有其深刻的时代背景和社会根源,其思想的形成和发展过程从20世纪50年代到21世纪,经历了一系列事件(包括《寂静的春天》《增长的极限》《只有一个地球》《联合国人类环境会议宣言》等)和法规决策。目前可持续发展已在全球形成共识,人类只有一个地球,若想长远生息,唯有走可持续发展道路。可持续发展概念的提出核心是基于资源和环境面临的危机,而减少碳排放正是为减少化石能源消耗,改变城市能源结构,提高能源效率而进行可持续发展途径的有效尝试和探索。可持续发展概念涉及面较广泛,是城市发展和建设遵循的总目标,代表城市系统的整体性内涵,不仅与资源和环境相关,还围绕经济、社会等维度。低碳和可持续发展概念在核心思想上是一致的,最终目标都是实现城市与自然和谐发展。低碳以及低碳城市围绕气候变化和碳排放的相关研究,为城市可持续发展途径提供了方向,而且城市"低碳化"发展制定的目标和采取的技术手段更为直接和明确。

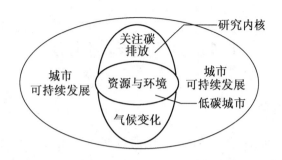

图1-5 城市可持续发展与低碳城市的关系

2. 低碳城市的协同规划概念界定

就城市规划本身而言,其本质特征体现在规划对未来发展的导向性。全球气候变暖时期,城市通过自组织和它组织进行城市空间的调控与发展,然而对我国这样的快速发展中的国家而言,全球化表现最为明显的特征是近三十年来城镇化水平快速提高,因而要保证城市科学合理的发展,与自然环境和资源建立良好的发展模式,离不开科学的低碳规划技术手段进行指导。低碳城市的协同规划,其根本目的是促进城市资源优化利用,实现城市可持续发展,主要规划途径是通过不同层级的规划间彼此协同与调控,最终控制并减少城市碳排放,从而创造城市资源循环高效利用的可持续发展模式。基于此,结合协同规划原理的相关阐释,以下对低碳城市的协同规划概念做出详细界定:

(1)以低碳(或零碳)为核心目标。

以低碳(或零碳)为规划核心目标,构建融合"目标—问题—经验"的低碳规划思维导向,遵循自然生态规律,秉承城市低碳增长的规划宗旨,挖掘城市空间要素之间减碳或降碳的关联关系,从而在城乡规划编制层面上提出城市空间减碳或降碳的规划路径。

(2)以城市规划要素协同为技术手段。

从宏观的城市发展战略到微观的地块控制的各层面规划和环节过程中,以碳足迹为核心,运用系统论、协同论的观点、理论和方法,建立规划要素之间紧密联系的协同控制模式,并通过规划编制、规划管理和政策保障等途径,促进城市低碳、有序、高效发展。

(3)以低碳政策和低碳技术为支撑。

低碳城市的建设和发展离不开低碳政策和低碳技术的支持,需要通过规划设计整合并落实到具有承载社会、经济以及文化的载体空间中,实现规划主动引导城市要素之间整体联动协同,有效促进城市高效生产、低碳消费,同时也落实环境保护并促使规划成为建设自然碳汇系统的具体行动,实现强化自然再生产和还原的功能。

综上所述,低碳城市的协同规划可以概括为以低碳(或零碳)为规划核心目标,在城市规划各层面和环节中,以低碳政策和低碳技术为支持,运用系统论、协同论的观点、理论和方法,通过协同作用和网络化发展原理建立规划要素之间紧密联系的协同控制模式。

1.4　研究内容与方法

1.4.1　研究内容

本书以当前气候变化背景为基础,试图通过气候变化与城市化交互耦合的交叉研究,从城市空间的协同和网络功能关系角度,解读低碳城市空间结构组织模式、要素组织的协同关系,进而从低碳城市的规划层面建构调控城市低碳协同发展的规划体系。

第1章为绪论,主要阐述研究的学术背景、研究目的、意义、国内外的相关研究现状与研究动态,并对相关概念进行界定,提出低碳城市的协同规划概念。

第2章为低碳城市内涵解析与理论诠释。首先从全球城市化角度,分析全球城市碳排放和环境恶化趋势,并对我国碳排放情况进行总体分析,指出城市主要碳排放来源以及城市低碳发展的关键作用。其次,运用类比分析,从城市"内生型"低碳化和"外生型"低碳化层面阐述低碳城市的内涵和特征、低碳城市的运行机理和运行模式。进而对低碳城市的相关理论基础进行阐述,从气候变化与城市化交互耦合系统理论、协同规划原理、生态现代化理论和低碳城市的空间结构关系组织的基本原理等进行系统的梳理和阐述,为后文的低碳城市空间结构关系组织模型和低碳城市协同规划编制体系的提出奠定理论基础。

第3章为低碳城市空间发展模式与规划控制。在从当前追求经济增长、城市化速度的城市形态表征和城市空间效能分析以及传统"三力"驱动下的城市空间发展趋势分析的基础上,提出寻求城市低碳增长的空间价值取向和低碳城市空间发展契合的模式,阐述低碳城市与城乡规划发展的关系,并提出低碳导向的规划控制内容和方法。

第4章为低碳城市空间结构与协同发展模式。首先在分析城市空间结构现状与发展特征的基础上,解析城市空间结构与碳排放效应关系;进而在低碳城市空间结构内涵、系统关联特性解析、组织特征和组织机制解析的基础上,提出低碳城市的空间结构协同模式和空间结构要素组织关系。

第5章为低碳城市协同规划体系。在前4章的基础上,提出低碳城市的协同规划内涵、协同效应和作用机理,并提出低碳城市的协同规划策略和协同规划体系框架;从低碳城市的协同规划实施保障层面,提出协同规划作用下的发展对策和规划保障体系。

第6章为低碳居住区规划。在低碳城市协同规划体系下,提出低碳住区空间与碳排放关系,提出低碳社区建设的指标和碳汇体系,基于生活圈理念,提出低碳导向的日常生活服务设施规划,并从文化生态价值导向方面倡导人们低碳生活模式。

第 7 章为低碳工业园区规划,在实现"双碳"目标背景下,实现工业园区低碳化发展至关重要,提出低碳工业园区发展模式、规划策略和重点规划内容以及低碳工业园区规划编制体系。

1.4.2　研究方法

1. 多学科借鉴研究

任何关于可持续城市的研究都涉及城市规划、经济、社会、生态、气候以及城市管理等多方面的内容。本书从城市规划角度出发,以系统协同论和生态理论为立足点,借鉴多学科融合与交叉的特点,通过低碳城市与低碳规划的内涵解析和气候变化与影响的条件引介,透彻分析二者之间的相互作用与影响关系,最后从城市规划学科角度,提出解决城市的规划途径和方法。

2. 比较分析研究方法

比较分析是按照特定的指标将客观事物加以比较,从而揭示事物的本质并提出正确的评价结果。本书在低碳城市的内涵分析、城市空间发展选择和规划方法以及低碳城市案例分析之间都运用了比较分析,在对各个研究层面进行对比、分析的基础上,提出了低碳城市的空间结构选择、发展模式以及实现城市规划源头控制碳排放的协同规划方法。

3. 实际现场调研和案例分析方法

采用现场实际调研分析,是本书梳理现状问题并总结实践经验的有效方法之一。在研究过程中,我们对国内部分在建和已规划的典型低碳城市和低碳社区进行了实地调研,包括中新天津生态城、唐山曹妃甸生态城、上海崇明东滩生态城以及低碳节能社区、工业园区等。通过现场调研收集了国内低碳生态城市规划和建设的基础资料,并在对资料进行详细整理和系统分析的基础上,有针对性地提出了目前低碳城市建设存在的主要问题和存在的不足之处,为低碳城市的空间结构组织和协同规划研究、居住区规划和工业园区规划提供实际支持。

1.5 研究框架

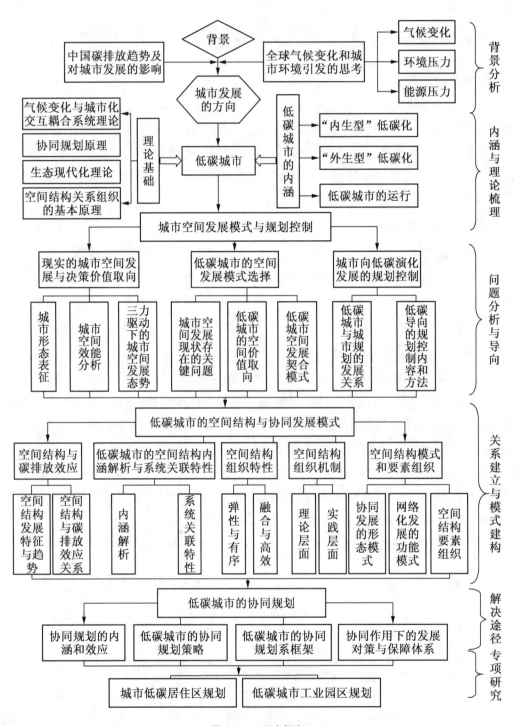

图 1-6 研究框架

第2章 低碳城市内涵解析与理论诠释

2.1 全球城市化进程中的城市碳排放透视

2.1.1 全球城市化发展趋势和全球环境变化

1.全球城市化发展趋势

自工业革命以来,城市作为全球经济发展的主要推动力,其发挥的作用日趋明显,也表现出城市人口逐渐增多,城市规模不断扩大。据统计,1800年,世界城市人口只占总人口的3%,城市人口增长速度缓慢。然而,20世纪全球的城市化经历了快速发展的过程,因而城市人口迅速增长。2010年,联合国经济与社会事务部人口司在《世界城市化展望2009年修正版》报告中,指出世界城市人口已经超过全球总人口的一半,达到35亿。同时据联合国相关部门预计,世界城市化趋势还会加速发展,到2030年世界城市人口将达50亿人,约占世界总人口的60%,为此全球将进入城市化的时代(图2-1)。

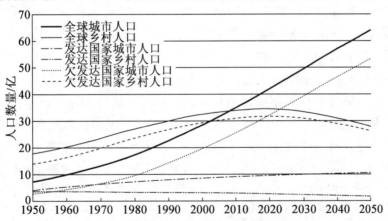

图2-1 1950—2050年全球城市人口和乡村人口增长

全球城市化发展首先表现为城市人口的迅速增加。1970年和2010年全球人口统计数据表明,全球平均城市化水平已经达到50.6%。在40年的时间里全球平均城市人口增长率为2.4%,预期未来40年全球城市人口增长率大约为1.5%。美国人口部门的相关研究推测,到2050年全球大约83%的城市人口是居住在欠发达国家(表2-1)。城市人口的迅速增加也驱动城市土地规模不断扩大,从而导致城市建设用地不断向外扩张。

表 2 – 1　1970—2050 年全球主要地区城市化现状和发展前景

国家或地区	城市人口/百万/人			城市人口增长率/%		城市化水平/%
	1970 年	2010 年	2050 年	1970—2010 年	2010—2050 年	2050
全球	1 332	3 495	6 398	2.4	1.5	50.6
最发达地区	652	925	1 071	0.9	0.4	75
欠发达地区	680	2 570	5 327	3.3	1.8	45.3
不发达地区	41	254	967	4.5	3.3	29.4
非洲	86	412	1 234	3.9	2.7	39.9
亚洲	485	1 770	3 486	3.2	1.7	42.5
拉丁美洲	164	471	683	2.6	0.9	79.4
北美洲	171	286	401	1.3	0.9	82.1
欧洲	412	530	557	0.6	0.1	72.6
大洋洲	14	25	37	1.5	1	70.6

注:根据美国人口部门相关统计和预测数据整理

2. 快速城市化引发的全球环境变化

未来全球人口快速增长和城市化推进,必将对整个地球的生态环境构成较大威胁,为此关于城市化与城市环境的相关研究也成为 21 世纪研究的焦点。从全球城市化发展水平与全球温室气体排放的轨迹比较来看,城市人口的变化与社会发展阶段和能源结构以及碳排放都有密切的复杂关系。美国马里兰大学 Kalnay 教授通过对城市化和土地利用变化的相关研究,认为影响全球气候变化的最重要的人为因素是温室气体排放和土地利用变化,而全球城市化的快速推进是影响土地利用和温室气体排放的最主要原因。

城市化水平的高低与城市能源消耗和碳排放存在线性关系。日本广岛大学 Poumanyvong 等学者通过对 1975—2005 年间,99 个国家关于城市化对温室气体排放和能源利用的定量研究表明,全球城市化进程加快,导致城市能源消耗和碳排放量明显增加。研究发现,在 1975 年发达国家城市化水平已经达到 72%,而欠发达国家和中等发达国家仅为 24% 和 48%;除此之外,发达国家人均能源消耗和碳排放量明显高于其他国家。全球城市化浪潮席卷而来,伴随城市化过程,城市将成为全球经济的主体,城市化的结果是提升了城市经济活力,扩大了人类活动范围和影响程度,改变了全球生态系统的结构和功能,从而加深了环境变化,将全球生态系统推向了威胁人类生存的边缘。

全球气候变暖也引发了各类自然灾害。据世界银行统计,1984—2003 年间,全球有40 亿人受到各类自然灾害的影响,经济损失逐年增长。同时,瑞士再保险公司和慕尼黑再保险公司历史灾害数据以及比利时流行病学研究中心(CRED)的全球灾害数据表明,全球在过去 20 年间,灾害发生频率呈逐年上升趋势。1988—2006 年间,全球范围内洪水和自然风暴每年增加了大约 7%,在 2000 年和 2007 年则平均增长了 8%,自然灾害频繁发生,致使世界各地的人员伤亡数目和遭受的经济损失都非常巨大。

随着全球城市化进一步加快,城市人口会逐渐增多,城市规模不断扩大,改变了地球陆地表层的变化。美国学者 Kalney 等(2003)通过对 50 年间全美洲城镇化与土地利用变化方面的深入研究发现,近一个世纪由于土地利用变化已导致全球气温升高了 0.27℃。从全球环境变化的局部现象来看,由于城镇化造成地表硬质化,给城市环境带来最明显的特征是城市"热岛效应"明显。城市中心区气温往往较周围其他地区高出 1℃~3℃(图 2-2),而且随着城市化加快"热岛效应"会更加凸显,城市能源消耗会增多,形成恶性循环,造成的结果是城市气温不断上升,碳排放量增加。虽然城市绿化和开放空间能减缓城市热岛效应,但由于城市土地监管不严,一些利益驱动者往往是"见缝插针"式开发建设,导致这一效应有增无减。

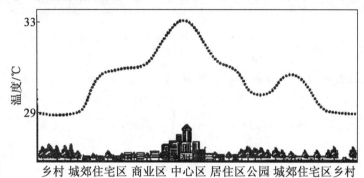

图 2-2   城市"热岛效应"曲线

2.1.2   中国城市化进程和环境问题

1. 中国城市化发展进程

2010 年联合国经济和社会事务部人口司报道,中国是全球城市化最快的国家,全球拥有 50 万以上人口的城市中,有四分之一都在中国。中国社会科学院社会学研究所和社会科学文献出版社发布的《社会蓝皮书:2010 年中国社会形势分析与预测》表明,我国已经进入工业化、城市化中期加速发展阶段,农业生产总值逐年下降,工业生产总值不断攀高,2010 年城市化水平达到 48% 左右。

同时,从 70 多年来中国城市化率的统计数据表明,城市化率从 1949 年的 10.6% 提高到 2020 年的 60.6%。1996 年以来城市发展进入快速发展阶段,1996—2009 年城市化水平年均提高 1.24%,而同一时期的全世界城市化水平在 1995—2020 年间由 44.7% 提高到 60.6%,相比之下我国城市化发展速度尤为突出(图 2-3)。

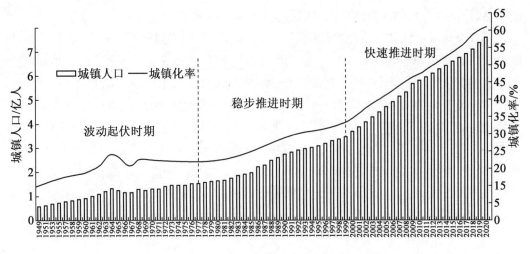

图 2 - 3　1949—2020 年中国城市化率变化情况

未来十年,我国城市化发展仍然保持较快增长的趋势,城镇化率仍将以年均提高 1 个百分点左右的速度推进。根据预测,在 2030 年中国城镇化率将超过 70%(表 2 - 2),而且这一快速发展趋势将会延续到 2035 年左右。届时城镇规模发展的"量"和影响的"面"将难以估计。

表 2 - 2　2010—2030 年中国城镇化水平预测

年份	城市化率/%	年份	城市化率/%	年份	城市化率/%
2010	48.28	2014	52.67	2018	57.03
2011	49.38	2015	53.77	2019	58.10
2012	50.47	2016	54.86	2020	60.6
2013	51.57	2017	55.95	2030	70

2. 快速城市化背景下中国城市环境现状分析

随着中国城市化水平的提高和城乡一体化进程的逐步加快,有限的耕地资源与建设用地及生态用地扩展之间的问题日益尖锐。我国人均可利用的国土空间非常有限,人均耕地面积迅速从 1996 年的 0.11 公顷(1 公顷 = 10 000 平方米)下降到 2005 年 0.094 公顷,城市人均用地仅为 155 平方米,远低于世界城市人均 323 平方米,城市人口增长与环境恶化问题非常突出。近年来,城市化进程加快与人口快速增长给城市资源、环境带来巨大压力,凸显出一系列的"城市病"。例如,城市水资源短缺,城市废弃物产生量大幅攀升,污染物排放量已超过环境容量等问题。

我国城市用地过快增长,已经造成多种环境问题。近 20 年来城市用地规模增加近两倍,耕地和林地大幅减少,破坏了原有生态系统,降低了城市环境承载力。同时,我国与世界其他主要国家相比,人均生态足迹低于世界平均水平(图 2-4)。

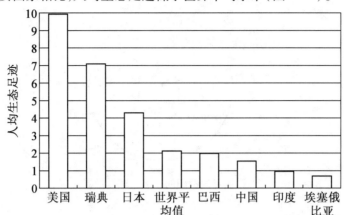

图 2-4　世界主要国家生态足迹

(1)中国碳排放情况分析。

根据国际能源署(International Energy Agency)的统计,全球大城市消耗的能源占全球的 75%,温室气体排放量占世界的 80%。

相关统计数据表明,2007 年,中国已经成为全球最大能源消费国,也是世界第一碳排放大国,中国的碳排放量已经超过美国。预计到 2030 年,能源相关的 110 亿吨二氧化碳排放量中的 3/4 将来自中国(排放量增加 60 亿吨)。中国面临减排温室气体的巨大压力,因此城市的低碳发展势在必行。

(2)中国碳排放的来源分析。

城市作为工业化的主要物质载体,是人类使用化石燃料最密集的地方。我国是一个工业化进程较快的国家,工业部门碳排放量占全国碳排放总量的 80% 以上,这与工业能源利用有很大关系。

中国的能源消费数据表明,煤炭、石油和天然气分别为占 68.67%、18.78% 和 3.77%。因此煤炭依然是一段时期内中国的主要能源,利用可再生能源进行发电的总量仍然很小。这种资源消耗型的能源资源结构必然会增加中国发展低碳经济的难度。

世界主要国家碳排放部门分布情况及中国不同部门碳排放来源统计表明,碳源主要包括城市工业部门、城市交通、制造业和建筑产业(图 2-5)。工业现阶段在中国经济中占主导地位,导致中国工业部门的温室气体排放量和排放比例远远高于世界平均水平。未来随着工业技术改革,碳排放比例会有所下降,但随着城镇化进程加快,城市内部的居住生活和交通方面碳排放比例会上升。

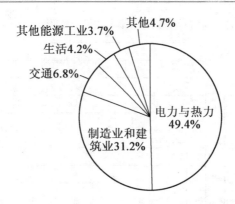

图2−5　中国不同部门的二氧化碳排放量比较

2.2　低碳城市的内涵辨识及运行规律

　　城市是一个复杂的巨系统,包含社会、经济、文化以及与人类活动相关的各类要素,呈现出多方面与多层次的属性。对于城市的理解,首先从世界观角度来看,人类走向文明的标志是从有城市产生开始的,标志人类聚集形式的根本性改变。然而,现代城市过度消耗资源、破坏自然生态环境发展产生了一些超越地球"自净"和"自救"的严峻问题,威胁到全人类的生存和发展。为此,关于探讨人类的未来如何生存发展、城市未来发展的趋势等问题,已经成为全球关注的焦点。气候变化时期,低碳城市成为全球城市可持续发展的途径之一。本书分别从城市"内生型"低碳化和"外生型"低碳化两方面进行讨论,在深入分析之前,存在着这样的疑问:城市可持续发展是否可以从城市整体复杂体系中找出一种"内生型"的低碳节能发展路线,是否可以从生物基本特征以及遗传学、进化论、行为学等方面,对城市如何"内生"发展给予启发?从类比科学角度,这样的思路如果成立,是否能更深刻理解低碳城市的实质?为此,本书从生物组织结构关系的严整而低能耗特征与城市结构和功能进行类比分析,试图从城市结构组织和城市功能布局关系方面寻求低碳发展的途径,主要是从技术、制度以及城市管理角度来理解低碳城市。

2.2.1　城市"内生型"低碳化和"外生型"低碳化

1. 城市"内生型"低碳化

　　(1)生物的基本特征。

　　《辞海(第七版)》中对生物的定义是:自然界中具有生命的物体。包括植物、动物和微生物三大类。生物的基本特征是生命特征,但因生物种类繁多且千差万别,生命现象错综复杂,所以只能寻找生物特征的共性特征进行研究。概括而言,生物基本特征包括以下几个方面:①严整有序的结构。生物体具有与功能完全相吻合的形体结构,而正是生物的这种形态结构与生理功能相适应,体现了生物高效低耗的用能原则。怎样才能理解生物结构的精致,以及结构中各组成部分极其巧妙的协作呢? 一种流行而往往有效的方法是把研究对象分解为越来越小的部分。生物学家对生物组织的研究表明,生物的生命基本结构单元是细胞,而细胞内的结构单元都有其特定的功能和结构,生命的产生就是由这样有序的细胞组织形成的一个完整的系统而显现的。例如,生物遗传信息的载体分子——核酸包含的两类 DNA 分子,结构严整有序,而且会根据条件的变化做出应激反应形成双链或单链结构。这种不朽的双螺旋"生命"象征,往往也能寓意城市繁衍生息,生命不止。②新陈代谢。生物与周围环境进行物质的交换和能量的流动,从而实现自我更新的过程。生物新陈代谢过程一般分为物质代谢和能量代谢两个过程,但生物体每个代谢过程一般都是在非平衡状态下进行,以实现代谢途径向单方向进行,完成能量转换和利用。

(2)基于生物基本特征的城市"内生型"低碳化启示。

"内生型"多见于资源环境和经济学领域,最早将自然资源视为内生条件是在 20 世纪 70 年代的一些增长模型中提出的。基于"内生型"的城市空间发展主要是从生物学的生物特征与城市进行类比的科学角度提出的,因为城市发展与生物的生长过程的特征存在一定的相似性。以往人们从城市规划的角度认识城市(城镇),即表述为"一定数量的非农业人口和非农产业的集聚地,是一种有别于乡村的居住和社会组织形式"。实质上,城市是区别于农村的一种聚居形式,是更能满足人类生活和质量的人类聚居体,包含以人的活动为主体的各类设施和文化要素,共同组成一个综合有机体。从这个角度来看,城市是以人为主体的聚居体,也存在于生物体系的某个层次中,具有生物属性。正如人类聚居学的创立者道萨迪亚斯曾经指出的:"人类聚居是一些独特的、复杂的生物个体。"

以上分析表明,城市的生物特征类比性研究是建立在具有相似的"生物属性"基础上,生物组织结构一般具有层次性和自适应调节能力,能根据自身需要和条件作用调节能量。城市系统也具有一定的层次性结构,城市系统在运行过程中也有与生物相似的"新陈代谢"过程,需要能源的输入和废弃物的排放过程。然而人类还没有从真正意义上形成具有类似生物通过自身结构特征进行自适应调节,以及自动的遗传进化功能的可持续城市。如果城市能通过系统结构调整,使城市结构要素协调,形成城市结构与功能复合的城市布局形态,那么就能实现城市系统本身的协同与调控,从而避免出现城市生活居住地与工作就业场所相互分割而产生过度的交通能耗现象,同时也会避免因单一的经济驱动而进行无序开发的场景。诸如城市"飞地"开发、远郊"卧城"等单一功能,导致地域之间分隔,然后通过道路相连。这是一种功能主义理论的产物,从城市"共生"角度看是在"解剖"城市。从城市控制和管理层面看,这种看似合理的"功能分区"实际上是将复杂的城市简化了,割裂了城市作为一个有机体而存在的本质。城市也具有生物属性特征,可以看作有生命的机体,正如黑川纪章主张的"20 世纪的现代主义是'机械原理'时代,而 21 世纪的新时代可以称作'生命原理'时代"。因此,"世界城市"和"环境"能否共生发展,将决定人类的生存和发展前景。从城市能耗与环境效应双重层面来看,因城市能源消耗而产生的大量废弃物,已经"超越"了城市自身净化系统的能力,是一种"过度新陈代谢"过程(图2-6),由此产生了大量的温室气体排放,导致气候变暖,生态环境恶化,人类健康指数下降。因而,建立与自然平衡发展的城市有机体理念非常关键。例如丹麦哥本哈根的手指形规划通过控制城市发展形态,保护现有生态基础和碳汇体系,形成高效利用城市公共交通体系的城市发展走廊,成为低碳生态城市发展的典范。哥本哈根市之所以能成为低碳城市,是因为其规划时本着城市有机体的规划理念,并以城市生命体的角度来表现城市形态,并非遵照现代城市规划理念,把城市当成一部机器。因而,我们应当倡导多样复合且有机的城市功能,以促进城市结构组织的各个系统要素间的协同、共生调节,实现经济与环境的优化效应,这种结构和系统也是实现城市资源循环利用,迈向低碳型城市的前提条件(图2-7)。

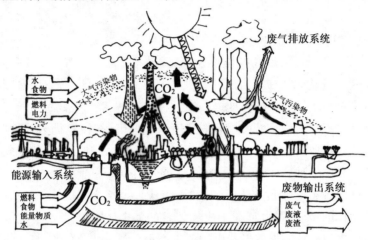

图2-6　城市"过度新陈代谢"

　　生物特征的分析和类比表明,生物形态结构与功能相适应、生物生活习性与生活方式以及生物物种繁衍进化都遵循高效低耗用能的原则,而生物这种适应自然的生存方式完全是依靠自身"内生"的途径达到最小的能量消耗,实现最佳的自然适应。生物的内生节能原理是否能对城市层面的低碳节能研究有所启发?为此,规划思想家芒福德早年以种子逐渐成长为树木的过程为例,说明了细胞按照内在的力量不断生长,发展成具有严整结构的细胞组织以及树干和树叶形态,最终形成了独特的"物质空间载体"(图2-8)。同样城镇建设过程与生物有机体相似,都需要严整的结构和要素相互协调,只不过与生物的物质空间有所差异而已。

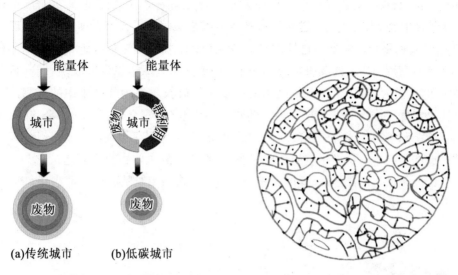

(a)传统城市　　(b)低碳城市

图 2-7　传统城市与低碳城市对比　　图 2-8　健康的细胞组织:显微镜下的"社区规划"

因此,基于生物高效低耗的生物原理,建立与城市层面的类比研究意义重大(图 2-9)。可以检验城市形态结构与功能的协调度、城市生活方式以及城市发展等方面的问题,最终实现城市结构和功能的协同优化,引导低碳生活以及城市科学合理发展,减少碳排放量,这也是城市走向经济、社会、生态融合的"内生型"低碳化发展的重要方向。

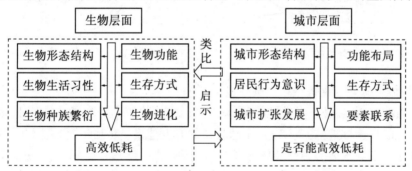

图 2-9　基于生物高效低耗原理的类比分析体系

2.城市"外生型"低碳化

城市发展模式和资源利用存在着密切关系,可以说现代城市的快速发展都是建立在生化资源利用基础上的。城市发展除了依靠调整"内生型"导向的低碳发展模式外,还有依靠"外生"低碳化手段加强碳减排,为此加强现代技术手段和系统的城市管理体系的应用和推广已成为城市"外生"低碳化的重要措施(图 2-10)。

"外生型"是相对"内生型"而言的。从事物发展变化角度看,事件的结局是内因和外因共同作用的结果,对于低碳城市发展而言,城市"内生"低碳发展和"外生"低碳措施的应用都是促进城市可持续发展的有效途径。面对全球温室气体过度排放而引发的全球气候暖化现象,城市唯有选择低碳生态发展模式才是最有效的减排途径。因此,城市转变传统的能源利用方式,依靠低碳技术治理城市以及低碳城市管理体系推广与实践成为城市"外生"低碳化的重要措施。低碳技术是相对高碳技术而言的。近代工业革命催生了以化石燃料利用为主的高碳排放技术及其产业,基于全球生态环境状况,转向低碳排放的技术研发与应用成为全球共同努力的方向。低碳技术在现代城市中的应用广度和层次直接决定低碳城市的碳减排效果。低碳技术涉及建筑、交通、电力、冶金、化工等部门以及新能源和可再生能源的高效利用、二氧化碳捕获与埋存等领域开发以有效控制温室气体排放的新技术。从城市空间范畴层面,城市碳排放主体主要强调建筑、交通、生产以及生活四大领域内的碳排放,这四大领域碳排放量占城市总的碳排放量达到80%以上(图2-11)。

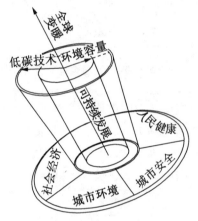

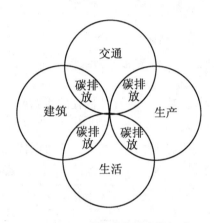

图2-10　"外生型"低碳化导向图　　　　图2-11　城市碳排放主体领域

(1)发展低碳建筑促进城市低碳建设。

有关数据表明,在城市里碳排放的60%来自维持建筑本身的功能使用上,而且随着全球城市化的快速推进(图2-12),全球城市的开发建设量将逐年上升,因此建筑行业的减碳幅度成为低碳发展的关键领域。在中国,低碳建设越来越受到重视,并已写入国家发展规划。中国房地产行业的统计数据表明,中国每建成1平方米的房屋就释放出0.8吨碳。目前,世界40%的建设量都在中国,对于我国这样快速发展的国家而言,低碳城市能否真正实现,建筑领域的低碳至关重要。在国家可持续发展战略下,低碳建筑发展正面临前所未有的机遇。住房和城乡建设部为推动低碳建筑发展,也出台了大量法律法规并推进发展节能节地型住宅建设,组织国家"低能耗与绿色建筑双百示范工程"。总体而言,我国低碳建筑正处于初级建设阶段。近年来欧洲很多国家流行的"被动节能建筑"可以几乎在不依靠人工能源的基础上,达到人类正常生活需要,实现大幅度的减碳功能(图2-13),这在奥地利和德国等国家已经成为现实。德国汉诺威科隆斯堡社区就是一个典型的低碳生态社区,该社区居住6 000户,容纳15 000人,市政设施齐全,教育设施包括三个儿童中心和一所小学,生活设施包括社区中心、康复中心以及零售商店等。该社区是20世纪末规划建成,规划原则是在满足居民生活需求的基础上,实现能源最小消耗。低碳技术措施包括采用太阳能、风能等清洁能源,住宅和公建采用被动节能建筑,同时考虑街区微气候环境,基于以上这些措施较传统能源利用和街区布局方式上减少温室气体排放 85%~95%,实现了以生态、环保、绿色、低碳为宗旨的低碳社区(图 2-14)。科隆斯堡社区案例已经表明,通过合理的规划布局、采用低碳建筑技术措施,改善能源利用可以实现区域碳排放量减少。

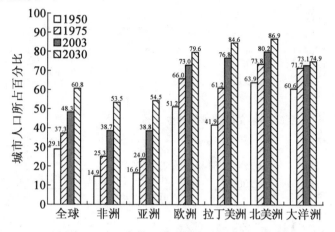

图 2-12 2030 年世界各洲城市人口所占比例

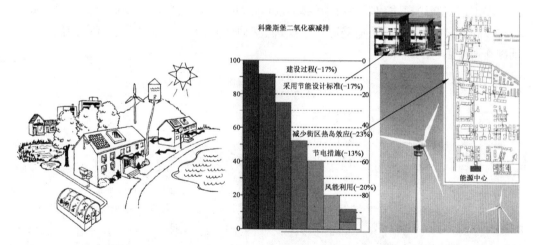

图 2-13 采用自然和生物系统的低碳 图 2-14 德国汉诺威科隆斯堡低碳社区的碳排放量统计
建筑

(2)低碳交通技术及其运行模式。

低碳交通是低碳城市建设的又一关键领域。交通系统对减少城市能源消耗和二氧化碳排放主要体现在交通模式选择和交通设施使用效率。近年来,改善高碳化石燃料的低碳交通工具开发较快,其基本原理是采用"脱碳燃料"作为新型节能汽车的动力来源。低碳交通工具的采用为城市碳排放量减少提供了可靠的技术途径,然而采用单一的技术手段并不能真正实现城市交通低碳。城市交通是复杂的系统,与城市规模、土地利用模式、居民出行有非常密切的关系,因而,城市交通模式的选择是关键。通过城市总体规划布局、公共交通模式、高效交通管理体系完全可以降低城市交通碳排放。例如,伦敦在规划部门、交通部门及技术管理等部门参与下共同制定了城市交通碳减少目标基线,预计到 2025 年城市交通碳排放量减少 60% ,到 2050 年将减少 80% (图 2 − 15)。

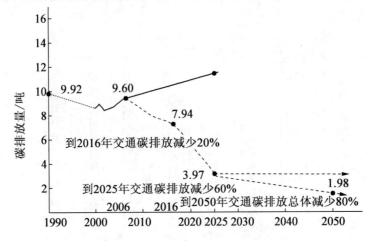

图 2 − 15　2050 年伦敦交通减排目标基线

城市道路交通模式和效率成为低碳城市建设的关键,除在技术层面上改善城市交通碳排放外,还应建立包括低碳交通观念层面、交通运行效率层面以及法规层面的多维的低碳交通体系(图 2 − 16)。

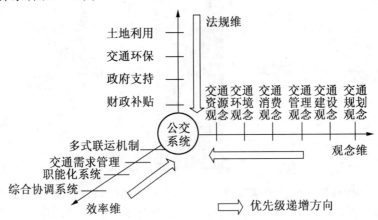

图 2 − 16　多维低碳交通运输体系

2.2.2　低碳城市的运行

1.低碳城市的运行内容

从气候变化角度,低碳城市是气候变化时代城市可持续发展的具体定位,是一种气候变化适应型城市。这种“适应”是为了减少碳排放,提高城市综合运行效率,以减少对气候变暖的影响。低碳城市运行的宗旨是始终寻求综合、协调、共生的原则,促进城市整体功能的完善,实现城市与自然系统的和谐。低碳城市的运行有着极其复杂的运行体系。就其运行内容而言,低碳城市总体运行是由人口再生产、自然再生产及物质再生产过程相互联系、相互推动进行的,更重视城市运行过程中的运转效能和效率。从城市新陈代谢过程而言,传统高能耗、高污染、低效能的城市发展模式,是一种物质、能量流占主体的"数量型"运行模式。城市在代谢过程中依赖大量不可再生资源及外部系统的支撑,从而形成了资源的浪费和废物的滞留。低碳城市注重从城市建设源头控制碳排放,增加可再生能源的利用,强调城市运行高效能性、低能耗性,是一种信息和技术占主体的"质量型"运行模式。同时低碳城市运行是适应外部气候环境变化及城市内部自我调整的过程,从大气层、地表层和地质层三个层面形成彼此连通循环的共生系统,反映在城市社会、经济、自然、环境系统及城市支持系统之间相互作用而发生在地域空间上的动态变化(图 2 - 17)。

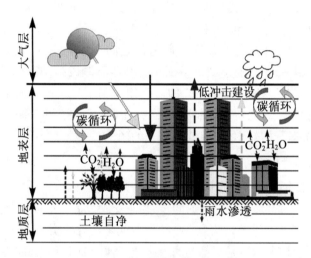

图 2 - 17　低碳城市的运行图景

2. 低碳城市的运行机理

(1)运行驱动力。

低碳城市有其自身适应自然变化,推动经济社会发展的特殊运行规律。低碳城市能实现低碳、高效、循环、共生的稳定运行态势,是以其各子系统的协同作用为基础的。首先,低碳城市的空间规划是注重城市与生态环境平衡发展,全面保护流域的生态空间和功能,城市建设基面是建立在与自然生态协同的基础上,因而能有效保障城市与自然的互动和联系。城市的运行是一种在自然整体系统可调控、可容纳、可承载范围内追求低碳和环境效应的发展模式。追求环境效应的具体规划和建设手段采取诸如增加城市植被面积,采用屋顶绿化;城市中心区以步行导向为主,限制机动车,从而减少碳排放且减少热岛效应;注重从城市宏观到微观层面,合理控制微气候环境。低碳城市以建设良好的环境效应动力为基础,也为推动低碳经济打下了坚实的基础。良好的城市环境基础为培养全面的低碳经济运行提供了土壤,一方面减少了治理城市环境的巨额经济花费,另一方面也为城市从"肌肉型"产业(传统重工业城市)向"头脑型"产业(文化城市、休闲和创意城市)转变提供了发展空间,进而带动城市社会整体向有序、协调、方便、高效、节约的低碳社会发展模式转型,从而在经济、社会和生态环境方面真正建立相互联动、良性发展的低碳城市图景。例如,美国芝加哥曾经是重工业城市,现在已经转变为重要的国际教育科研城市、文化和休闲城市,这都得益于政府和市民的有效协同组织,以及协作互让作用下,对经济、社会和环境进行了系统的联动效应考评与衡量,从而在环境和空间建设方面实现了多元混合,提高生活品质,进入良性可持续发展阶段。同时在《芝加哥中心城区规划2020》中运用中央活动区理念,提出将芝加哥建设成为最具有绿意的市中心,改善中心区交通系统,使城市迈向低碳发展。

(2)运行机理。

从低碳城市的特征来看,弹性有序的空间和整合高效的系统运行是低碳城市最核心的本质。因而在城市的数量结构(城市土地使用在不同用途的数量上控制)和空间结构(不同的土地使用在空间中分布的控制)都与自然系统和城市系统本身建立了良好的平衡协调关系,城市空间整体运行的效率与质量都趋向更加低耗、高效的模式演化。在城市系统间的协同作用关系上,通过城市系统间的循环反馈机制,城市空间的规划与建设、决策与实施等环节遵循一种"循环反馈"的过程组织与引导机制。城市空间运行从宏观的整体协同与互助,到微观的功能互补与网络关联,形成从上下双循环引导控制发展模式,从而提高了城市运行的效率,实现低碳增长的图景。

3. 低碳城市的运行模式

可持续发展一般有两种模式(图2-18)。传统的以经济建设为中心的城市发展模式往往体现的是经济、社会和环境三个层面的同步、相互交织发展。这种发展模式可以称作"弱可持续发展模式"。其核心思想是认为可持续发展就是实现环境、经济和社会的整合,是三者交叉点综合价值的体现,这也是萨德勒的系统透视理论关于可持续发展的核心观点。然而该模式实质是强调将资源优势转化成经济发展优势,形成以明确的经济发展为核心,环境和社会发展层面为经济发展提供保障,因而环境方面呈现出资源供给、消耗,提供服务,社会发展强调社会成就。从"发展"的内涵来看,可持续发展强调动态上的量与质的双重变化。然而当前的城市发展促进了"量"的快速发展而忽视了"质"的提高,多偏重于经济领域,而缺少以人的理性需求为中心和社会领域的拓展。

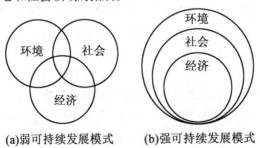

(a)弱可持续发展模式　　　(b)强可持续发展模式

图2-18　强弱对比的两种可持续发展模式

诚然,任何一座城市的发展都期望实现可持续发展模式,然而在实现城市经济快速发展目标的驱动下,城市选择的可持续模式往往是一种"弱可持续发展模式"。朱介鸣分析了 2000 年以来国内 24 个城市的发展战略规划,认为城市的空间和经济发展几乎是发展战略规划所考虑的唯一内容。这样的规划往往是以经济利益为核心,走资源消耗的战略路线,是明显的弱可持续发展(或不可持续)模式。

然而 Dorcey 从系统关系角度,提出了与萨德勒的系统透视理论截然不同的观点。他在分析环境、社会和经济三元素系统的基础上,认为该系统最高层面应是自然和环境构成的自然生态系统,其亚系统的内容包括人类、社会和经济等内容,强调"自然—经济—社会"复杂关系的整体协调。这种发展模式是建立在自然观基础上的,考虑了人口、资源、环境、发展"四位一体"的辩证关系,充分尊重了自然生态规律的重要性,因而称为"强可持续发展模式"。其本质是强调环境质量(或品质),把社会发展和经济活动限定在自然系统能承载的能力范围内,以实现社会低耗、经济循环发展为宗旨,建立在人与自然平衡发展的基础上,从而延长"经济—社会—环境"融合发展的链条和动力。低碳城市建设就是建立在一种强可持续发展模式的基础上,是在资源环境总的承载力下对经济和社会发展进行考量,其发展模式是揭示"发展、协调、持续"的系统运行本质,形成从地质层面到区域气候层面彼此连通、循环的运行系统,体现出城市要素与自然生态要素间耦合关联的协同运行模式(图 2 – 19)。

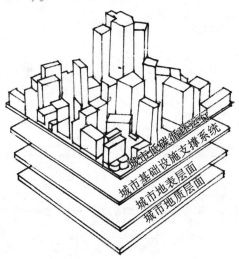

图 2 – 19　低碳城市的运行模式

2.3　低碳城市研究的相关理论诠释

前文从城市"内生型"低碳化和城市"外生型"低碳化两个层面,对低碳城市的内涵进行了阐释,可以发现从生物基本特征演绎到城市"共生"生命体、物质的新陈代谢到城市

"流"（物质流、能量流、信息流）的循环、技术创新趋向于低碳生态转型的动力,均为低碳城市的规划和设计理论提供了必要的背景条件。本节主要阐释气候变化与城市化交互耦合系统理论、协同规划原理以及生态现代化理论,为后文的低碳城市空间组织的协同模式和网络化功能模型建构提供一定的原理性基础。

2.3.1 气候变化与城市化交互耦合的系统理论

1.气候变化对城市复合生态系统的全局影响

本节重点从气候变化与城市化之间相互影响、相互作用的关系进行理论梳理。在气候变暖未被全球足够重视之前,国内外关注的是城市化与生态环境的交互作用关系及其机理研究。2009 年哥本哈根世界气候大会之后,全球对气候变化的认识和重视达到了空前的高度。关注的重点也从生态环境转向气候系统的大层面上,气候变化与城市化的相关研究和成果逐渐增多。就气候变化对全球的影响类型来看,分为直接影响和间接影响,作用于自然生态系统是直接影响,而作用于城市社会经济子系统可以看作间接影响。气候变化对自然生态系统和城市社会经济系统的影响,是从直接到间接、简单到复杂的发展过程。从图 2-20 可以看出气候变化对人类和生态系统是全局性的影响,范围之广、影响之大。气候变化对城市的影响体现在"自然—社会—经济"复合的综合性影响。

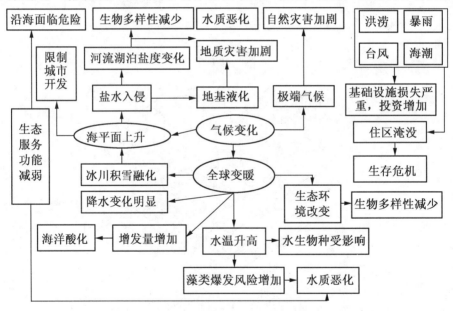

图 2-20 气候变化对城市复合生态系统影响的关系网络模型

2.气候变化与城市化交互耦合关系

全球气候暖化现象已经被科学证明主要是由于人为碳排放增多造成的。在城市层面,气候变化与城市化的交换关系,表现在碳排放与城市系统的耦合关系上。顾朝林等(2010)提出探索中国现阶段高速城市发展与低碳目标的协调与契合,需要寻求城市社会、经济和环境多方面的均衡发展。基于环境库兹涅茨曲线,王原(2010)提出了城市化与局地气候环境之间的动态耦合关系,并根据城市化发展的阶段将其分为自然协调、拮抗胁迫和生态耦合三个交互耦合过程(图2-21)。在城市化发展初期,城市规模较小,对于资源需求较少,从而对城市局地气候影响并不明显,随着城市化加速,城市规模增大,人口和环境压力增大,对资源消耗严重,从而表现出城市污染严重,碳排放增多,导致局地大气碳浓度增高,因而气候变化特征明显。只有当人们充分重视城市与自然协同发展,调整城市发展模式,迈向低碳发展,以低冲击理念进行开发建设,实现城市循环、高效发展,从而使城市生态环境向良性发展,将人类对自然和气候的干扰减少到最低程度,才能表现出城市化对局地气候影响趋向于减缓和适应的发展特征。

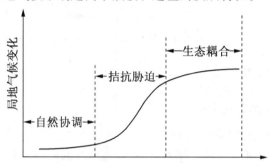

图 2-21　城市化与局地气候变化交互耦合过程

2.3.2 协同规划原理

1. 协同规划原理的释义

如何协调我国土地利用规划、区域规划与城市规划之间的关系,以及城市层面的各级规划之间的承接关系,应是气候变化时期城市规划学科领域重点关注的问题。因而需要应用协同观认知城市科学发展的客观规律。所谓协同,就是指协调两个或者两个以上的不同资源或者个体,协同一致地完成某一目标的过程或能力。协同论原本讲的是自然科学中的现象,但在社会科学中同样可以利用。协同规划原理就是在借鉴协同论、系统论和共生原理基础上提出来的,在城市规划、建设、运行及实践反馈的城市系统中,秉承对城市可持续发展的能力和持续力的预期和愿景,通过构建城市规划要素之间相互联系、相互作用的共生系统,促进城市资源(人、财、物、能源、信息)优化利用,从而在复杂的城市多子系统联合作用下,在城市宏观和微观尺度上建立相应的结构和功能,促进城市可持续发展。

2. 协同规划原理对低碳城市空间研究的意义

面对全球气候变化和生态危机,人类为创造更适宜人生存的低碳城市,就要摒弃传统发展理念,需要从全球气候和生态视角下思考城市的可持续发展。而低碳城市实现减碳的自组织发展模式必须依赖有序的城市空间结构。正如日本著名建筑师丹下健三所说:"不引入结构这个概念,就不能理解一座建筑、一组建筑群,更不能理解城市空间。"因而,研究低碳城市,必须研究低碳城市的空间结构是通过怎样的方式加以组合的,即低碳城市的空间结构系统。

协同规划理念为避免城市走向无序的不可持续路径提供了理论指导,也是有效协调城市与自然不平衡发展的有效规划和控制手段。协同规划建立各个系统之间如何进行协作的研究思路,为城市适应气候变化,建立城市与自然之间、城市内部要素之间的协同发展框架提供了科学指导,并从系统层面为解析城市空间系统内外之间的关联关系,以及空间结构组织秩序提供了系统的研究思路。

为了实现城市"共生"发展,城市规划建设初期以及城市运行过程中必须建立多维度和多层面的协同系统,并且通过协作构建新的城市空间结构和功能结构,以期将城市从复杂的无序发展状态达到有序、协调的共生发展状态,以此阻止气候进一步变暖。

2.3.3 生态现代化理论

1. 生态现代化理论的历史背景

20世纪六七十年代,国际环境运动在全球产生了巨大影响,罗马俱乐部的《增长的极限》和美国学者蕾切尔·卡逊的《寂静的春天》两部巨作的出版更是敲响了全球关注资源和环境的警钟。西欧很多国家认为污染和资源破坏是工业化的产物,生态退化和环境污染是现代化过程走向终结的证据,为此出现了"反工业化、反现代化、反生产力理论"的强势思潮。为解决发展与环境的矛盾,众多学者致力于相关理论探讨和研究,20世纪80年代,德国学者胡伯最早提出生态现代化理论(Ecological Modernization Theory)。在胡伯研究的基础上,Cohen、Simonis 和 Andersen 等几位学者进一步完善了该理论,并认为城市将实现从工业现代化向生态现代化、工业社会向生态社会的双轨转变过程。该理论促进了城市从生态战略层面思考未来的发展模式,因而对世界现代化向生态现代化转型提供了科学的理论指导。随着该理论在全球的广泛影响,无论在理论和实践应用方面都取得了丰硕的成果,国内外该理论研究学者的学术观点也逐渐走向成熟化(表2-3)。

表2-3   国内外关于生态现代化理论与方法研究的发展历程

研究时段	主要代表人物	观点描述
1970—1986年理论提出和完善阶段	胡伯	首次提出生态现代化理论,认为该理论是协调社会进步与经济发展的理论
	Cohen,Simonis,Andersen	认为城市将实现从工业现代化向生态现代化、工业社会向生态社会的双轨转变过程

续表 2−3

研究时段	主要代表人物	观点描述
1987—2000 年理论深化阶段	Hajer	认为生态现代化研究从技术组合模式向"反省式"模式转变
	Gouldson，Murphy	认为生态现代化是生态结构与经济的重构，是环境友好模式下的生态结构和技术进步的转变
	Hajer，Orssatto	从可持续发展与生态现代化关系的角度，提出生态现代化更具有可操作性，侧重于提高城市实践的生态效率
2000 年以后理论成熟和应用阶段	李学莉	认为生态现代化是利用生态科学的观念和方法论，将其思想拓展到社会意识形态和生活方式等领域，并广泛应用于实践
	Buttel	认为生态现代化是受环境和生态学激发的社会核心制度转型和改革的过程
	沈清基	认为生态现代化是一种生态型的现代化，强调生态因子的现代化，是全面完整的现代化，是社会现代化、经济现代化以及生态建设现代化的有效整合，是对以往现代化的反省和对未来的监督和控制，将生态化和系统化融入现代化进程中，实现社会整体的良性整合
	何晋勇，吴仁海	提出生态现代化的重点是产业重构，同时政府决策应该先行，生态现代化得以实现在社会制度、经济和技术方面进行改革
	刘昌寿	提出城市生态现代化理论，认为是生态现代化与现代城市规划的结合，运用生态现代化思维重构工业城市，并遵照生态平衡原理，提高能源利用和物质转化，实现城市与自然的双赢

2. 生态现代化理论的内涵

生态现代化理论早期观点认为，现代化是人类走向文明进步的标志，但当前的现代化模式存在缺陷，导致环境破坏，因而必须采用"超工业化"原则促进生态转型。随着该理论的经济拓展和应用，生态现代化理论更着重关注从改变人的行为模式出发，通过改变经济和社会发展模式，建立环境友好的制度和结构体系，降低由于人类活动产生的环境压力，从而实现非物化、绿色化、生态化、经济与环境退化脱钩的发展内涵（表 2−4）。

表 2−4 生态现代化理论的基本内涵

四项主要原则	内涵
非物化	高效率：提高物质生产率、资源生产率、能源生产率和土地生产率；低耗性：降低经济和社会的物质消耗、能源消耗、碳能消耗等；高品质性：提高经济的服务比例、文化比例、经济品质和生活品质等；低密度性：降低经济和社会的物质密度、资源密度、能源密度和碳能密度

四项主要原则	内涵
绿色化	无毒无害:降低对环境和健康的有毒物质和有毒废物的生产和排放;清洁健康:清洁生产、绿色能源、绿色交通和绿色生活,减少碳排放,提高经济和社会的环境友好
生态化	基本内涵是预防创新和循环双赢,降低污染物和废物总量,建立环境友好、生态和谐的生态经济和生态社会
经济与环境退化脱钩	包括经济发展与物质需求增长脱钩、经济发展与自然资源消耗增长脱钩、经济发展与能源消耗增长脱钩、经济发展与生态退化脱钩

3. 生态现代化理论对低碳城市建设的启示

生态现代化理论提出的绿色化、非物化、生态化、经济与环境退化脱钩原则以及互利共生原理、生态平衡原理和物质循环流动原理,与低碳城市物质空间低碳化、社会生活低碳化、经济循环低碳原则有异曲同工之处。从生态现代化理论研究范畴而言,低碳城市理论只是生态现代化理论的一个具体方向,主要从社会物质空间、经济及社会发展等角度,寻求减少由于人类活动引发的碳排放量的路径。对于当前全球气候暖化、高碳汹汹的环境问题,减少碳排放量,调节自然气候系统平衡,成为人类一切活动的首要前提。城市环境问题的实质是人为问题,一方面由于城市"人口大跃进"而造成城市总体的不协调发展;另一方面也由于发展观念的陈旧,以往提及的"发展是硬道理",在城市生态逐渐脆弱、承载力下降的情况下,这种"硬发展"显然已经违背了自然生态规律,相反是在制造生态危机,并打下生态疤痕的烙印。

因而,在生态现代化理论更广阔的视野下,以低碳为目标,建设"人—城市—自然"三者相互和谐共生的生态系统是当代所追求的目标。如果说传统现代化模式是"发展优先"和"经济理性"双重作用的结果,那么未来的生态现代化将是在低碳目标控制下的城市与自然协同共生发展模式的成果。

2.3.4　区域经济学理论

1. 区域经济学的内涵诠释

区域经济学又称为地域经济学、地区经济学、区位经济学,包括区位论、区域经济增长理论、区域不平衡理论、区域政策理论。该学科既是研究经济空间秩序,也是从空间分布观点研究人类活动的经济科学。该学科是更为广大的区域科学,涉及经济、地理、政治、社会、文化、生态等诸多因素。具有空间维度特性的区域经济学优势在于注重资源的区际差异,在市场开放度进一步增强的背景下,区域经济学在城市产业空间集聚、产业关联和空间组织发挥的作用逐渐增强。从资源利用和节能低耗的角度,区域经济学研究对象在空间配置和空间组织方面,具有从整体和系统层面深入分析城市整体区域经济运行的功能和作用。从区域经济学研究的目标方面,主要是管理区域内的资源,进行合理的空间配置,重在揭示资源均衡控制,实现社会高效率运行。

2. 区域经济学理论对调整城市空间方面的作用

从区域经济学与城市空间规划之间的相互作用关系来看,区域经济是城市规划和空间建设的基础,城市空间布局是区域经济发展的条件。同时,基于资源利用、经济发展、社会空间融合等方面相互依赖的关系,区域经济学对城市空间发展和城市建设起着非常重要的作用。从区域经济学研究的层次和深度划分来看,区域宏观经济学、区域微观经济学、区域计量经济学以及区域经济政策学,与低碳城市研究中的城市与区域自然环境的宏观层面、城市街区层面的土地利用、城市碳排放的量化统计、低碳城市的相关政策等方面的研究相对应。

区域经济学在三个方面发挥巨大作用:一是强调地理空间,在点空间、面空间、线空间方面,强调面积和密度等参数;二是强调区位,揭示影响区位的各种因素,提出更加有效的区位模式;三是强调土地利用,揭示土地利用模式、土地利用效率等。基于区域经济学这些特点,在低碳城市的空间结构组织和土地利用模式研究中,区域经济学对于空间结构组织和低碳的土地利用模式研究都有非常重要的意义。鉴于目前城市面临的资源、环境问题,建构区域经济与城市发展协调发展的模式和政策体系,是迈向城市低碳发展的关键。利用经济杠杆可以调控城市空间建设活动,以及城市产业组团间的关联关系,因而可以考量城市规模扩张速度、城市空间结构与交通耦合关系、土地利用效率、资源利用与环境变化等方面。京津双核城市群发展背景下的临港发展模式就是在区域经济发展影响和作用下的典型案例,在区域经济协同发展的机制和决策背景下,从城市整体空间发展层面统筹港口与腹地之间的经济联系、交通与土地利用关系,形成了以临港产业为基础的构造腹地中心的产业链条经济带。美国芝加哥大都市区规划首先从区域经济发展与自然环境的宏观发展层面,提出将自然资源、气候变化等背景条件和发展要素作为城市发展的关键和基础,建立宏观层面的城市空间与产业布局协同发展,微观层面实现空间发展要素与城市土地、交通协同发展,促进城市经济快速发展。在国内典型的唐山曹妃甸国际生态城开发与建设中,特别注重资源的循环利用,促进区域内循环经济模式的大力推广,通过城市资源管理中心调控城市基础设施及能源利用,实现区域经济高效率运行。重庆两江新区总体规划中,充分利用城市山水格局,构建系统化的城市生态廊道,形成组团发展模式,并通过发展循环经济的模式,有效整合区域资源与产业发展空间的协同关系,为城市产业空间布局、资源高效利用、社会融合发展提供了基础。同时,城市街区层面的微观经济发展越来越受到重视,城市街区的经济活力也影响到城市整体经济的发展前景。城市更新和改造在全球广泛兴起,最为成功的案例是荷兰阿姆斯特丹市大型社区更新项目,其成功的策略体现在城市物质空间更新、社会经济和社区管理三个方面,具体是强调多种形式的就业空间融入,实现社区空间功能复合化,开展以邻里为基础的社会规划。

2.4 低碳城市空间结构关系组织的基本原理

城市是一个复杂系统,为便于从城市系统组成要素和组合方式方面进行分析,可以选择从城市空间结构组织关系的角度阐述城市系统的运行效率。从城市物质空间结构的形成过程来看,城市的规划和建设以一些绝对的功能切块割裂了以人与自然和谐生存为主体的城市生命系统和生态空间建设利用之间的有机内在联系,忽视了空间结构构建具有强烈的复合性和协同性的事实。城市蔓延对生态环境的侵蚀、城市土地利用与交通发展的不协调、城市产业与能源关系等问题,都表明已往城市物质空间领域的"空间结构"中的疏漏随着城市规模扩大而日益明显,已经给城市与自然系统的平衡造成了严重的负面影响。

从城市总体空间布局来看,城市空间结构组织失效是造成当前城市"病态"的关键。城市出现"功能切块"的无序发展状态,关键是缺乏有效的科学理论指导以及相应的管制措施。城市规划原理和网络理论是从城市整体系统的角度剖析问题,从宏观到微观逐层而又连贯地分解问题,对当前城市空间结构失效的症结有很好的作用。

2.4.1 低碳城市空间结构关系的协同原理

1.低碳城市空间结构的协同机理解析

(1)城市整体空间与自然环境系统的协同。

生态学家理查德·瑞吉斯特指出,生态城市是紧凑、节能与自然和谐共存,并充满活力的聚居地。当前人们生活在一个充满限制的地球生态空间里,城市与自然形成了一种对抗状态。城市物质空间从小到大、从简单到复杂、从无序到有序地发展,而土地和自然环境则从有序到无序、从复杂到简单、从稳定到不稳定。城市无论采取何种空间扩展方式,与城市物质空间扩大相伴随的是城市自然环境的不断退减与恶化。因此,在城市空间规划中,人们要更新发展观念,革新工作方法,首先考虑的应是与自然生态空间的协同发展,充分保留区域和城市内部的生态环境。例如希腊的城市尊重所有的自然景色,不去触及许多有特色的地方,或是进一步强调这些特色,保持城市与自然特有的平衡。而这种平衡得以保持源于城市自觉控制自身发展,城市人口和规模达到一定程度后,就会在城市外围建设新城,保持老城的稳定。相反,众多城市传统的外延发展,却蚕食了很多生态空间,破坏了生态环境,为此人类也遭受了来自自然的警告。因此,编制城市总体规划时,城市增长边界划定要体现"设计结合自然"的规划理念,需要采用"先底后图"的规划方法,尊重自然生态本底,使城市空间发展与自然环境演进协同统一,进入良性循环状态。

城市与自然的协同发展需要建立"共生"观,遵照自然生态规律和城市可持续发展模式,科学组织城市空间结构。城市总体空间布局应建立在城市生态空间的基础上,通过自然环境与城市物质空间的交替衍生,形成城市网络与生态网络混合的协同螺旋体(图

2 - 22)。杭州下沙新城概念性规划理念就是建立城市与自然和谐共生的发展模式,该规划占地 178 平方千米。规划方案主要是建立可操作、有弹性的共生网络单元(1.6 千米),其结果就是纯粹的城市单元和乡村单元被混合单元所隔离,这些混合单元是半城市化、半乡村化的。混合单元是可操作的,具有可变性,即可以使城市单元形成连续的城市带,通过具有生产性质的风景供养共生城市中的市民,确保为市民运输食品而产生的二氧化碳排放量控制在最低限度。

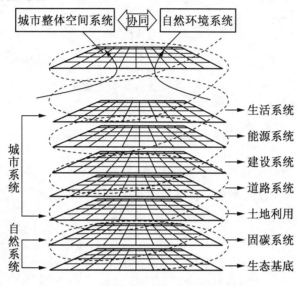

图 2 - 22　城市整体空间与自然协同螺旋体

城市融于自然,与其依赖的生态腹地之间建立协同友好的生长路径,是低碳城市建设的基础。基于城市生命系统角度,侧重强调经济发展,而忽视城市生态基底建设,会割裂与城市"共呼吸"的生态廊道。因而,建立城市空间与自然协同的发展体系,是构架高效率的社会或经济机器的系统保障。

(2)土地利用与交通发展的协同。

城市土地利用与交通发展对城市发展有长期、结构性的作用,对于城市减少碳排放、生态环境保护具有巨大作用。美国蔓延式发展表明,在缺乏城市空间结构有效引导和协同干预下,城市化地区中 50% 的土地已经形成低密度蔓延形态,从经济和地域角度,公共交通可达性将无法保证,超越了公共交通运营的最低门槛,因而催生了私人交通的快速发展。出现这样的局面,仅仅依靠技术手段减少碳排放的作用效果还是很有局限的。而且以往的研究表明,现代城市中人渴望亲近自然,仅仅依靠节能技术手段,反而会激发人们选择更远的通勤距离,如果城市管理不到位,更会刺激城市土地向外蔓延。

城市土地利用决定了人们的活动范围和出行行为,因为城市居住用地、工业用地和商业用地布局与居民的生活、就业以及休闲娱乐等有密切关系。这也表明城市土地利用模式与城市道路交通互为制约关系,二者协同发展则会产生良性循环发展,否则会制约城市发展速度,同时带来严重的城市问题。透视当前城市土地利用规划,由于较少采用

"有序混合"土地利用模式,因而制约了城市土地效率和交通通达性。从城市空间与交通流发展的现实来看,无论是单中心城市还是多中心城市,普遍存在混乱而无序的交通流(图2-23)。

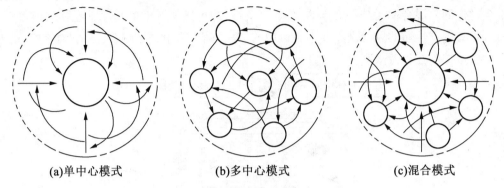

(a)单中心模式　　　　　　(b)多中心模式　　　　　　(c)混合模式

图2-23　城市空间结构与交通流

　　造成这种现象的原因有其历史根源性,也有现实采用的城市土地利用模式问题。就城市现实土地利用问题而言,计划经济时期遗留的"单位—住宅"高度混合模式是很多老城区土地利用的基本特征,而在老城外围的扩张区又形成了遍布于城市各个角落的"就业—住宅"单元,这两种分散的"职—住"模式如同独立的细胞结成的细胞网,形成城市微观上高度混合用地模式(图2-24),虽然它能够吸引部分交通出行内部化,然而从宏观上是无序、混乱、彼此不协调的土地利用模式,局部的交通需求内部化并未减少城市总体的交通流量,从而导致城市整体

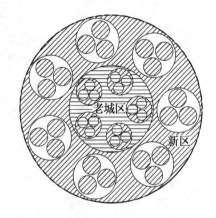

图2-24　微观上高度混合用地模式

交通混乱、无序,城市空间碎片化和空间脉络断裂,影响土地利用的效益和激励机制。

　　以上分析表明,我国现实土地利用和交通模式都存在明显的分离现象。单从土地利用混合来看,我国很多城市微观上是高度混合的,就业分布也相对分散,然而这种高度混合而分散的"细胞"采用的土地利用模式是不协调的,而正是这种微观上隐形的混合给城市整体带来了大量无序混乱的交通干扰和空间分割。很多城市交通流速度明显偏低,城市效率下降,与这种混乱而随机的交通干扰有很大关系。前文强调的城市土地利用应"有序混合",主要是在不同用途的土地之间要构建彼此协调的土地利用模式。例如城市CBD地区应该强调办公、商业及其零售业的高度混合,而居住用地应强调与生活、休闲以及娱乐相关的服务设施用地高度混合。尤其是在我国很多大城市新城建设时,要注意公共服务设施布局应充分考虑与土地及交通系统的协调,现实生活中往往是由于缺乏"有序混合"的规划指导,而造成长距离出行且拥堵的"漏斗式"交通流。图2-25表明城市路网和公共设施布局的不同,对于交通的分散和疏导作用有明显差异。

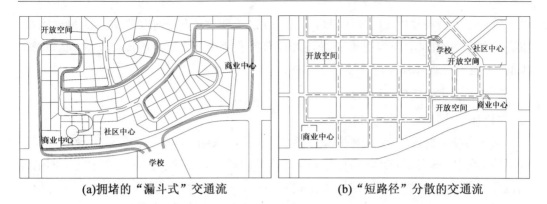

(a)拥堵的"漏斗式"交通流   (b)"短路径"分散的交通流

图 2 - 25 拥堵的"漏斗式"交通流与"短路径"分散的交通流对比分析

从城市交通发展的现实来看,我国传统的"车本位"理念主导下的城市道路交通网规划,普遍采用低连通性、大街区、宽马路、逐级衔接路网结构,造成地块尺度过大,交通可达性低,商业没落,居民出行不便。而我国很多城市的新城建设时都缺乏从土地利用与交通一体化层面的考虑,盲目求气派、求新、求大,这于城市长远发展不利,同时也会破坏整体生态环境。

城市土地利用和城市交通系统共同构筑了城市整体空间框架,这两大系统如同生命体的肌肉和骨骼,城市各个地块就如同由道路"骨骼"构架的肌肉体,而道路系统即是城市的骨架,又是城市流通的"心血管"系统,二者彼此密切的平衡和协调才能保障城市生命体和谐运转。图 2 - 26 表明城市土地利用与城市交通之间协同发展模式,通过建立适应地域发展的"绩效目标导向"的用地规划,从传统"铺摊子"式用地发展转向土地高效混合利用、交通可达性高的复合街区增长模式(图 2 - 27)。

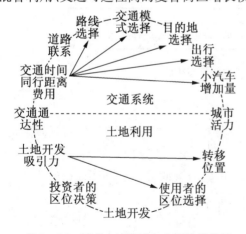

图 2 - 26 城市土地利用与交通协同模型

图 2 - 27 复合街区设计示意图

同时引导城市经济社会活动在空间上合理分布,提高城市系统的高效与低能耗运行。通过城市土地的弹性供给与合理地块划分,推动社会经济活动的增加,由此促进区域交通需求,带动相应交通系统的改善,从而提升区域土地经济价值,引导城市进入良性循环发展。中新天津生态城总体规划建立了促进土地利用与交通协调发展的规划体系,提高了混合用地比例,总体用地布局上强调职住平衡和公交导向的道路系统,形成了良好的"土地—交通"协同规划框架。

2. 低碳城市的空间协同效应

(1)体现协同效应的空间发展模式。

从城市发展的现实而言,在资源日益紧张和气候变化显著的背景下,实现城市经济的可持续增长,城市空间系统内部必然走向整体协同的发展路径。从城市空间协同的作用机理来看,城市系统在不断的层次化和结构化过程中,通过城市资源的整合和物质空间的优化,将实现从无序发展状态走向有序协同发展的高级状态(图2-28)。同时从城市空间形态而言,基于经济、社会和生态环境的压力,城市空间走向紧凑发展已成为公认的发展策略,其土地空间高效利用、低碳出行特征、公共交通引导发展模式、持续增长的社会经济活动,都为城市进入低碳增长的整体空间协同发展阶段提供了基础保障。从城市整体协同效应下的经济和环境发展来看,城市空间各功能区的有效协同,为城市土地利用和交通一体化发展提供了平台,城市空间发展的主要节点可以实现城市土地高度混合利用、城市公共交通和步行交通网络一体化发展路线,既提供了土地的经济价值和空间使用率,又推进了低碳交通系统的快速发展,实现了城市功能的利益交互。

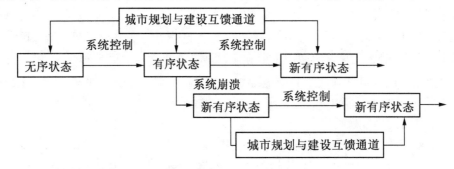

图2-28　协同控制过程的作用机理

(2)营造协同效应的低碳增长情景。

在快速城市化进程中,在资源和气候环境的压力下,转向低碳增长是城市转型和经济转型的主要方向。低碳增长理念下城市"空间生产"模式将走向协同、紧凑、高效的发展路径,寻求有序、循环、内生的城市生长模式。正如哈维的资本三循环理论所指出的,当危机来临时通过"空间整理"解决,寻求新的发展方式。城市的发展也如此,面对气候和资源的双重压力,城市空间结构将由此不断被重新建构,各功能系统走向彼此利益和发展空间的最大化。如图2-29所示,在增长的城市空间系统与非增长的有限生态圈之间的对抗与协同背景下,城市为追求最大社会"福利效率",构建适合城市发展的理性低碳增长图景已是当务之急。

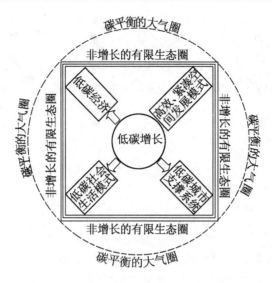

图 2-29　城市低碳增长情景模式

2.4.2　低碳城市空间结构关系的网络化发展原理

1. 网络城市理论

网络城市是一种复杂的空间组织结构,包括所有和外部有关联性的元素,而彼此之间的关联性越强,网络的结构性越鲜明,城市就越有活力。城市网络的结构性要素包括节点、关联性和层次性。宜居而紧凑高效的城市正是依赖这些要素,通过大量不同的路径和连接体系运行的。基于城市网络的结构化原理,城市各功能区以某种网络化的形态模式去整合城市空间元素,从而支持城市系统运作。

以上分析表明,城市形态也可以理解为网络与几何学之间复杂的相互作用,而城市问题的出现正是城市中网络系统与城市的几何模式之间日益失衡所致。从本质上来说,我国城市普遍采用大街区、宽马路现象,造成城市在小尺度上缺乏多样化的元素和功能,因而也就难以保证城市在较大尺度上的有序和连贯。网络城市正是基于城市交通和土地一体化利用的理念,形成有助于城市用地从微观尺度与城市公共交通进行整合,促进土地利用功能多样、城市交通多元化发展。因而,网络城市发展的关键是构建适合城市运行的网状道路系统。

依据拓扑学原理,城市道路网络系统是可以进行变形的,而且不会割裂原有的联系,形成连贯性很强且具有一定弹性的"短路径"城市。为了实现这样的目标,城市的结构必须从最小尺度层面开始建立强有力的关联,从而在宏观层面形成有条理的网络系统。网络城市的实现必须有一个物质性路径的结构实现这种连接,而连接的相对数量奠定了城市运作基础(图 2-30)。

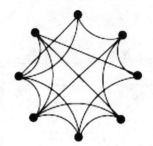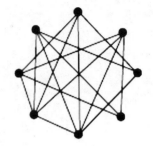

图 2-30　城市网络模型

2. 城市"网络化"效应

从全球发展层面上,信息和技术的进步缩短了城市地域时空的距离,彼此间的经济贸易往来日渐频繁,形成了全球经济共同体。同时从人类生存层面来看,面对气候变化和生态危机的威胁,国家或城市间的联系显得特别重要。然而,在全球城市日益走向紧密联系的时代,城市区域内部的网络化发展却缺乏实质性的发展。尤其对城市化快速发展的我国而言,注重城市不断向外扩张的同时,却忽视了城市多中心功能组团之间的网络化联系,导致城市功能性的失调,割裂了城市用地、交通、生态环境网络之间的连接,出现城市网络效应整体下降的趋势。从城市整体布局而言,城市整体支撑系统(基础设施和公共服务设施)分布不合理,单一功能组团分散布局,缺乏有效的交通联系,这些都是导致城市网络效应下降的主要原因。近年来,我国城市出现一些"病态"问题(交通拥堵、空间分异、碳排放增加、生态网络破坏)。为寻求城市整体高效发展,城市网络化发展已成为协同城市各功能区及组团的有效操作手段和规划方法。城市网络化发展对城市空间整体高效、协同发展有明显作用。从城市土地利用来看,城市网络化的路径连通性原则促进城市地块的整合,趋于小尺度、功能多样化空间,能有效提升城市土地价值和城市活力,同时促进公共交通的快速发展。例如河北廊坊生态智能城市规划借鉴美国波特兰的土地与交通利用模式,采用小尺度的网状街区结构(100 米×120 米),营造可步行的复合街区环境。而唐山曹妃甸国际生态城空间结构也是采用网络化、多路径连通性结构,用地布局采用高密度、多功能融合而具有弹性的网状街坊结构(220 米×220 米),各组团通过网络节点进行主要交通联系。同时通过地块网络与生态网络进行叠加,既保障了城市用地的混合高效和紧凑有序发展,又能有效保护城市生态环境,促进城市空间有序连接,创造功能多样的城市节点空间,并有效引导公共交通快速发展。

城市网络化发展体现为城市用地和交通的高效一体化发展,同时城市网络连通性规划策略能有效促进城市生态网络建设。新加坡被世界公认为"花园城市",之所以有这样的美称源于城市生态网络的连通性。新加坡从 20 世纪 80 年代开始致力于城市生态网络规划和建设,规划采用"公园连道"的生态网络效应,逐步形成了城市主要公园、街头公园、大型居住区、主要办公场所及河流步道之间相互连通的生态网络廊道。该生态网络既成为城市的"绿网",又是城市步行网络的连通器,从一定意义上说,新加坡既是花园城市又是步行城市。此外,城市网络化发展的效应还有助于城市安全和防灾。当前灾害多发性、复杂性和连锁性特征愈发凸显,威胁城市的安全,而城市空间网络化发展能确保城市多目标功能有效发挥,通过城市公共设施网络结构的拓扑优化,能保证灾害发生时城市基本功能正常。

2.5　本　章　小　结

本章首先对全球城市化发展趋势和全球环境变化进行梳理,尤其是对我国城市碳排放情况进行透彻分析和阐述,指出我国作为世界上碳排放最多的国家,未来城市节能减排任务艰巨,尤其是当前的城市高碳发展模式亟待转变。

深入分析和理解低碳城市的内涵、特征以及对建设影响的基本原理,对于相关理论研究和建设实践都有非常重要的意义和作用。因而本章从城市"内生型"低碳化和"外生型"低碳化两个层面剖析低碳城市的内涵和特征。城市"内生型"低碳化的研究,主要是运用类比科学研究方法,将生物基本特征与城市进行类比研究,在对生物严整有序的结构、与周围环境进行物质交换和能量的平衡流动、低耗与自我适应的生物特征等分析基础上,对现代城市空间无序发展、高能耗且不循环的模式特征进行了对比,指出现代城市处于一种"过度新陈代谢"的发展状态,是不可持续发展模式。同时在生物层面与城市层面对比基础上,提出基于生物高效低耗原理的类比分析体系,指出城市未来走向"内生型"发展是空间发展的主要方向。城市"外生型"低碳化主要是从低碳技术以及相应的制度和城市管理角度来理解低碳城市。在低碳城市内涵分析的基础上,提出低碳城市的运行内容、运行机理和运行模式。

在此基础上,对低碳城市的相关理论进行了系统的梳理和总结。从气候变化对城市复合生态系统的全局影响、气候变化与城市化交互耦合关系等方面,梳理了气候变化与城市化交互耦合的系统理论,并提出其关系体现在"自然—社会—经济"复合的综合性影响。鉴于协同原理对城市系统和要素的作用关系,解析了协同规划的基本原理,并从协同规划原理的系统层面解析了城市空间系统内外之间的关联关系,提出协同规划为解决城市空间结构组织秩序提供了系统的研究思路。同时进一步对生态现代化理论内涵以及低碳城市建设的理论和实践作用启示方面进行了阐述。在此基础上,阐述了低碳城市空间结构关系的基本原理,分别从低碳城市空间结构的协同机理和协同效应方面解析了低碳城市空间结构关系的协同原理;从网络城市理论以及城市"网络化"效应方面解析了低碳城市空间结构关系的网络化发展原理。

第3章 低碳城市空间发展模式与规划控制

全球气候变化时期,处理好城市发展与自然协同的关系显得尤为重要。城市的低效扩张和快速蔓延发展已经导致城市碳排放量快速增加,因而城市空间发展的模式选择对于减缓或加速气候变化至关重要。本章首先从城市空间发展现状方面,剖析了快速城市化进程中的城市形态发展趋势及城市空间效能,提出低碳城市空间发展的价值取向,以及低碳城市空间发展契合的模式。然后在低碳城市与城乡规划发展关系解析的基础上,阐释了城市低碳化发展的规划控制内容和方法。

3.1 城市空间发展与决策价值取向

3.1.1 追求经济增长和城市化速度的城市形态表征

当今时代,开发、发展是使用频率较高的词汇。改革开放以来,我国经历了经济快速发展过程,已成为世界经济发展最快的国家。经济的快速发展推动城市化速度不断加快,从我国目前的城市化水平的时间进程来看,仅用 22 年时间就把城市化水平从 20% 提高到近 50%,而这是欧洲很多国家用 100 年左右时间才走过的发展历程,我国成为世界城市化发展最快的国家。

陆大道等(2007)学者指出,我国目前的城市化过程中,尤其是近十年来已经超出了正常城市化发展轨迹,呈现出"急速城市化"现象,城市正处于一种空间扩展失控的状态。然而,有部分学者从我国经济发展速度和城市化水平的对比研究发现,城市化已经出现滞后现象,表现在滞后于经济发展水平和非农化进程。从持有对城市化和经济发展正反两方面的观点来看,基于"快和慢"的定论都是源于城市发展背后出现的一系列现象。概括而论,我国城市化发展呈现出城镇人口聚集以大城市为主,而且大城市空间仍不断向外扩展,呈现出城镇群现象。同时,我国城市化突出的问题表现为土地城市化大于人口城市化,外延扩展成为城市化的主要方式。

我国城市发展特征表现出不断扩大的城市空间,区域空间结构大体呈现出放射长廊形态—多轴线引导形态—同心圆圈层形态—反磁力中心组合形态的发展过程(图 3 – 1)。在世界城市化浪潮和我国自身的城市化浪潮的双重冲击下,我国城市空间不断向外扩展已成为未来的发展趋势。然而,目前很多城市近域郊区化新城现象已经出现了一系列矛盾问题,其表现在城市空间扩展的内涵价值秩序失衡与城市外显的物质功能形态单一,因此也引发了城市交通量增加,生活和就业难以平衡,城市生态环境趋于恶化,出现一种"病态"的城市拓展模式。

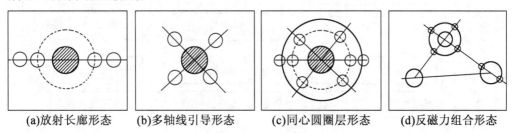

(a)放射长廊形态　　(b)多轴线引导形态　　(c)同心圆圈层形态　　(d)反磁力组合形态

图 3 – 1　城市区域空间结构形态演化

3.1.2　城市低效扩张下的"空间效能"分析

效能最基本的解释是为达到系统目标的程度,或系统期望达到一组具体任务要求的程度。然而,"效能"一词单从字面含义可以理解为效力、效率以及作用,一般多用于行政管理和决策及其评价过程中,反映事件达到预期目标的程度。然而,单一从效率层面并不能全面反映目标达到的程度,需要从目标层面框架内对事件或决策的效率进行评价,才能真正反映该事件或决策的效能,即效能 = 效率 × 目标。

效能引入城市体系中具有重要意义,可以从城市目标体系、开发与实施以及绩效结果等多维度考察城市,评估城市可持续发展潜力,促进城市人居环境整体水平提高。同时,城市空间效能也能反映出政府决策成效以及规划实施与调控的能力,为未来的城市空间开发与决策提供反馈与建议。因此,建立城市"空间效能"评价体系是对当前城市整体开发建设城市生态环境以及人居环境状况进行有效考察的重要方法,该体系需要从城市规划的空间实施、地域经济、空间环境状况以及能源消耗产生碳排放量等多层面衡量预期目标实现或完成的程度与效果(图 3 – 2)。

1. 城市空间规模增长的效能透视

强劲的经济增长驱动下的城市规模扩张。

改革开放 40 多年来,我国经济年均增长率保持较高水平,城市成为经济发展的基本载体。在经济发展的强劲推动下,我国城镇化也进入了快速发展时期。

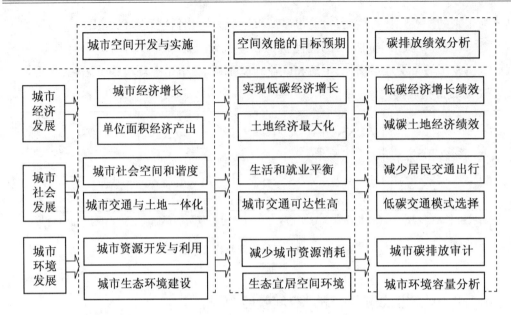

图 3-2　城市"空间效能"评价体系

　　城市发展也呈现出城市用地规模快速扩张,中心城市地位凸显,导致全国大城市掀起了撤市设区和大规模建设新区的热潮,明显发展成为由城市数量快速增长时期过渡到城市规模迅速扩张时期的两个阶段。然而,这种在经济"硬发展"背景下,难免会形成以城市外延扩张发展为由的"圈地现象",导致土地利用率低下,形成了城市土地"平面扩张"的经济现象。各地城市征地设开发区,然而大批不具备条件的开发区"征而不开""开而不发",造成大量耕地闲置。很多城市盲目的土地扩张已经超过了城市土地扩张合理系数。评价城市土地扩张程度的一个重要科学指标是"城市扩张系数(K)",即城市建成区的年均增长速度与非农业人口的平均增长速度的比值。基于前文论述,我国已经出现土地城镇化明显高于人口城镇化现象,城市土地扩张已经偏离了合理的扩张系数($K = 1.12$),趋向于郊区蔓延。我国快速经济发展背景下的城市土地粗放扩张发展已经敲响了警钟,城市土地转向集约发展,遏制土地过度开发已成为当务之急。

2. 城市空间环境效能分析

　　改革开放以来,城市粗放型土地利用模式和经济增长方式,驱动了一些大城市用地"越摊越大",形成外向蔓延扩张,造成城市交通堵塞,生态空间减少,城市通勤增加,公共安全危机和环境污染问题凸显。从城市社会经济与生态环境效益下的城市土地效益模型可以看出,在一个演化周期内,我国城市社会经济与生态环境之间的胁迫作用明显,为了加速城市发展,人类对自然资源的索取和生态环境的破坏日益加剧。城市土地利用效益已经出现不协调发展态势,而且其生态环境恶化将愈演愈烈,走向极限发展阶段(图 3-3)。

（1）城市化对二氧化碳排放的影响。

如果城市无限蔓延下去，"饼"越摊越大，不但会超过城市生态环境承载力，城市能源也将面临巨大问题。这里利用 Engle - Granger 从计量经济学角度提出的协整关系分析模型，能很好解释城市化、GDP 及能源需求和碳排放的关系。为了建立城市化与碳排放量关系模型，首先应该建立 GDP 与城市化之间的模型。在我国城市化率对 GDP 的贡献度更为明显，通过 Granger 方法，建立资本存量、城市化率与 GDP 之间的协整分析模型为

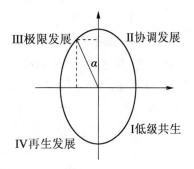

图 3 - 3　土地利用效益耦合关系

$$GDP = A \cdot K^{\alpha1} \cdot UR^{\alpha2} \tag{3-1}$$

式中，A——系数；α_1 和 α_2——变量；K——资本存量；UR——城市化率。

以上协整分析表明，资本存量、城市化与 GDP 之间存在着因果关系，因而通过城市化率增长就可以计算出由于城市化引起的 GDP 变化所需要的能源需求量。二氧化碳的排放与能源消耗量和能源种类又有密切关系，为了计算二氧化碳的排放量，首先要计算各类能源种类的增加数量和需求总量，其计算公式为

$$ED_i = \sum_{j=1}^{3} \Delta GDP_j \times ER_{ij} \tag{3-2}$$

式中，i——种类的能源，如电能、天然气等；j——第 j 个工业部门；ED_i——i 种类能源需求；GDP_j——第 j 部门的 GDP 增长；ER_{ij}——j 部门对 i 种能源种类的消耗系数。

通过以上两个模型，可以计算城市化率增长的能耗与二氧化碳排放的影响。从二氧化碳排放的计算可知，城市化率增长 1% 时，在 2015 年能耗增长 0.5%，相应二氧化碳排放增加 0.45%。这表明城市化对二氧化碳排放的影响非常大（表 3 - 1）。因此，在未来我国快速城市化过程中，面对土地城镇化的转型，要科学引导城市化进程，建立符合国家经济发展的城市发展导向，减少二氧化碳排放量。

表 3 - 1　城市化率提高 1% 时的能耗量和二氧化碳排放增长百分比

年份	能耗增长百分比/%	二氧化碳排放增长百分比/%
2015	0.50	0.45
2020	0.43	0.39
2025	0.37	0.35
2030	0.33	0.31
2035	0.31	0.29
2040	0.30	0.28

（2）城市空间扩张对城市环境的影响。

城市规模的不断向外扩张，由此而引发的土地城镇化负面影响是非常大的，最明显的是城市整体生态环境遭到破坏，城市环境污染严重。当前，我国城市生态环境状况可以用"四色"来形容，即城市普遍遭遇水体富营养化的"绿"、城市热岛效应的"红"、沙尘暴和酸雨导致的"黄"、城市灰霾的"灰"。

城市环境恶化，其原因复杂，但从城市经济收入来看，短期的经济增长虽然促进了城市经济增长的活力和动力，然而中和碳平衡的自然生态环境遭到破坏。此外，从城市土地利用效率看，城市"平面扩张"过快，土地集约利用率低，导致城镇化的形态呈现低密度蔓延的趋势。

同时，由于城市土地作为城市经济和人口的空间载体，土地集约利用程度关系到人口增长和经济发展，与城市碳排放具有一定负相关性，即城市土地开发密度逐渐降低，碳排放量将不断增加。Glaeser 和 Kahn（2009）通过对美国 66 个城市的人口与能耗的关系研究，发现城市中心区碳排放量低于郊区，证明城市人口增长会导致更高的碳排放，城市低密度增长的碳排放量明显高于高密度城市。

就我国而言，2000 年以来我国碳排放明显增加，2010 年已经成为世界第一碳排放大国（图 3-4）。基于前文分析，我国碳排放的快速增加与城市用地规模快速扩张和粗放型土地利用有一定相关性。近年来，我国出现的居住空间分异、职住分离等现象正引发一些新的城市问题，究其本质，与城市开发政策、经济导向有关，但同时也需要反思这种单一功能用地开发模式的后果和代价。

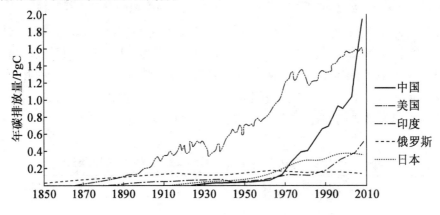

图 3-4　1850 年以来中国及世界主要国家碳排放

未来我国城市化将继续"超常规、快速、高浓缩"地完成多维历史化进程，同时需要面对各种问题，包括经济增长、产业转型升级、社会转型和环境污染等问题。因此，城市规划必须积极有效控制城市土地开发，引导城市化与经济、社会、环境的协调发展，避免出现城市环境进一步恶化、空间蔓延与冲突、生态环境治理失控等现象。

3. 城市空间结构效能分析

（1）城市中心区过度集聚与郊区低密度蔓延并重。

我国的城市空间发展是在快速城市化进程背景下，迅速扩张城市规模的"经营城市"策略下进行的，空间作用范围从近郊扩张到远郊。从而表现出城市中心区资源高度聚集、高强度填充式开发、空间拥挤，城市热岛效应明显，城市郊区低密度快速蔓延发展。例如，上海中心城区浦西地区的人口密度达 3.7×10^4 人/平方千米，而纽约曼哈顿地区和巴黎市区为 2.0×10^4 人/平方千米，东京市区为 1.4×10^4 人/平方千米，伦敦为 0.73×10^4 人/平方千米，上海城区人口密度几乎是其他国际大都市平均人口密度的 2 倍多。而且随着上海的进一步发展，中心城区人口仍呈上升趋势，城区生活和就业空间趋于极限。此外，城市大量人口向郊区扩散，导致居住郊区化单一突进，形成了城乡人口的"迁居—流动"，因此引发了职住分离现象，尤其在很多大城市出现了"钟摆式"潮汐交通流，交通能耗和碳排放明显增加。

（2）城市空间跨越式扩展导致用地失控并出现低密度连续蔓延模式。

从现实情况看，城市空间结构效率低导致经济活动成本和资源能耗高的另一个原因是，城市空间扩展并没有按照与其相对应的发展阶段开发，其对应的 4 种城市模式是圈层式扩展、轴向带状式扩展、跳跃组团式扩展和低密度蔓延式扩展模式（图 3 - 5）。很多城市选择了跨越式发展，然而城市中心区并没有出现预期的辐射力，新城市区发展动力又不足，结果很多新城最后发展成为以居住为主的"卧城"，对中心城区依赖过高，形成了城市人口逐渐向郊区扩散，并与城市就业中心集聚的空间错位，增加了城市交通出行距离，从而带来更多的能源消耗和碳排放量。

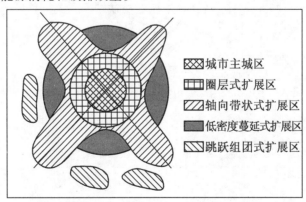

图 3 - 5　城市快速发展导致城市向外蔓延发展

城市快速郊区化现象的出现，一方面受到地方政策和经济杠杆的作用，另一方面也表现出城市土地市场不健全，没有通过土地价值规律调节控制，导致城市郊区土地利用率低，功能分区单一。我国很多大城市已经出现郊区化现象，低密度连续蔓延也已经产生。从城市规划和土地管理角度来看，我国城市郊区蔓延的出现与城市边界的不确定有一定关系。在城市增长的边界没有明确法定控制的情况下，城市空间呈"摊大饼"状蔓延,且低效、无序。

（3）城市空间结构与交通组织的耦合效能透视。

城市空间结构与城市交通之间存在密切而又复杂的关系,不同的交通方式往往会形成彼此不同的城市空间结构模式,因而只有在二者之间建立一种彼此协同发展的关系,才能有效促进城市高效低耗运行。

城市空间结构与交通的关系,本质是交通模式的选择一定程度上决定了城市空间结构。英国交通经济学家汤姆逊在20世纪70年代提出的五种交通与城市布局结构的关系模型,说明了合理确定城市空间结构与城市交通关系对能源消耗和出行方式的重要影响,其关系模式包括完全汽车化模型、强市中心战略模型、弱市中心战略模型、低成本战略模型、汽车交通限制战略模型(图3-6)。然而,城市空间结构在实现跨越式发展的同时,城市交通却滞后于经济发展,并没有形成协同的空间经济体。因此,在城市外围组团与城市中心区之间的交通通道上经常会出现潮汐交通流。这一方面说明城市空间结构规划缺乏与城市交通建立有机联系,在城市总体规划中往往由于受到建设用地指标的限制,忽视了城市用地与交通的动态性;另一方面也说明城市空间布局对区域交通出行距离和出行方式影响非常大。城市空间结构和功能布局对城市总体碳排放具有一定锁定作用。诚然,通过低碳交通技术可以缓解城市交通碳排放,但如果城市空间结构与城市交通不协调发展,那技术进步的作用很快就会被抵消。

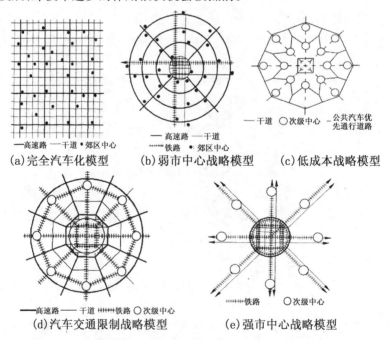

图3-6 城市空间结构与交通的关系模型

当前,城市空间发展趋势由平面拓展以增加土地增量,向纵向开发以消耗土地存量为基本轨迹。城市发展造成这样的结果也是受到传统功能分区思想的影响,将一个功能单一的多个几何块体强套到城市形态上的做法,抑制了让城市活力四射的人类活动,同时这种布局方式也产生了对汽车的依赖,很大程度上造成了今天悬而未决的城市机动性问题。

（4）我国大城市郊区"新城"建设热潮现状透视。

20世纪90年代以来,在快速城市化的推动下,我国很多大城市选择郊区新城作为拓展城市新的增长空间,这也成为大城市空间高速发展的主导战略,全国各地呈现出类型多样的新城建设热潮。我国大多数新城建设初衷是疏解老城区人口增长压力,减少环境恶化,促进产业转移。然而,从新城用地布局、发展新城具备条件、人口和就业增长、经济活动和交通运行等多方面审视我国当前的新城建设,"类新城"现象明显,具体表现为:①对主城区依赖过高,新城社会结构相对简单,产业功能单一,居住与就业不平衡;②新城区位大多是处于大城市城郊边缘,与主城连绵成片,缺乏明确的城市增长边界;③新城规划的有效性受到制约,规划目标实现有效度与预期情景差距较大。

时下我国新城建设存在的一些问题的根源是对新城开发建设条件没有全面考量。诸如出现"类新城"现象,是由于新城并没有在功能、社会和经济方面实现独立,而是过度依赖主城区,在疏解人口的同时,却加速了城市土地快速蔓延。霍华德的理想且付诸实践的第一个田园城市莱奇沃斯,为什么没有实现理想的规划目标? 事实上,田园城市难以为继的原因是,田园城市只有"田园"而没有"城市",缺乏城市的吸引力和足够的就业机会,表明理想的规划只能创造良好的物质环境,而无法创造有实力的城市经济环境。我国近年来建设的很多新城也存在这样的问题,成为新的"卧城",难以独立发展。例如近年来北京周边"卧城"现象也较为突出,由于钟摆式交通导致每天交通拥堵严重。上海建设的新城也出现了很多问题,诸如新城与主城联系不便,新城内部未考虑慢速交通,等等。

新城土地城市化过程中,城市交通发展滞后于经济活动和土地蔓延,造成小汽车交通量的快速增加,交通能耗和碳排放量迅速加剧。同时,从城市空间与碳排放关系角度而言,我国很多新城建设缺乏基于城市整体空间结构框架的考虑,即自然、环境、社会、经济及技术等五个方面的协同效应。新城规划中往往对多元化和混合变量要素融入城市系统的效度强调得不够,对新城规划实施后产生的碳排放量和生态环境没有充分预见。同时也要警惕单一偏重新城发展而弱化老城区的建设,导致老城区产业衰败、人口减少。

基于前文阐述,可以看出新城与老城区之间已经出现了很多不协调的方面。从区域发展观来看,老城区与郊区新城不应是对立的,也不应是相互牵制的发展模式,而应考虑在建设前期以什么样的发展观,采用什么样的城市整体结构形式,价值观与技术理想连接点是否符合现实发展需要。新城的初衷是成为城市新的经济增长点,但如果缺乏低碳、生态观念指导,缺乏城市整体空间系统中的协调定位,那将只能发展成为"新的碳排放增长点"的"卧城"。

3.1.3　传统"三力"共同驱动下的城市空间发展态势

"三力"主要是指城市的政策、经济和社会发展方面的驱动力,即概括为政策力、经济力和社会力(图3-7)。城市的繁荣和发展都要受到城市政策指向、经济发展和社会前进的影响,只是在某一时期或某一发展阶段,偏重的角度和某一方面发挥作用不同而已。

图3-7　城市空间发展的动力机制

我国的城市化水平持续提升,主要是来自国家政策指引、经济发展的强力导向以及整体社会发展水平的提高。随着我国的城市发展进程走向了一个新的发展阶段,城市规模不断扩大,大城市外围新城快速发展,而老城区环境质量下降,形成了新城难以"独立"、老城负担加剧的双重困境。同时,城市活动强度大,表现在时间和空间上的人口流动、物流、能流和信息流。可以看出,超常规快速城市化和迅猛的经济发展的背后,资源和环境方面为此而付出的代价是巨大的。这样特殊的城市空间发展,需要对之做出科学合理的解释并探寻其空间发展的秩序。

1. 推动城市空间外延"膨胀"的速度

城市空间形态发展与演变是受多种因素共同影响的,但造成城市内外空间形态变化的动力机制实质是"三力"(即政策力、经济力和社会力)的共同作用,从而引起城市形态平面"量"的扩大和城市郊区空间的重新组织。

同时,近年来我国城市的高速空间扩张,也引发了行政区划变化以及新区建设和产业园区扩张。国内很多新城区面积动辄数百平方千米,有的甚至达上千平方千米,如上海浦东新区为1 210.41平方千米,天津滨海新区为2 270平方千米,重庆两江新区为1 200平方千米。

时下很多城市编制的总体规划,在缺乏对整体资源和环境分析的基础上,仍本着对城市化水平和人口增长负责的态度,在用地规模预测中都给出了极为"乐观"的快速增长态势。

然而,在我国快速发展阶段,城市经济发展的周期性和主导效应,城市政策导向的不确定性,社会产业空间和生活空间的移动等外界条件,都对城市形态产生直接或间接的作用。同时,城市的信息网络化和交通机动化也对城市形态发展产生很大的冲击作用。以往这种只关注发展而轻视环境的空间导向,忽视了城市交通能耗和土地利用效率,表现为城市交通距离和能耗增加,土地混合度降低。在追求经济快速增长的"短效的三力"作用下,很多城市在物质空间拓展的同时与城市功能空间产生很大矛盾,往往导致城市形态"脱节"现象。

2. 居住与产业空间的分离和错位效应明显

解读城市空间结构的重要视角是探讨城市居住与产业空间的关系。近年来,随着城市化进程加快,我国大城市郊区化现象明显,居住和产业郊区向郊区化转移成为城市结构的新特征,而且表现出城市产业空间(尤其是现代服务产业空间,未来都市圈产业集聚将由制造业向现代服务业转变)发展滞后于城市居住空间的扩散速度,城市内部人口和物质的大范围空间流动也成为城市"特质景观"。很多大城市郊区新城由于缺乏"长效的三力"引导,造成居住用地沿交通线呈蔓延式扩展形成城市连绵带(图3-8),导致过度依赖交通干线,增加交通能耗,而且加剧居住分异现象,引发一系列负面效应。

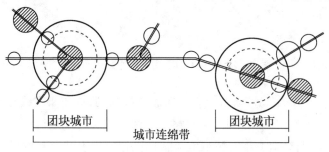

图3-8　城市外围无序蔓延形成城市连绵带

国外很多大都市职住错位现象也非常明显,据统计,伦敦市中心6个城区的职住比例为2.7,曼哈顿为3.7,东京市中心3个区的职住比例高达9.0。尽管东京城市公共交通非常发达,但巨大的通勤潮还是导致城市拥堵不堪,1小时以上通勤人数逐年增加,为此有学者将东京比作"通勤地狱"。造成这种现象的原因主要是由于城市集聚效应引发的城市产业空间匹配不协调,土地价格上升以及城市中心区外围居住人口增加等。

国内很多大城市都市圈"负效应"导致的职住空间错位现象也非常突出。主要表现为城市外围单一功能用地明显,居住与就业空间不匹配,弱势群体被边缘化等。国内很多特大城市由于通勤交通以及交通模式匹配不合理等多种原因,导致交通部门碳排放持续增多,如北京、上海等城市交通碳排放不断上升。

一些发达国家一直将通勤时间作为衡量城市效率的有效指标,这不仅能反映时间的多少,而且能体现出城市系统运行的效率高低,与城市空间结构、城市交通系统、城市规模以及产业分布均有密切关系。英国雷格斯咨询公司的调查显示,我国在13个被调查的国家中平均通勤花费时间最长(图3-9),这也说明了我国大部分城市运行效率偏低,城市拥堵现象明显。城市空间上职住分离的事实,既有城市土地经济的诱导,也有城市居住与产业布局模式的失效,同时也表现出城市土地地租级差效应下的分异与扩散,以及存在城市交通设施和出现可达性的不足等问题。

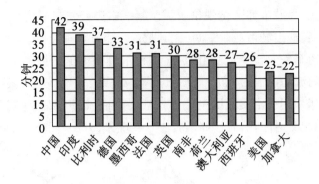

图 3 - 9　世界不同国家平均通勤时间比较

针对城市产业空间布局不协调以及流通成本等问题,近年来各大城市也积极采取应对措施,构建"1 小时经济圈"空间发展战略成为城市首先的规划目标。全国有 30 多个城市提出 1 小时城市经济圈(1 小时城市生活圈)的概念,代表城市有重庆、济南、合肥、长沙等,其意义在于合理布局城市产业空间,提高城市出行效率,减少因人流和物流的移动而增加的能耗。同时,从城市区域的角度分析,1 小时经济圈可以实现城乡统筹,实现跨区和跨市的联系,有助于建立密集地区的区域产业、人口和交通网络的低碳化发展。在低碳和气候变化以及城市生态安全等复杂背景下,城市 1 小时经济圈的现实意义在于,促进区域资源的进一步集约化发展,加强城乡联动一体化发展进程,同时推动区域低碳经济增长。

以上分析表明,在缺乏有效管理和控制的"三力"作用下,我国城市内部和周围地带都发生了结构重组,居住与商业分离,快速路分割或连接城市,居民日常生活范围扩大(这里也存在居民生活水平提高和小汽车价格下降的原因),导致城市形态向郊区蔓延。随着我国城市化的进一步发展,职住分离现象、城区大范围内人口流动潮仍会加剧。因此,明确城市空间战略,统筹区域一体化发展,减少资源和能源消耗已成为亟待解决的问题。

3.2　低碳城市的空间发展模式

3.2.1　城市空间发展现状存在的关键问题

1. 技术理性思维主导下的城市空间结构

城市空间结构总是与形态、功能和系统相伴而生,相互交织在一起,同时城市空间发展中占主导地位的一方决定城市是自组织还是被组织。城市的发展一直受到人类理性思维的控制,因此理性也成为现代社会发展模式的基本准则。随着社会的进步,人类在理性主义思维控制下,不断推进科技进步,并逐渐转向技术理性思维。人类开始试图用技术手段征服或控制自然,最大限度地获取生存和发展的资本,并将技术作为生存和发展的唯一价值标尺,因此工业革命也引发了全球技术爆炸时代的到来。摈弃价值理性下的技术理性逐渐扩展至全球,快速引领人类进入了工业文明时代。

纵观城市规划发展史,规划思想也一直受到技术理性思维的主导,表现出严格的城市功能分区、轴线对称的布局模式等,并以此来构筑理想的城市。随着技术理性在城市规划中的应用,城市也逐渐表现出异化现象,工业废气污染严重,生态环境恶化,而且随着西方对技术的崇拜,机动交通工具的广泛使用推开了城市迈向低密度蔓延发展的大门。经历了技术理性的高速发展,人类实现了预期的现代化和城市化,由此也导致了"高碳"危机。

西方发达国家在20世纪六七十年代处于机动车迅速发展时期,小汽车交通发展战略导致城市向外扩张蔓延。城市以方格形道路布局,依托高速路,干道在高速路围成区域连接高速路与其他重要线路,这种城市用地和交通布局方式的主旨是实现全盘机动车化,这也是导致城市交通公害的重要原因,其代表城市有美国洛杉矶、底特律等。

改革开放后,受强烈的技术浪潮冲击,我国城市和经济发展也实现了超常规发展。城市在技术和经济的双重推动下,忽视了数千年传统的"天人合一"思想,以非理性的快速扩张和资源的高消耗来换取城市化的成果。我国快速城市化催生下的城市空间表现出居住和产业外延扩展,近郊新城与远郊新城快速发展的态势(图 3 – 10)。

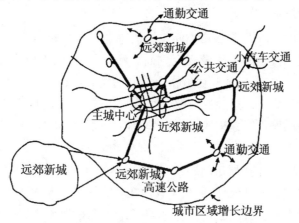

图 3 – 10　典型大城市空间结构与交通流

新城增长模式也是现今我国大城市截流流向中心城区人口,控制主城人口增长,转移工业经济职能的有效手段。但国内很多新城发展无论从规模上还是用地混合上都存在很多不足之处。开发不成熟的新城实际上正加剧就业市场与居住地的分离,因为难以独立的新城表现出与城市就业市场规模递增的规律相矛盾。也就是说,城市规模越大,就业市场表现出效率越高,而新城规模小,就业吸引力不够,导致新城只能以居住为主体。虽然随着新城逐渐成长,用地混合比例增加,但如果新城发展空间与主城区距离过远,仍然会出现"钟摆交通"。新城局部的用地混合在一定程度上能实现城区交通需求内部化,如减少交通出行、改变出行方式等。这种远郊新城本身是一个有机整体,微观上是用地混合的,而从城市宏观角度,这种难以独立的新城只是主城区的一部分,新城与主城的机动化联系足以抵消新城交通需求内部化减少的车辆,总体交通需求是增加的。美国马里兰州的肯特兰镇就是一个实证,由于城区规模偏小而且处于远郊城市蔓延区位上,城区内部虽然用地混合,充满活力,而且交通方式多样,但从城市宏观上其是华盛顿的一部分,并未脱离与主城的联系,交通量有增无减,人均交通出行距离增加。吕斌等(2011)学者基于石家庄城市空间的低碳化增长路径研究,表明城市以圈层增长、双城增长、新城增长模式对比来看,新城增长模式对城市空间形态的低碳绩效是最差的。

城市是以物质空间实体为载体,承载着社会、经济、文化多维层面,基于复杂的城市系统,城市空间发展不能只依托技术理性思维指导实践。信息化技术以及机动化技术的成熟,足以推动城市空间分散发展以改善城区环境。然而,在缺乏环境价值观的单一技术推动下的"理想新城"疏解主城区人口压力的同时,却带来了更大、更加难以控制的交通流。城市发展的历史证明,物质技术准则下的规划空间专业技术常常倾向于经济主导下的城市空间扩张发展。在全球经济浪潮下,技术理性思想主导下的物质技术准则为城市发展提供了基本性要求,然而在城市化面前,这种物质技术准则有被夸大的趋势,漠视环境和气候变化。因此,秉承生态、低碳、可持续发展价值观的"方向盘"必须掌控好城市空间快速发展的"快车",使城市发展走上人性化、可持续化的道路。

2. 城市空间发展的"章法"

城市空间发展的"章法"是城市空间组织的哲学。新时期城市空间发展的"章法"体现在城市空间发展和控制的手段及规定方面。然而,一直以来以密度、布局和城市结构考证下的城市空间发展,其实质是由城市土地的功能分区锁定。我国一座座新城平地而起,其物质形态突显,急于通过建造"现代化"新城以体现出"现代化城市",其实质是功能主义加上现代建筑的城市营建模式,是"科学理性的现代规划"旗帜下的产品。锁定国内一些城市新开发建设的新城,由于主城经济规模和实力都不成熟,选择空间外延扩展发展,最终只能是制造了新的"城市问题"。从城市整体空间而言,这是一种"建设性破坏",彰显的是外在物质层面的现代性,弱化了其内在功能使用的多样性和高效性。

从城市经济活力、宜居性、公平与效率等多维角度审视城市时,城市经济高速发展,城市化水平也得到不断提升,与此同时,城市发展的代价不应该成正比例增加。然而透视城市空间发展的现状,城市能源消耗大、土地利用效率低、交通碳排放增多,城市环境污染越来越严重。从城市空间结构的角度理解,主要是在城市用地的功能空间、城市交通的载流空间以及在以城市组织结构为空间机理的结构体系之间出现了不协调,表现出城市缺乏"章法"下的空间失效,而且这种失效的"后果"很难通过规划和管理手段在短时间内弥补。这正如 Rittel 所说,当城市规划面对的是"恶性"的社会规划问题时,它们常常难以解决。近年来很多大城市编制了城市发展战略规划,注重塑造城市,强调城市空间结构的重新塑造和城市规模大幅度的扩充,将城市的"大蛋糕"做大,其目的是促进未来城市经济的显著提升和扩张。全国很多城市建设"大学城",规划建设新的城市中心,并规划建设了 3 000 多个工业区。这些完整的规划和建设表明了城市规划实践的巨大进步,但规划引导下的各类城市问题也凸显了城市控制和管理的不足。无章法必然出现发展无序的态势,城市的章法是规划师和政府的理念。然而,政府的规划意图和城市规划理念也需要从整体的环境价值观角度去衡量和评判,其主旨是形成一个有效率的城市。

因而,关注城市发展需要从城市复杂性角度理解,城市空间形态并不是仅仅由其物质实体特征所呈现出的"相貌"表象。对城市空间形态的探讨,需要在城市各要素之间的相互关系以及随社会发展而不断变化的动态视角中考察,关注城市的形式与结构,包括城市形态发展与后来的转变过程,保持并延续空间秩序和特定的空间发展范式,使城市空间发展"有章可循"。

3. 基于城市建设实践的低碳"检验"和规划反思

城市现实种种矛盾交织下的"高碳"发展情景,已经让人们深刻认识到,必须转变城市发展模式、破解城市发展的困境。城市要想实现"走出去"(中心城区人口和产业疏解出去)和"引进来"(新城能有效吸引主城产业和人口),必须要从城市产业空间布局和资源配置上提出有效应对措施。如果引入黑川纪章的"无中心的秩序"思想,用于指导新城与主城共生协调发展或许可以破解新城难以"引进来"的困境。因为所谓没有中心的城市,是重视周边的城市,重视与外来文化交流的城市。基于这一思想,将新的服务设施布置在周边新城,吸纳人才和产业,以期构筑与中心城市协调发展的新集合体城市。同时,欧美和东亚很多国家为促进新城与主城协同发展的经验也值得借鉴。例如生产性服务业转移至新城,文化产业和大型商业设施逐渐向郊区化扩展,以此来带动新城产业提升,吸纳人口集聚。

3.2.2　低碳城市的空间价值取向

1. GDP 增长导向的城市空间扩展转向"低碳增长"的空间扩展

追求经济总量增长下的 GDP 评价标准,成为当前城市空间扩展的动力机制。但是,这种明显的粗放型土地增长方式,已经表现出"高消耗、高排放、不循环、低效率"的经济问题。传统 GDP 核算缺乏环境因素考虑,并未涵盖自然资源消耗成本、环境恶化损失成本,而是依托土地的市场经济,提供优惠土地供给政策,扩大内需,在一定程度上刺激了城市土地扩张。城市经营土地的相关经验数据表明,土地供应量增加 1 个百分点,土地收益就增加 29.41 个百分点。可以看出,城市经营土地对 GDP 的贡献率很大,因而城市空间发展也注重外延扩展的速度,规避了生态环境和能源消耗问题。

发展是人类追求的永恒主题,低碳发展是从科学发展观层面对发展内涵的诠释,是人们对低碳经济社会发展的本质、目的、内涵的总体看法和价值导向。不同的价值观决定着人们采取不同的发展模式。在我国快速城市化进程中,经济发展成为社会发展的主体,城市经济活动强势。而从城市与环境共生的绿色视域范畴寻求低碳增长的发展模式,却是气候变化时期自然赋予人类的抉择。城市空间扩展要转向集约、高效、注重与环境协调发展的低碳增长模式。

2.外延式空间扩展转向紧凑高效发展模式

近年来,各级政府以开发区、大学城等建设模式,形成的郊区蔓延现象较为严重,城市的发展一方面是快速实现土地城市化,表现为在二维空间上推进城市土地的"表面扩张";另一方面,随着城市外延式发展,城市功能也进行调整,表现为功能单一化、空间内涵缺失。透视我国40多年的城市建设成果,城市化进程加快,而对生态环境和居民健康影响也非常大,甚至有些生态问题是无法弥补的。一味追求"空间增长",注重城市规模"量"的增加,而忽视增长背后"空间成长"环境质量的提升的价值取向,已经遭到了来自自然界的警示。全球碳排放量迅速增加,导致气候变暖,这与城市无节制扩张、破坏生态碳汇体系有一定关系。

城市空间采用紧凑高密度发展与低密度蔓延发展,对城市整体碳排放影响非常大,尤其表现在城市土地蔓延对私人交通流量增加明显。新加坡国立大学 Sovacool 等(2010)学者,通过对世界12个城市的碳足迹分析,指出低密度蔓延导致职住分离而带来的交通碳排量非常大,诸如伦敦、洛杉矶、首尔等城市的私人交通碳排放平均已达到40%以上。该研究表明城市空间增长模式对碳排放影响非常大。

诚然,我们需要寻求有别于传统粗放型开发式的增长模式,建构低碳增长的引擎驱动力,探索低碳增长模式下的城市空间结构模式。技术的进步固然能促进城市碳排放量的减少,然而国际经验表明,缺乏"增长管理"模式的城市空间发展,技术发挥作用的效用性是有限的。因此,寻求低碳增长模式下的紧凑高效型城市的构想和规划是未来城市空间发展的核心价值取向。大量的城市实践证明,城市空间结构与能源效率有密切关系,因此从城市空间结构框架构建城市空间要素与碳排放之间多维的考量对比关系,有助于指导城市紧凑、节能、高效发展,迈向低碳、多样并充满活力的城市发展进程(表3-3)。

表3-3 低碳增长模式下的城市空间要素与预期目标

城市空间要素	低碳增长模式下的要求	城市实施达到的预期目标
城市密度	适宜的高密度开发	土地集约化利用
城市结构	空间形成有机联系,由不同层次中心构成的空间布局体系	力求减少对机动交通的依赖,减少碳排放量
城市增长边界	有明确的城市增长边界	控制城市无序向外蔓延,减少对自然和农田的破坏
城市土地利用与城市交通发展模式	高密度开发—公共交通耦合发展模式,促进土地—交通一体化发展	建立高效的土地混合利用模式,依托城市公共交通网络体系和慢速交通网络支撑,提高交通可达性
城市生活圈	紧凑的城市结构,促进社会、经济活力高效	实现高效的1小时城市生活圈

续表 3 - 3

城市空间要素	低碳增长模式下的要求	城市实施达到的预期目标
居住指向	城市混合居住模式,增强主城的向心居住指向,避免郊区田园生活居住模式蔓延	实现居住与就业平衡,减少居民长距离交通出行,倡导绿色生活
慢速交通体系	构建城市慢速交通网络体系	加强慢速交通网络体系,减少碳排放

3. 城市土地盲目扩张转向关注城市空间环境绩效

城市用地规模的变化是城市空间布局和结构变化的综合反映,它直接或间接地与城市社会经济发展、人口以及环境有密切关系。近年来在城市化快速推进下,城市土地粗放利用,资源消耗严重等问题日益凸显出来。从城市化发展指标体系审计城市生态环境的实践来看,二者之间呈现交互耦合关系。例如,李静等(2009)学者通过对大连市城市化发展与城市生态环境的评价研究,结果表明,随着城市化水平的提高,城市生态环境质量持续下降。城市快速向外扩张已经对城市生态环境造成较大冲击,追求城市规模效益和土地经济的空间价值取向,已经遭到来自自然界反作用于人类的灾难性打击。世界城市的发展,有很多值得我们借鉴的经验。早期为追求"绿色健康",霍华德倡导了"田园城市"以及斯坦因提出建设"美国新城镇"的观点,都是以保护城市生态环境和居民身心健康为实践基点。尽管我国城市化背景与国外有很大的差异,但追求一个充满生态健康并具有选择机会的城市,是创造一种符合社会全员利益的空间价值。一个城市的生态协调度与城市环境质量是成正比的,把城市"空间环境绩效"的优劣作为评价城市发展的考量,是创造和开发全面意义的低碳生态城市空间最有意义的价值取向,也是气候变化时期的城市空间生态环境认知。而基于城市化发展进程中的城市环境绩效研究是探索低碳生态城市建设的前提基础,也是有力推进健康城市化的保障。因此,将城市化发展的各项指标与城市生态环境指标之间建立交互的绩效考核体系(图 3 - 11),有助于在健康的城市化发展进程中,提升城市空间环境品质,促进城市与自然的生态和谐。

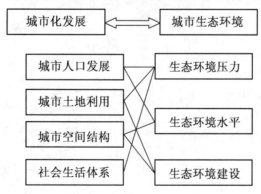

图 3 - 11 城市化发展与生态环境交互评价体系

3.2.3　低碳城市空间发展契合的模式

　　城市作为高能耗和土地使用的中心区域,其发展模式是否可持续和低碳高效显得尤为重要。因而,在资源和环境有限的条件下,城市空间以何种模式发展、城市规划以何种方式控制来促进低碳化的空间增长,使城市达到规划目标,创造具有经济、社会和环境效益的低碳生态城市成为城市规划实践中重点关注的问题。总体而言,城市空间发展基本上经历了中心集聚增长和外围扩散增长的过程,具体又分为轴向扩展、圈层扩展和带形扩展等。城市采用不同空间布局方式,其城市运行效率和引发的城市交通流有明显差异,因而针对不同的空间发展模式要采取相应的减碳措施,以达到城市空间转向低碳发展的目标(表3-4)。城市空间适宜的发展模式是城市迈向可持续发展的重要方面,因而建立规范有序的城市空间发展新秩序是引导城市低碳发展的关键。因此,需要从城市外部的空间形态转变和城市内部的空间秩序两个角度进行分析。

表3-4　不同城市空间结构模式对比

城市空间结构模式	模式特点	城市空间结构图示	交通流图示	转向低碳发展的措施
单中心结构	城市中心高层、高密度,集聚性较强,城市人流和车流向心性较强,对于大城市而言,运行效率不高			提高城市中心区步行网络体系,增强土地有效混合利用
分散布局结构	城市中心性不突出,城市相邻组图间联系较为密切,交通流分散			完善城市组团功能,倡导短路径出行,加强城市公共交通建设
多中心结构	城市空间整体形成以城市中心区为核心,外围以多个城市组团簇群状发展,城市交通流形成网络结构,城市运行效率较高			完善城市公共交通网络化建设,构建职住平衡社会体系

续表 3 − 4

城市空间结构模式	模式特点	城市空间结构图示	交通流图示	转向低碳发展的措施
混合结构	混合结构是城市最多采用的布局方式,中心性明显,城市郊区新城能疏解城区交通流,但郊区与城市 CBD 早晚时段交通流明显			构建有序混合的高效土地利用模式,城市中心区形成多元化经济发展的活动区

1. 低碳城市的空间形态发展模式

(1)物质空间环境层面以低碳发展为理念的空间增长。

如今,我国城市无论大城市还是小城市都或多或少存在同样的"城市病",只是"病态"的程度有所区别而已。城市问题产生的根源并不完全是以前所认为的城市规模所致,而是缺乏与时代相符合的规划决策和规划理念。

城市经历了 20 世纪的工业文明,如今已经跨入 21 世纪注重生态环境问题,时隔 100 年时间全球已发生巨大变化。城市新城、新区出现的"城市病"已经证明了"过时理念"指导下的城市建设是问题的重要根源。规划理念的变革是规划改革的核心,而规划改革是解决城市问题的关键。因此,城市规划关注重点应该从"人—城市—社会"单向关系(表现为功能分区、城市形态、社会需求)转向"人—城市—自然"复合关系(低碳、生态、气候变化、可持续发展、土地混合高效利用、TOD 等问题)。基于规划理念的转变,在全球气候变暖、城市碳排放过量等背景下,城市空间发展应本着低碳和生态的效应(包括低碳经济效应、低碳社会效应和环境效应),重新审视很多以盲目功能分区为主的城市土地利用规划问题,城市空间外延低密度和分散化倾向问题。目前,全国各级新区、开发区总数超过 3 500 个,划规面积达 3.6 万平方千米。资源和生态环境的压力成为城市化发展的瓶颈,城市空间发展(尤其是城市物质空间建设)寻求低碳化发展是正确途径。追求低碳、生态、可持续发展的理念正受到来自人性及自然环境的急吁,探寻低碳效应的空间增长方式开始成为城市规划的理性之举。例如,邯郸市中心城区空间结构规划和用地部署中,采用从内生主导的空间扩张走向区域依托的开放型整体空间塑造转变;从各主体孤立发展向构建大邯郸一体化发展格局转变;构建"三纵三横""九园八廊"的网络生态空间结构,从而确保网络生态系统与中心城市用地布局良好契合,和谐融合。

低碳城市的空间发展模式选择,应首先从城市空间要素层面与城市可持续发展要素建立彼此有效的协同联系(图 3 − 12)。城市空间布局、土地利用以及城市密度、生态环境等要素对于促进城市高效、低耗运行具有决定性作用,因而在城市社会、经济及环境和能源要素间建立彼此密切联系,对于促进城市可持续发展非常重要。低碳城市的空间发展模式与这些要素间联系程度、协同发展情况有直接的关系。

(2)城市经济发展层面以循环性和高效性引导空间发展。

改革开放以来,我国城市经济和产业发生了翻天覆地的变化,与此同时,相应的城市化负面影响也很大,表现在城市空间经济粗放增长模式仍没有明显改善,高消耗、高投入、高排放、难循环、低效率增长特征明显,导致我国碳排放量逐年升高。虽然近年来有一些空间规划将低碳分析作为空间建构的依据,但对于城市空间增长本身的经济决策与低碳导向的耦合关系并没有深入分析。低碳导向的规划目标多从概念上引导,而没有真正落实到城市经济发展的载体空间,城市空间增长与其经济模式间并不协调,最终在强劲发展的经济政策驱动下,缺乏空间经济绩效考量的空间发展规划只能成为经济发展的牺牲品。

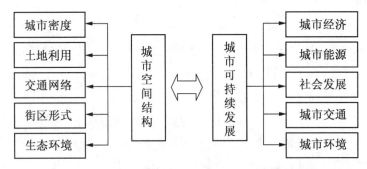

图 3 – 12　城市空间要素与可持续发展直接的联系

从城市生命周期来看,城市保持良好的运行状态,必须建立输入与输出相互平衡的系统。低碳目标下城市的物质空间走向以紧凑、混合、多样发展为主,而城市空间又直接反映了城市经济活动的范围和效力,因而构建与低碳空间发展导向相适应的经济发展模式,将有助于提高资源高效利用、促进产业一体化发展的循环经济体系形成,最终改变"大量生产、大量消费、大量废弃"的经济模式。同时,城市如何紧凑发展需要从经济和环境方面做出相对的判断,也就是说,城市空间增长要落实在空间环境质量和经济绩效上。因而从城市空间角度检验城市经济发展程度,需要摆脱传统粗放型土地经济模式,建立复合低碳、高效、循环发展的城市土地生产率考评体系,这既遏制了土地的无序扩张,又能提高城市经济效能,保护城市生态环境。

(3)社会空间协同层面以低耗性、多样性、自适性引导空间发展。

在传统的粗放型发展模式下,由于对经济增长的盲目追求,忽视城市社会发展和环境建设,导致城市经济与社会发展和生态环境不协调局面,城市社会发展表现出单向度和物欲化的倾向。在社会空间结构上,"二元结构"有逐渐显性化趋势,城市低收入者和务工人员聚居在城市外围地区,形成空间区位和社会地位的"双重"边缘化,如我国的"城中村"现象就是城市空间扩散与围合的结果。

从城市运行轨迹视角分析,城市社会空间出现的"二元结构"对城市管理和能源消耗构成严峻挑战。社会的发展和空间的生产是一种"连续双向的过程",人们在创造和改变城市空间的同时又受到来自复杂社会活动和空间环境的限制。以高增长、高消耗、高排放、高扩张为特征的发展模式,实质是社会发展和物质空间不协调的结果。因此,在城市社会空间层面上应转向低耗性、多样性以及与自然生态和气候环境相适应的空间发展模式。

2. 低碳城市的空间秩序发展模式

城市空间外在表征下的空间形态转型是城市转型的一方面。城市空间总体走向集约、低碳、高效的低碳化道路,除需要科学合理的空间结构,还需要从城市内部空间的要素组合、协同等方面实现城市低碳化发展的轨迹。

(1)低碳目标下的城市空间扩展秩序。

城市空间发展的混乱,空间要素被割裂,用地不经济等问题,事实上都是因为缺乏目标明确的开发秩序。城市本身是由不同要素、产业和功能区复合而成的有机体。生态农业时期,城市之所以能与自然和谐、共生发展,是因为空间发展要素和功能区之间是有机联系的。然而,以技术和经济发展价值观主导的现代城市,忽视产居平衡、蔓延发展,从而导致城市功能区之间是相互割裂的。城乡空间总体发展呈现出明显的空间断裂现象,城市一味扩张,乡村不断被蚕食。城市用地开发优先权方面缺乏基于人与自然协同共生发展的控制"秩序",屡屡出现以牺牲生态用地、破坏原有生态体系而开发工业园区的现象。因而也就出现了当前大部分城市工业用地比例过大,而土地利用率偏低的事实。目前,我国很多城市的"退二进三"空间治理措施就是治疗工业化生产时期留下的"症结"。城市空间开发秩序的混乱往往会导致城市土地浪费,加剧交通拥挤,破坏生态功能空间。为此,必须坚持低碳、高效、集约、生态宜居的理念,建立生态空间"底线",避免城市群地区出现连绵开发的"水泥森林"。城市的功能空间发展,要在合理组织城市空间结构和控制发展规模基础上,按照生活、生态、生产的先后开发秩序,实现空间结构从无序开发向有序开发转型。

(2)土地和环境"双重"压力下的城市空间开发秩序。

人类只有一个赖以生存的地球作为生存繁衍的载体,这也决定了未来人类选择生存的方式。纵观人类发展进程,如果将原始时代定为"零碳时代",那么从农业文明中成长出来的工业文明则是"高碳时代",也预示着人与自然亲密关系的终结。短短的 300 年工业社会已经严重破坏了承载人类生息过 250 万年"和谐"的地球家园。高速的工业化发展破坏了地球生态环境,因而城市发展模式是否可持续关乎着整个地球的生态平衡。正如联合国环境规划署执行署长达沃德斯威尔所言,"千万不要忽视城市的可持续发展,否则一定会把全人类带入一个危险的境地"。

　　进入 21 世纪,人类步入了"城市的时代"。从全球城市整体发展态势看,基本都呈现出均质化、不规则的扩大化和低密度化发展特征。例如在美国,除高层化、高密度发展的曼哈顿外,其他城市除中心城区外,其余的地方在环视范围内几乎都是并排的、平坦的独立住宅,在它们之间奔跑着排放二氧化碳的车辆。尽管有"保护地球环境""执行《京都议定书》""减少二氧化碳排放"的热议话题,但由低密度城市化带来的危机扩展到眼前的城镇建设课题尚未言及。

　　时下紧凑发展是基于城市土地和生态环境双重压力下城市空间必须转向的建设方式。而我国城市土地利用效率严重偏低,全国城市平均容积率只有 0.3 左右,土地集约化系数有偏低走势。其原因一方面与行业相关规范有关,街区尺度偏大,用地混合度控制和管理缺失;另一方面,强调容积率的高低,混淆了城市紧凑发展,单一容积率指标并不能反映城市整体的紧凑性,相反刺激了土地市场,推动城市向外扩张。

3.3　城市低碳化发展的规划控制

3.3.1　低碳城市与城乡规划的发展关系

1. 现代城市规划思想向低碳演进的发展历程

　　从城市规划思想演变史来看,较早的城市规划思想代表着人们对美好生活和环境的一种愿景,思想范畴带有空想(或理想)属于不实际、理想的社会改良计划。与其相比,霍华德"田园城市"理念的提出,从社会现象和问题出发,具有现实意义和实践意义,并试图从城市整体规划观角度,探寻一种能克服工业革命以后出现的"城市病"、促进与自然和谐共生的可持续发展模式。

　　从"田园城市"之后,城市规划思想也从乌托邦的传统理想主义走向了理性主义。因此在 20 世纪围绕该主题,提出了很多新理论和观点,诸如沙里宁有机疏散论、雅各布斯功能混合论、设计结合自然观、新城市主义、倡导紧凑城市等理念成为这一阶段引导城市建设的风向标。从城市规划发展历程可以看出,现代城市规划逐步走向复杂化、内涵化,涉及的问题也非常广泛。早期的城市规划针对的是工业化和城市化,而现代城市规划所针对的是全球气候变暖、全球城市化、能源危机、城市安全等更为严峻的挑战,城市规划的功能角色也发生了相应的转变。为此,现代城市规划的研究范畴、研究内容、主要思想等方面都经历了复杂的演变和延异过程,为低碳城市规划概念的合理性提出奠定了基础(表 3 - 5)。

表 3 – 5 近现代城市规划思潮演变对低碳城市规划理念的借鉴意义

时期	规划思潮	规划思想的价值取向演绎
1760— 1850 年	乌托邦和空想 社会主义思潮	基于现实的矛盾,追寻理想的"世外桃源",创造具有理想的城邦模式,描绘美化蓝图,但与现实差距较大,成为空想主义
1882 年	线形城市	基于城市交通拥挤和环境恶化问题,提出城市以交通运输为前提,减少交通消耗,依托铁路形成安全、高效和经济的线形城市
1898— 1920 年	田园城市	基于"城乡一体化"原则,控制城市规模,是具有健康、生态导向的第一个区域规模的科学规划模式,为世界新城开发提供了导向和示范作用
1940— 1961 年	沙里宁有机疏散论、 雅各布斯功能混合论	基于城市环境状况,从不同的角度探寻城市结构形式,两个理论都关注城市功能,并注重人的活动规律,最终目标都是改善城市环境,创造宜人的居住环境
1965— 1980 年	设计结合自然观	扩展了传统的"规划与设计"研究范畴,将其提升至生态科学的高度,规划指导思想也由"空间论"转向"环境论"
1980 年以后	新城市主义、生态城市、 可持续规划	针对城市郊区化蔓延、城市生态环境恶化,寻求可持续规划目标明确,倡导人与自然和谐的价值观,着重关注城市能源消耗与生态环境关系的环境伦理观
1990 年以后	紧凑城市与可持续发展、 精明增长	以紧凑、城市功能复合、土地混合利用、倡导公共交通、节约资源、改善环境为目标
2000 年以来	低碳城市、 低碳规划	进入 21 世纪,全球气候变化对城市建设冲击很大,城市在追寻可持续发展的大框架下,具体寻求城市低碳化发展模式,低碳城市规划受到重视

2. 低碳规划是实现低碳城市的关键

越来越多的证据表明全球气候变化、城市碳排放过量、城市环境恶化等不利于城市可持续发展,但同时又缺乏足够的手段和措施减缓这些现象的发生或者真正扭转事态的发展局势,导致人们不得不从城市整体系统或空间方面思考减少城市碳排放的途径和方法。从城市规划学科角度,自霍华德提出田园城市以来,城市规划研究的理论和方法一直在寻求解决城市可持续发展的途径,也不断地进行空间发展模式理论和实践探索,只是在不同的时期,规划所关注的侧重点有所不同。霍华德的田园城市理论、阿伯克隆比的大伦敦规划、荷兰的国家空间规划以及日本的国土规划都是城市和区域可持续发展的规划典范。梳理规划理论发展历程,可以看出从麦克劳林和查德威克在 20 世纪 60 年代提出的系统理论到后来的理性规划理论(安德鲁斯·法卢迪1973年提出)、后现代主义规划理论(桑德库克20世纪80年代中期提出)、协作式规划理论(哈马贝斯和福柯)等研究一直在向更加科学的规划体系努力,寻求最佳的方法和可操作手段。从城市规划的功能和作用来看,规划是以最佳的方法来实现目标,规划活动(指规划编制)是一个有条理的行动顺序,使预定的目标得以实现。同时规划本质上是一种有组织、有意识的和连续的尝试,并通过人类知识合理地运用到决策中,作为人类行动的基础。

气候变化时期,城市碳排放备受全球关注。目前,各个行业都以低碳为目标,期望从各个环节寻找实现减少碳排放的途径,为探索低碳增长的经济发展模式而努力。

目前,我国的城市化发展基本达到现代化中期阶段,然而由于资源和经济模式采用的是粗放型经济发展模式,从目前的环境污染程度来看,已经进入超自然负荷阶段,是一种与自然不协同的发展模式。如何解决过去城市发展中造成的不平衡问题,实现节地、节水、节能的目标成为未来城市规划关注的主要内容。因而,我们必须扭转传统的不可持续的城市发展模式,寻求低碳经济增长模式,引导社会低碳发展,建立城市与自然协同平衡发展模式(图3-13)。

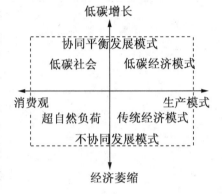

图3-13　两种不同发展模式对比

对于城市转向低碳发展来说,要发挥低碳规划的功能和作用,我们要重新认识规划对于节能减排的责任和意义。因为城市规划学科具有从宏观和微观引导和控制城市发展的功能,因而具有从全局进行统领城市低碳发展的效能作用,同时又有灵活而有弹性的土地利用和空间布局控制手段,因而从空间规划角度,低碳规划对于低碳城市建设和发展具有至关重要的作用。综合上述分析,低碳规划是低碳城市建设的关键,也是城市实现节能、节地、节水、节材的工具手段。

3.通过城乡规划建构城市低碳发展的模式

气候变化时期,城乡规划更多的是考虑资源合理利用、生态环境保护、城市能源效率、城市结构组织、交通与土地利用效率、低碳城市实施管理等层面的规划与设计,以适应城市低碳发展。

城市整体要实现高效、低耗发展的图景就需要系统且彼此协同的规划体系来控制城市低碳发展。这首先从城市发展目标、发展规模以及到具体的规划用地布局都需要融入低碳发展的规划理念和低碳规划技术。其次,在各层次规划中要建立彼此协同、相互关联度较强的规划控制体系,从城市低碳发展目标的逐级落实,到具体的低碳控制指标的执行,使城市开发建设带来的碳排放影响在可控制的状态下进行。从城市规划学科角度,需要遵循"碳排放审计"下的碳减排目标(图3-14),从而对城市空间布局、建设开发以及政策制定做出科学规划。

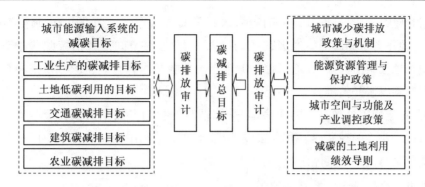

图 3 - 14　"碳排放审计"下碳减排目标实现流程图

3.3.2　低碳导向的规划控制内容和方法

低碳城市空间发展模式的选择和确定是城市迈向低碳发展的前提和基础。如何实现城市低碳发展的图景,首先需要从城市规划层面制定相应的规划控制体系和内容。基于自然生态要素与城市空间要素的整合与协同效应关系,应明确在各个规划和建设阶段需要控制的内容及相应指标(表 3 - 6)。

表 3 - 6　城市低碳发展的控制要素和指标体系

指标体系	控制要素										
	能源	水	物流	土地利用	环境	人口	产业	市政	交通	建筑	废弃物
区域大气环境质量	★		★	★	★	★	★		★		☆
可再生能源利用率			▲	▲	▲	★	★	▲	★	○	△
自然湿地保护		△			△						
单位 GDP 碳排放强度	★	★	★	△	★	★	▲	★	★	▲	★
地域植物利用率		▲		○	△						
绿色出行所占比例	★		★	▲	▲	▲		★	☆		
垃圾回收利用率	▲	△	▲	△	△	★	★	△	△	△	★
雨水收集利用率		△			△	▲		▲		▲	
日人均生活耗水量	▲					▲					
日人均垃圾产生量	▲					★					
500 米范围内开放空间所占比例				○	○				○		
市政管网普及率	▲	○		○	○	○	○	○			
人均公共绿地面积				○	△	○					
绿色建筑比例	○	○		△	△					☆	
就业住房平衡指数				○					○		

注:○容易控制;△较易控制;☆难控制;颜色由浅到深代表规划、建设、运营三阶段

规划和建设阶段控制的内容和指标,最终都需要落实到城市空间和具体的地块中。因而,从土地作为空间和经济发展载体的层面来看,通过空间上架构彼此联系或关联的经济活动和社会生活方式,并通过控制城市土地低碳利用和有效组织城市空间结构方面落实城市低碳发展是关键。

同时,对于城市这样复杂的生命体,采用适宜的规划方法至关重要。本节侧重论述低碳城市发展模式的控制内容和方法,从城市土地低碳利用控制和城市空间结构有效组织的规划控制角度提出具体内容。

1. 城市土地低碳利用的规划控制

土地作为城市建设和发展的载体,在不同发展时期土地利用模式差异也较大。从全球环境现状和发展趋势来看,城市土地利用从传统的线性经济模式走向以低碳经济为主导的低碳利用模式是当务之急。

城市土地如何低碳利用,首先在区域层面体现在城市与自然的协同发展;城市总体层面对城市建设用地规模和总量进行控制,这主要依赖城市总体规划对城市土地规模控制和布局,以及各类土地之间的协同发展;在微观层面,通过具体的用地指标以及城市空间发展要素间的有效协同等措施,进行城市土地低碳开发控制。因此,从城市规划要素的源头改变能耗,加强城市土地低碳利用,建立融入低碳理念和技术的城市规划体系,是实现城市迈向低碳和零碳发展的关键(图 3 – 15)。

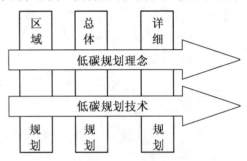

图 3 – 15　低碳理念和技术融贯规划体系

然而,城市土地低碳利用的实现还依赖于城市土地的有效管理、低碳经济发展政策以及规划设计三者间的协同控制,因而建构城市土地低碳利用的控制系统(图 3 – 16),才能从城市经济、社会和环境层面促进城市整体协同发展、土地低碳和高效利用。

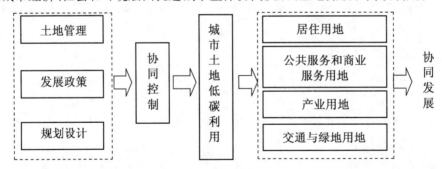

图 3 – 16　城市土地低碳利用控制系统示意图

2. 城市空间结构有效组织的规划控制

城市空间结构与碳排放具有一定相关性,具体内容在下一章进行详细分析论述。从城市规划角度控制城市碳排放,城市空间规划控制路径是其中较为关键的一方面。

(1)低碳城市建设的规划控制途径。

为了从城市空间角度更有力地促进低碳化规划、建设,建构系统的低碳城市规划控制体系是关键(图 3 - 17)。低碳城市的实现需要在对城市发展现状中存在的问题,以及城市碳源和碳汇系统进行全面分析和研究基础上,从城市规划编制全过程以及低碳规划检验与实施层面,对规划要素和空间控制因素进行整合与协同。具体从城市规划要素与低碳规划控制要素进行协同控制,同时在总体规划与详细规划层面,要对空间、产业、基础设施、人口等与自然资源、生态环境、社会经济发展等进行对应和协调。

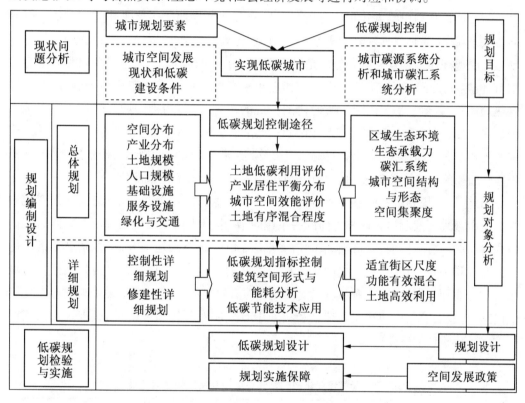

图 3 - 17　低碳城市的空间规划控制体系

(2)多层次规划协同的城市规划控制。

城市空间资源短缺和高消耗,以及在使用上的浪费和冲突已经成为城市发展的突出问题,对这些问题的解决需要系统性的对策和方法。针对低碳城市的建设和发展要求,从城市规划层面解决控制城市碳源、增强碳汇系统,需要从规划系统整体层面构建规划层级间彼此关联和耦合的协同控制体系,解决传统规划对于"空间、经济、社会、环境"衔接错位的现象。

以减碳排放和固碳为宗旨的多层级规划协同的低碳规划,注重从规划制订、实施的过程中创建城市微循环。因而,彼此协同的低碳规划是在规划体系全过程注重各规划层级间协同发展,从城市生活、生产、生态等多维角度创建城市低碳发展。传统的粗放型发展模式已经造成超自然负荷发展。低碳协同规划作为城市系统组织、协调空间要素的蓝图,可以从城市空间要素的布局、环境和碳汇系统、经济社会发展模式等方面与碳排放效应进行协同,从而建构城市高效、低耗协同的发展模式,实现城市微降解、微能源、微冲击的低碳发展模式,实现城市可持续发展。

3.低碳导向的规划控制方法

(1)规划思路的转变。

传统城市规划思维方式主要是以目标导向和问题导向为主要工作方式。从目标导向方法来看,主要是依据现有的理论和模型,预先设计一系列目标,然后实施,这往往容易走上脱离现实的错误。问题导向是规划师普遍采用的方式,虽然通过现象和问题容易求解,但容易缺乏全面系统的考虑。例如近年来我国一些沿海城市房地产热、沿海开发区热等现象,各地征集了国际一流的构图美观的规划方案,为沿海城市开发构想了美好的发展蓝图,但缺乏从全球气候变化角度进行系统考虑,气候变暖,海平面上升,即使最优秀的规划方案,恐怕也难以实践。因此,城市及其发展管理和空间规划需要充分考虑到灾难风险管理和预期的气候变化,并将其作为城市发展的一个核心组成部分。

当前,城市规划编制中还未能有效融合低碳和生态的理念和技术,与受气候变化影响的城市规划要素和城市规划之间的关系相脱节,也是当前城市规划理论和实践研究中较为薄弱的地方。因而,城市规划工作应从多维角度研究人地关系,从多系统分析问题的复杂性和关联性,建立系统之间彼此耦合关联的效应,以便科学指导规划实践。对城市规划行业而言,新时期减缓和适应气候变化的有效措施是建立规划要素与气候变化影响的耦合关联关系,以便在规划编制和实践中有效应对气候风险,控制城市人为因素产生的碳排放量(表3-7)。

表3-7　受气候变化影响元素与土地利用规划之间的关系

受气候变化影响的元素	可行的规划措施(社区层面)
大气污染	交通运输系统规划
生态系统、栖息地和野生生物	开放空间、土地保护、湿地和物种规划
城市森林和选择树种的长期生存能力	绿地公园:公园规划和管理
热浪影响	紧急响应规划:人类救助服务
洪水、风暴和城市排水系统	城市排水系统规划
能源供给量	市政能源供应规划:清洁能源的使用
水供给量短缺、公园和城市景观等市政用水受约束以及干旱	更大量、更稳定供应的长期规划

（2）城乡规划工作视野的拓展。

当今世界已经进入了低碳发展时代,城市作为碳排放的主体区域正肩负着发展和减排的双重压力。就我国而言,我们拥有世界最多的人口,我们未来的工业化和城市化还需要大量的空间承载与资源、能源支撑,同时也面临着资源环境条件的约束。因此,切实转变增长模式,迈向低碳发展、建设生态文明国家是最务实的战略抉择。城市规划作为城市发展和建设的蓝图,承载着政府和民众对建设美好家园的期望。因此,及时转变思维,应对全球气候变化,降低城市碳排放量,建构低碳导向的城市规划体系成为"低碳时代"赋予规划师的主要责任。

首先,应对城市规划理念和方法进行转变。气候变化和高碳时期,以低排放、高能效、高效率为特征的低碳城市规划编制技术和管理体制成为时代的要求。对气候变化的适应性规划需要依赖一个创新的低碳城市规划体系,它将城市和自然联系起来。城市从传统的物质空间规划转向以社会需求为导向的城市规划和与自然共生、可持续发展为导向的低碳城市规划。这在一定意义上表明,低碳城市规划正成为规划史上的一次重大变革(表3-8)。同时,从后现代生态主义对城市规划本体思想的解读来看,城市可持续发展需要尊重城市多样性、城市内部结构协同特征和自组织规律,实现从决定论向协同论的思想转变。因此,构建适合我国国情的低碳城市规划创新体系,将有助于推动我国低碳城市的发展。

表 3-8　城市规划发展的变革

	早期城市规划	现代城市规划
研究内容	物质空间形体	低碳经济社会发展
研究方法	空间发展构成	城市气候环境与城市规划要素的关系
研究理念	空间视觉审美	实现低碳城市
研究范围	城市要素的功能组织和区域经济环境发展	气候系统下城市与自然及其相互间作用关系

其次,城乡规划工作的视野应拓展。城市是复杂巨系统,其新陈代谢过程表现为各种生态流(如物质流、能量流、信息流等)的交换、转换及流动过程。生态城市是处于能量输入和输出基本平衡的可循环状态下的城市模式。然而,传统城市尤其类似我国粗放型经济发展模式下的城市,物质流和能量流运转依赖大量不可再生资源和外部系统的支持,是一种"过度新陈代谢"过程,导致废气和二氧化碳排放过多。城市不可循环问题的出现与城市能源结构、经济发展模式和社会发展等有密切关系。审视当下我国城乡规划的工作范畴还存在很多问题。以往城市规划仅仅关注城市经济增长、空间发展和土地利用的工作范畴已经远远不够,还需要从城市被视为生态巨系统的有机组成部分的整体视

野,秉承低碳生态价值观,全新思考资源和能源节约、循环利用和管理的内容。因此,城乡规划视野拓展应从自然、社会、经济系统的综合平衡层面,建立自然和谐、社会公平、经济高效的城市复合生态系统,在规划中融入低碳、生态、集约发展的要求,引导规划科学合理,促进城市资源节约和循环利用。例如曹妃甸滨海新城规划中,着重考虑了城市的资源和能源的循环利用模式,成为低碳规划的典范(图 3 – 18)。

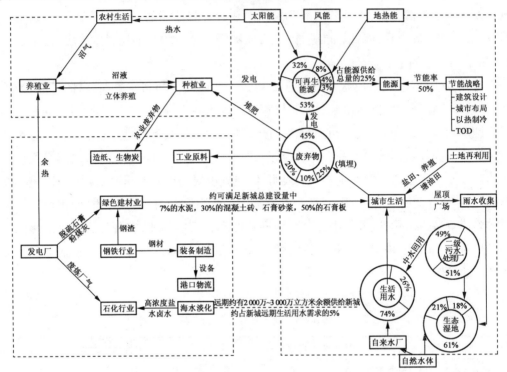

图 3 – 18　基于资源能源循环利用的曹妃甸宾海新城规划

　　全球气候变化已将全球城市推向低碳城市发展模式之路,转变传统的城市规划和建设思维,构建新的规划理论体系指导低碳实践成为当务之急。因此,时下的城市规划师需要深刻理解低碳城市内涵,秉承低碳时代的城市建设理念,树立良好的生态共生价值观。低碳城市作为气候变化时期的应对途径,其理念和原理对当今的城市规划冲击很大。未来需要从气候和生态层面考量城市规划的综合生态观、可持续发展观,以期超越"低碳",真正实现城市与自然的融合共生。因而,从城乡规划角度来看,需要认真研究城乡规划要素间的关联关系(图 3 – 19),加强城市与乡村的关联网络建设,从区域整体上有效利用资源,强化城乡生态网络连贯性,创造一个能减缓气候变化,节能、宜居、生态的城市图景。

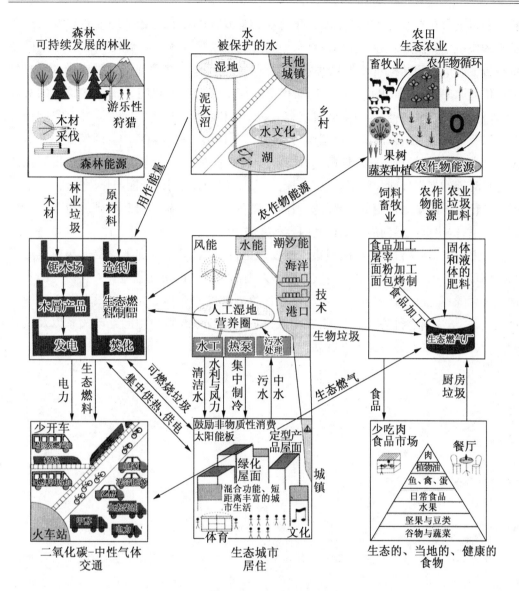

图 3 - 19　低碳城市的城乡规划研究要素流程图

3.4　本 章 小 结

　　城市空间发展的选择直接关系到经济、社会和生态环境等问题,其空间发展模式对于资源利用和能源消耗,以及引导人类活动等都具有一定的锁定效应,因而需要对城市空间发展模式、增长方式以及城市效能的高低进行科学评价,从而为可持续发展的低碳城市做出科学决策。

　　城市空间发展的选择和确定,其根源是城市决策和价值观的作用结果,因而本章分析了我国城市在追求经济增长和城市化速度的城市形态表征，城市空间效能及"三力"驱动下的城市空间发展态势。在明确城市空间发展与碳排放效应关系的基础上，从低碳角度分析了城市空间结构和形态发展现状以及存在的问题，并阐释了寻求城市低碳增长的空间价值取向，提出 GDP 增长导向的城市空间扩展转向"低碳增长"的空间扩展的必要性，外延式空间扩展转向紧凑高效发展模式，城市土地盲目扩张转向关注城市空间环境绩效以及发挥城乡规划的低碳控制作用的建议，并提出了低碳城市的空间发展契合的模式。从本质上说，城市空间发展的选择与城市规划有密切关系，传统高碳城市发展模式与这一时期的规划导向和价值观也有一定关系。从城市规划的功能与作用来看，城市向低碳演化发展的规划控制最终要落实到低碳规划层面上来，通过分析低碳城市与城市规划的关系，提出低碳导向的规划控制内容和方法。

综上所述，要从根本上解决城市低碳发展的问题，就要不断向上逐层追溯造成城市高碳的现实原因，即现实的城市高碳问题—人类活动结果的负面效应—人类行为的不合理—观念的不正确—认识方式的不科学—评价方式的不合理。为了从根本上逐层解决这些问题，从规划学科角度来看，需要深入挖掘城市规划与城市空间互动关系以及减碳的途径，同时从规划源头提出具有创新性的规划控制体系，以实现城市可持续发展。

第4章 低碳城市空间结构 与协同发展模式

在全球进入高碳排放的发展阶段,全球气候系统变化异常,城市正受到前所未有的冲击和挑战。尤其是我国正处于城市化中期与跨越式发展的转折时期,影响城市发展的环境因素、经济因素和社会因素更加错综复杂,问题与矛盾也伴随着发展变得日益突出。在充满"碳危机"和气候暖化的背景下,城市作为承载经济增长、社会发展和环境改善的支撑载体,正面临着来自外部气候环境和城市内部发展的双重压力,其现有的空间结构与形态越来越显现出发展的不确定和不适应的状况。当前的城市发展与自然生态环境、城市资源、城市产业体系、社会经济发展和意识形态等方面产生了不协调局面。城市内部空间要素也随着社会需求和开发建设的方式产生了较大的分异。这些限制性因素和动力性因素都促使城市的空间结构体系进行重新构建,以适应气候环境和社会经济发展。

4.1 城市空间结构与碳排放效应

4.1.1 城市空间结构现状发展特征与趋势

1. 城市空间结构现状问题及其特征

城市空间结构的发展和演变与社会经济发展密切相关,城市空间结构的发展特征取决于社会经济发展的水平和方式,同时又反作用于城市社会经济和社会活动,这种相互的作用和影响关系也构成了城市空间结构发展和演变的基本机制。

(1)缺乏空间引导与控制导致城市空间低效扩张。

在城市宏观发展层面,城市经济和社会发展都要依据城市总体规划来具体实现。在第3章对目前我国城市空间发展和价值取向的剖析基础上,可以看到城市化驱动力明显,再加上以"城市人口预测+人均建设用地指标判定"为工作模式的城市总体规划,难以对城市规模进行严格控制。从城市内部空间发展来看,在城市总体规划到城市详细规划的各层面规划中,对于城市开发容量的控制和管理都非常薄弱,也表现出城市空间密度控制手段的滞后。因而在现实的开发建设中,造成城市空间建设强度的混乱和政策指引的失灵。我国城市空间发展以外延式扩张发展为主,城市圈地和蔓延发展趋势明显。主要有两种扩张模式:采用最多的模式是在老城区圈层式扩张基础上,沿轴带填充式发展,形成新的圈层式发展模式(图4-1a);另一种是采用多中心模式,一般是在城市外围发展各类新城,分散主城区功能,呈分散布局模式(图4-1b)。这两种空间发展模式都表现出城市空间的快速膨胀,注重城市数量和规模而忽视建设质量,在缺乏空间政策引导和调控手段的情况下,表现出城市空间组织无序、城市功能联系分裂和城市文化缺失。因而,要避免美国"面包圈式"分散和我国圈层式扩张,走向适度分散式的集中,以实现城市紧凑集约且少占资源的宗旨,这是未来城市空间发展的趋势。

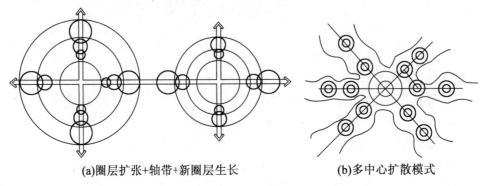

(a)圈层扩张+轴带+新圈层生长　　　　　　(b)多中心扩散模式

图4-1　城市空间低效扩张的模式特征

(2)注重城市物质空间扩展而忽视城市空间要素间相互作用关系。

城市空间结构包括城市物质形态和要素间组织,城市运行效率较高的城市,往往城市空间组团内部和外部之间联系密切,通过要素之间的相互作用与关联促进社会经济活力提升。城市化快速发展地区的城市外围新城,与城市内外部联系不紧密,包括功能与产业、经济与交通等层面,因而形成了孤立发展的特质区。城市空间结构中交通基础设施缺乏,经济发展和社会活力不强,城市新区文化建设更是滞后于物质空间建设,因而也引起学术界热议城市新区"植入"文化的重要性。城市空间发展现状已经出现了城市空间整体分散、功能联系断裂以及城市运行过程中要素联系的弱化等现象(图4-2)。

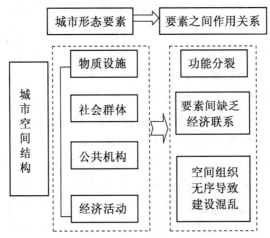

图4-2　城市空间结构现状

2.城市空间结构发展趋势分析

在未来,我国城市空间发展将面临总体转型。城市经济发展方面将由资本和要素推动走向以自主创新和技术创造为核心的低碳经济模式;城市社会生产和生活从削弱生产功能为特征的物质需求,走向以消费为代表、文化与休闲为导向的多元、复合经济社会模式。城市空间也伴随着经济社会发展模式转变,增加基础设施网络化建设,注重人类发展并强调生态环境保护以及资源的可持续利用。因而,城市空间走向紧凑集约和综合维度的协同发展成为必然趋势。

(1)城市空间由外延扩张转向适度集中。

过度的圈层式发展和分散式外延发展模式并不是最优的城市空间结构,而且在很多方面给城市发展带来突出的矛盾。圈层式发展往往导致城市规模不断扩大,中心城区过度集中,导致城市运行效能下降。而过度分散的外延扩张发展容易引起郊区蔓延发展,浪费土地资源,而且缺乏交通网络基础设施的支撑。因而,城市空间集中与分散发展应强调对立统一关系。在集中的城市中心区,应强调城市竖向空间的适度开发和混合开发利用。在保障城市生态空间和社会经济效益的基础上,应本着占用较少资源空间,进行适度分散发展,同时建构完善的城市交通网络支撑系统。

(2)城市空间从经济导向模式转向综合维度的协同发展。

前文对城市空间扩展的驱动力和城市空间效能进行了分析,表明城市空间扩展和无序发展的根源是经济增长模式导向作用于空间的结果。现实城市的建设和开发并没有充分落实"生态优先"的理念,忽视城市空间运行的综合成本,因而也导致了经济、社会和生态环境层面的负面连锁反应。城市空间走向协同发展是城市经济、社会和生态环境效益最大化的必要条件。城市空间发展是综合要素协同有机的整体发展而非单一要素的推动,城市空间要素的整体联动与协同是城市空间集约、高效发展的关键。面对气候变化、资源环境问题、城市发展的瓶颈等现实情况,城市空间转向低碳、生态发展模式成为必然趋势。在低碳生态城市空间发展模式(图4-3)中,更需要从综合维度全面协调"人地共生关系",构建城市要素彼此协同发展的运行模式。

4.1.2　城市空间结构与碳排放效应关系

1.城市空间结构对减少碳排放的效应

从城市空间结构与碳排放关系来看,二者并不是直接发生联系,而是通过相应的空间规划要素及其连带关系与碳排放产生关联。城市空间结构形态是城市自然环境、经济以及社会发展在地域上的投影,因而其模式对于空间要素及其之间的联系,以及由此带来的经济、社会活动产生决定性影响。紧凑城市与蔓延城市关于交通碳排放有明显差别,Marshall(2008)通过美国几个城市案例研究表明,紧凑城市比蔓延城市最大能减少62%的交通碳排放量。城市碳排放总量的多少直接与土地利用模式和交通方式的选择有密切关系。因为城市土地利用的有效组织和优化影响城市的交通需求和碳排放量。例如,有效的城市土地混合利用和紧凑高密度的开发模式会降低小汽车使用率,而城市公共交通、轨道交通以及城市慢速交通优势更为明显(图4-4)。

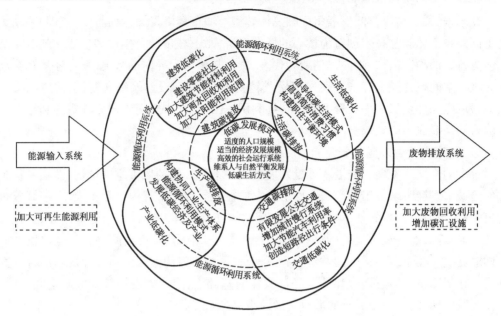

图4-3 低碳城市的理想空间模式

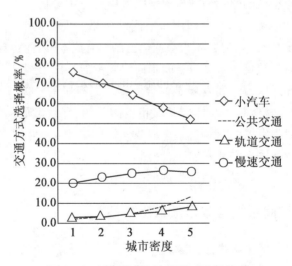

图4-4 城市密度与交通模式选择关系

从城市整体空间角度,寻求低碳城市空间模式是一个重要的研究方向。相关研究表明,城市空间与碳排放和可持续发展有一定的相关性。Glaeser 和 Kahn(2008)两位学者通过研究美国主要的 66 个大都市汽油消耗、碳排放与城市发展规模关系,结果表明城市碳排放随着城区人口密度增加和空间规模紧凑发展,汽油消耗量明显减少,城市碳排放随之减少。因此,多中心组团化紧凑式的城市形态,城市土地的有效混合利用和健康的生态网络是低碳城市发展的主要方向。

2. 城市空间结构对减少碳排放的实践案例分析

在实践方面,丹麦哥本哈根的手指形规划通过控制城市发展形态,保护现有生态基础设施和碳汇体系,形成高效利用的城市公共交通体系发展走廊,成为低碳生态城市发展的典范。国内《武汉城市总体规划(2009—2020 年)》采取了尊重生态的规划技术方法,构建贯通城市内外的城市风道和冷桥,建立高效低耗的城市快速交通网络,形成轴向拓展、轴楔相间的生态型、集约化发展的城镇空间格局,规划一个可持续的空间发展框架。

基于城市空间结构与碳排放的密切相关性,要真正反思团状集中圈层发展模式,诸如北京、上海、沈阳、南京、西安等城市,近年来随着城市不断向外扩大,在交通、环境、碳排放等方面已经出现严重问题,这些城市已经是能源消耗严重和碳排放量增加的"低效城市"。因此,在城市规划时,要真正从城市形态与空间整体角度,寻求有利于向低碳城市模式发展的多中心、组团及带状城市规划研究,避免城市无序向外扩张,带来一系列城市问题。从低碳城市规划的可操作性和实践层面,城市空间结构与碳排放关系研究,为现实的城市空间布局和建设提供了理论指导和实践佐证。

4.2　低碳城市的空间结构内涵解析与系统关联特性

4.2.1　低碳城市的空间结构内涵解析

从城市低碳发展的本质来看,城市空间组织的目的是构建一个"协同、有序、高效、持续"发展的城市空间形态,其明显特征是城市空间要素的协同组织是建立在衡量城市的"低碳协调度""低碳发展度""低碳持续度"基础上,分别从城市环境质量层面、城市发展数量层面和城市可持续发展力的时间层面考量低碳城市的空间结构低碳化组织模式和协同关系(图 4 - 5)。

图 4 - 5　多维度解析低碳城市的空间结构组织内涵

1. 基于"低碳协调度"的城市空间结构解析

从城市空间层面,"低碳协调度"概念内涵可以概括为从城市空间发展、城市功能布局以及空间要素之间协同发展、降低碳排放、改善区域环境的贡献程度等综合角度,考量城市空间整体环境质量,反映的是城市环境质量维度层面。低碳城市空间结构组织的宗旨是构建"协同、有序、高效、持续"发展的城市空间形态,因而低碳城市的空间发展注重寻求城市空间与自然的协同共生发展模式和城市内部要素之间的减碳路径,最终目的是提高城市环境质量,改善区域气候环境。"低碳协调度"的空间发展考量手段能有效挖掘城市整体空间及个体要素之间的协同减碳路径,有效建立关联关系,达到城市整体空间高效、协同的发展图景。

2. 基于"低碳发展度"的城市空间结构解析

"低碳发展度"主要是从城市空间发展对于资源消耗、能源利用等角度,考量城市空间系统在新陈代谢的输入系统中各类"流"(能源流、信息流、物质流)的输入作用下城市产生的效能,以及对环境的影响,反映的是城市数量维度层面。通过城市的输入系统与输出系统所产生的能效结果,反映出城市空间发展模式是否低碳。一个城市的低碳发展能力和发展潜力以及低碳发展的推进速度构成了推进城市"低碳发展"的动力表征。因而,低碳发展度控制下的城市应该是循环、低碳,用较少的能源产生高效的城市生产力和高质量的生活模式,反之则会出现高排放、高污染的城市污染状况。城市的低碳发展度不仅是控制城市资源浪费,减少碳排放,而且建立在低碳发展模式下的城市空间发展,将促进城市整体走向紧凑、协同、高效的发展模式。同时从一定程度上也能反馈到城市系统及各个空间要素,评估它们之间是否建立了彼此协同、关联的高效发展模式,这对于整合空间要素彼此关联、协同网络化发展有非常关键的作用。对于处在快速城市化时期的我国来说,建立低碳发展度的空间控制模式,将有助于推动城市空间发展走向科学理性的发展阶段,这具有非常重大的实际意义。

3. 基于"低碳持续度"的城市空间结构解析

"低碳持续度"实质是从城市可持续发展的潜力、"资源—经济—社会—环境"发展链条等角度,考量城市空间布局是否具有远景的发展目标,评价城市空间与功能发展是否建立一种彼此匹配、高效发展的模式,反映的是城市空间可持续发展能力和潜力的时间维度层面。众多城市的"退二进三"(城市中心区第二产业迁移,发展第三产业)空间调整,实质就是构建适合经济、社会、环境发展的空间结构,减少城市污染,提高城市环境质量。从时间维度来看,低碳持续度能有效减少城市空间布局的"短视效应"(为了城市土地经济收益而进行的随意开发现象)。低碳持续度的时间维度层面制约空间的随意开发现象,同时也为政府和规划师谋划远景的空间布局提供了保障。

4.2.2 低碳城市的空间结构系统关联特性

气候变化背景下,城市空间重构成为扭转城市高碳发展模式的关键空间组织策略,构建减缓城市碳排放的空间结构系统已成为城市规划设计和实践的核心任务。基于城市空间结构内涵的分析,低碳城市的空间结构系统关联性是对低碳城市特征进行深入分析的表现结果。前几章对城市空间发展和作用关系的分析,表明城市空间发展迈向低碳生态化发展路径是经济、社会、资源、环境和空间系统互相协同作用的结果。低碳城市所表现出的 13 个基本特征,与这些子系统有着强弱不同的关联特性(表 4 – 1),从而证实城市空间结构与形态发展对于实现低碳城市目标的重要程度,同时也反映出城市规划对于空间发展的价值导向、空间决策以及规划方法的重要意义。为此,关注城市空间结构系统、城市空间形态系统和城市规划设计系统与低碳的关联特性、协同互补、调整和适应,对于应对城市气候变化,提高城市空间效能、促进城市节能减排至关重要。

表 4 – 1　低碳城市空间结构系统关联特性分析

系统构成	基本特征												
	和谐性	共生性	多样性	健康性	循环性	高效性	低耗性	整体性	紧凑性	复合性	安全性	渐进性	适应性
空间系统	□	□	□	□	□	□	□	□	□	□	□	○	□
环境系统	○	○	□	○	□	○	○	□	○	○	○	○	□
资源系统	○	○	○	○	○	□	□	○	○	○	○	○	○
经济系统	○	□	□	○	□	□	□	○	○	○	○	○	○
社会系统	□	□	□	○	○	○	□	□	○	○	□	○	○

注:□表示相关性;○表示弱相关性

1. 空间结构与系统要素的关联特性

城市空间结构系统是城市与区域环境以及城市空间内部要素有效组合和联系的共同作用系统,是城市空间系统运行的发展动力和制约机制框架。在不同的时期和发展阶段,城市空间结构内涵的特征各不相同。低碳城市的空间结构系统要素主要包括低碳经济要素、高效利用的能源结构要素、低碳社会的生活结构要素、多元模式的交通结构要素、复合的空间功能要素以及高效的空间组织结构要素(图 4 – 6),体现的是城市与自然及城市内部要素的协同共生、空间利用的高效、紧凑以及城市功能多样特性。同时从城市输入与输出系统方面,表现为循环、低耗和高效特性。

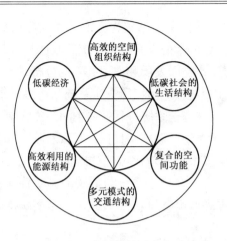

图 4 – 6　低碳城市空间系统要素关联图示

从低碳经济结构来看,城市经济活动和空间发展是寻求低能耗、高效性,物质闭流循环的经济发展路径。城市能源结构趋向于高效利用可再生能源,减少化石能源利用,并控制城市能源需求,减少碳排放。低碳城市空间结构对社会生活空间的引导趋向于建立短路径出行模式,构建适宜步行的网络化连通体系,倡导简约、健康、宜居的生活观念。空间结构组织的途径是建立系统要素之间的关联关系,提高资源的利用率。例如土地与交通的高效整合发展、居住与职业适度平衡发展等,这都是空间有效组织的措施和减碳途径。

2. 空间形态与城市功能的系统关联特性

城市空间形态是低碳城市高效运行的物质空间形态,是城市空间结构的表征形式,也是构成低碳城市空间系统的主体内容。基于城市空间发展和特征,从城市规模、密度、紧凑性以及用地混合性等多维层面表现出不同的空间形态(图4 – 7),而低碳城市的空间结构发展就是要从这些不同层面选择更能促进城市低碳节能并高效发展的城市功能定位。低碳导向功能演替下的城市空间形态发展,必然走向功能与空间协同发展的路线,如城市居住与产业的关系,依据高效、低耗、密切关联的原则进行布局和调控,城市生态绿地系统建设以增强碳汇和促进城市生态网络及城市健康发展为宗旨。城市空间结构形态与碳排放关系的分析研究表明,城市单中心圈层式发展是减碳效果最差的空间模式。侧重从城市空间形态进行城市减碳或降碳的发展模式,将引导城市空间组团式发展,既为城市空间提升和功能区扩大提供发展空间,同时又能有效促进各功能区高效协作的经济活动联系。

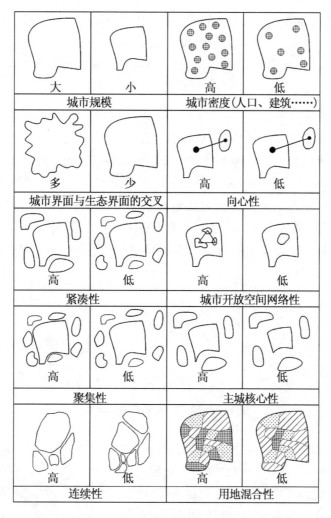

图 4-7　城市空间发展和特征的图示表达

4.3　低碳城市的空间结构组织特征

4.3.1　整体有序的弹性空间结构特征

　　城市空间结构综合表达了复杂的社会经济结构和生态结构,其物质空间实体结构成为这些结构要素的地域空间投影,因而城市空间要素的分布、空间组合以及功能联系综合反映出城市的空间秩序与效率。只有当城市空间结构处于"低碳化"的良好状态中,城市复合系统才具有良好的生产、生活和还原功能,具备自组织和自催化的共生式主导发展状态。因此,从空间结构和功能关系看,低碳城市主要是通过城市显性空间结构(dominant structure)和隐性空间结构(recessive structure)反映出城市整体空间的一种协同有序、效率与效能的整体状态和水平。低碳城市整体性空间的分析和解读是以我国城市空间发展现实状况及未来发展趋势为基础和背景的,其最终目的是扩展城市规划的应用方法,并用以解决我国城市空间发展中高碳排放的现实问题。低碳城市的空间整体特征主要表现在城市系统的协同性、有序性和弹性特征三个方面。

1. 系统的协同性特征

低碳城市的宗旨是减少城市的总体碳排放量,因而区别于传统城市,表现在注重区域整体环境的和谐共生,强调城市与整体自然环境的协同及城市内部空间要素的有效联系。城市整体发展从"内生型"低碳化和"外生型"低碳化两个途径实现城市低碳发展的图景。低碳城市系统从多维度、多层面揭示了城市经济、资源、社会、功能及组织结构等方面与城市空间形态的关系。城市空间系统的具体空间要素协同,主要是通过英国地理学家哈格特提出的6个几何要素(运动、路径、节点、节点层次、地面和扩散)间的协同与适应而进行运作的(图4-8)。

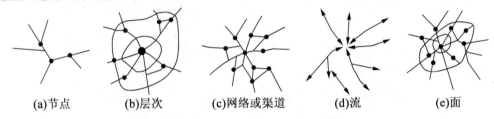

(a)节点　　　(b)层次　　　(c)网络或渠道　　　(d)流　　　(e)面

图4-8　哈格特的空间构成示意

低碳城市表现出与自然环境的外部复杂协同耦合机制,同时也强调城市内部空间的协同与适应。城市系统表现出与地域和环境极强的适应行为和特征,其协同特征表现为城市功能空间(包括相同功能空间和不同功能空间)非线性发展的过程。这两种功能空间都是从小尺度范围的空间集聚向区域尺度范围的空间集聚的自催化增殖发展过程。从城市用地、交通和环境发展来看,城市用地的合理布局和分布,对城市交通需求和可达性提出了进一步要求,形成交通与土地一体化协同发展,促进土地经济价值的提升,为改善区域生态环境提出了要求,刺激城市生态网络建设,从而促

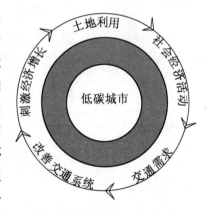

图4-9　低碳城市整体协同模型

进城市进入一个循环协同发展的过程(图4-9)。城市不同尺度和规模的循环发展过程导致了城市整体空间的复杂循环,从而从城市宏观尺度上表现出空间整体内部链接性和协同性向优化城市空间功能进化。

2. 有序的空间发展特征

城市空间用地发展的无序、交通的无序混乱都成为当前城市土地和交通协同发展的

障碍。无论是单中心城市还是多中心城市,城市空间发展的"秩序"直接关系到城市资源利用效率和效能。传统城市空间发展缺乏"绩效"目标考核,因而对城市相关要素的调控和管理较为薄弱。低碳城市需要建立多维度、多层面的绩效考核目标,因而有序的空间发展策略和实施手段成为空间发展的基础。有序的空间发展表现在城市用地布局依据区域环境承载力、能源利用方式和能效以及与社会功能的整体协调,具体微观尺度的土地利用要形成高度"有效混合"模式,建立城市空间结构与交通组织要素有效关联的框架,促进交通—土地—城市空间协同发展(图 4 – 10),从而形成与土地利用开发模式相适应的多元交通体系,建立资源共享、布局合理、方便快捷而有序的公共交通走廊模式的空间布局结构体系,同时辅以城市步行网络的多维交通发展路径。在街区尺度促进"短路径"出行的交通模式发展,以有效促进社会融合,提升城市经济活力。香港的发展事实表明,一座健康、低碳而有活力的城市需要营造多层次、立体化的"短路径"步行网络体系。在城市中心区(或旧城中心区)建立广场、绿化步道、步行街等步行空间,能促进该地区实现人、建筑、环境和谐而有序,促进中心区整体空间意象和环境的提升,协调好中心区内的交通组织关系。在香港岛中心区采取立体化人行步道系统,使地面二层人行通道、天桥、地下隧道、建筑内庭等形成网络连接在一起,同时与商业、商务活动、游览休闲行为有机地融合在一起,体现出具有生命活力的整体环境特征。

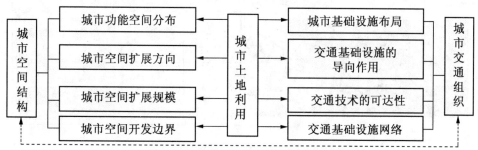

图 4 – 10 城市空间结构、土地及城市交通组织耦合框架体系

3. 弹性发展特征

全球正面临着很多气候因素和非气候因素的多重挑战,严重影响了城市的安全和城市生活品质。当前,城市在面对这些挑战时,只能采取紧急的补救措施,严重缺乏调节和保护的机制、策略以及相应的手段。因而建立适应城市内外部环境变化的具有弹性发展空间的城市是应对危机的有效发展模式。近年来,城市安全受到全球的关注。低碳城市不仅消减城市"碳"的危机,更从区域层面全面考虑城市安全危机,这就需要建立一个能调节和保护城市安全的弹性战略系统(图 4 – 11)。城市规划和建设实践首先要从宏观发展上建立应对风险的目标体系,对城市及区域层面潜在的风险因素进行有效评估,制定有效的应对策略和可操作措施。同时,城市在总体规划布局时要根据弹性战略系统,严格控制城市增长边界,划定城市风险区,这有助于有效保护城市生态环境,规避不可预期的潜在风险,为未来城市的安全发展提供保障。

图 4-11　城市安全的弹性战略系统

　　低碳城市的弹性发展除宏观发展上需要制定弹性的调控机制,更为重要的是从城市微观层面制定可操作的弹性措施和规划方法。因为微观尺度的城市弹性调控更有助于从城市灾害、气候、能源、经济、社会以及环境等多维层面调整城市土地利用模式,使其向更有助于城市安全、生态、具有可调控的综合优化阶段发展,众多微观具有弹性调控发展的组合单元,能够促进城市整体气候环境的改善,使城市迈向良性发展(图 4-12)。

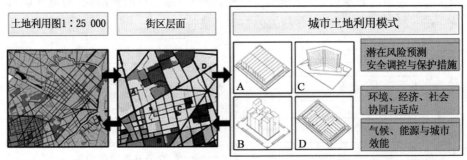

图 4-12　街区层面的弹性调控单元

4.3.2　融合高效的社会空间结构特征

1. 社会空间组织的融合与共生特征

　　城市空间是人类实践活动的对象和产物,伴随人类生存和发展的全过程。从本质上看,通过人类实践活动将空间区分为自然空间和社会空间。由于现代城市的进步和发展,人类活动的范围和程度都在发生着巨大的变化,因而社会空间问题逐渐凸显出来。人作为城市社会空间的主角,其行为方式、生活特征以及愿望与需求等无不受到社会共同意识、价值观和城市发展的影响与制约。然而,气候变化与环境危机正在重新塑造人类的生存空间和生产模式,相应的经济发展和社会生活模式都将进行与时代环境相适应的调整和转变。人们的价值观和思想意识将转变为与自然融合共生,因而城市社会空间的人群组织在空间地域上的分布的具体表达和显现必将趋向"低耗、简约、高效"的布局方式。低碳城市在用地混合模式下追求职住平衡、社会功能多样,其实是城市在气候和资源条件制约下适应与调整的具体方式,目的是促进社会不断地进步和发展。

　　仔细思考当前城市出现的诸多问题,大多数是由于人们认识的短见而造成城市空间与社会组织规律的失调。低碳城市的社会空间发展模式(图4-13)是秉承低排放、低能耗、高效的低碳生态模式,是引导社会简约生活模式和新型幸福观的"助推器"。城市空间发展探寻一种"低碳共生的城市化"发展模式,改变传统居住、工作、休闲分离的功能模式,迈向"三位一体"复合多样的社会运行模式。低碳城市的社会空间组织是建立一种经济发展、环境保护以及自身社会福利与自然融合共生的协同关系的理想权衡,发展所依赖的手段从单一的技术推动走向"技术 + 理性价值"的复合推动。

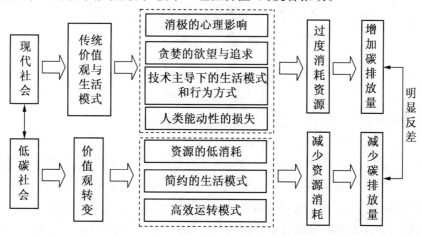

图4-13　现代社会与低碳社会的对比

2.低碳经济促进社会高效发展

　　自然资源的有限性和能源终端的高消耗性,促进社会经济向以低消耗、低污染、低排放为基础的经济模式转型。低碳经济在各行业的竞争与运行正在大范围地影响城市发展,与其经济模式相适应的建筑领域正在大力推广低碳生态建筑;交通领域正在调整交通系统运行模式,加大公共交通、轨道交通及步行系统的立体化交通模式,同时也促进低碳节能汽车的大范围推广和使用;社会公共服务设施布局优化,减少居民大范围出行;加大废物资源的循环利用,实现城市清洁生产;增加低碳节能基础设施的使用;促进具有生态高效性的多样化生活方式选择;促进现代文化与历史传统的完整结合。低碳经济的发展将从城市全方位实现城市社会高效发展,迈向一个新的可持续发展阶段(图4-14)。

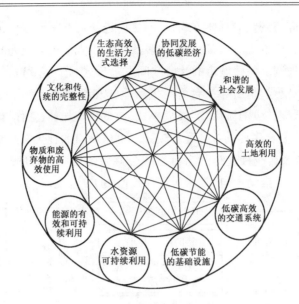

图 4 - 14　高效的社会发展模式

低碳经济的深入发展将带动城市规划和建设进入一个良性循环发展阶段,因而相应的低碳生态综合技术集成的目标体系研究框架(表4 - 2),以及与此相应的低碳生态规划编制技术等将逐渐运用到新城规划编制和旧城节能改造项目中,从而在规划源头促进城市低碳发展。低碳生态要素系统主要从城市能源系统、水资源系统、大气系统、物质利用系统、土地资源、自然生物系统等多层面研究减碳的策略和方法。

表4 - 2　低碳城市综合技术集成目标体系

低碳生态要素系统	减量、增效、循环的低碳生态技术目标
能源系统	最大限度降低能源消耗;最大限度开发利用可再生能源;充分提高能源效率和循环利用率
水资源系统	最大限度减少污水排放;最大限度提升城市供水质量;增加水资源可循环利用率,加大中水利用
大气系统	减少空气污染;改善城市空气质量;促进城市通风循环
物质利用系统	最大限度降低物化能耗;最大限度使用物质,回收利用可再生资源;充分利用绿色建材
土地资源	节约土地,紧凑发展,理性开发
自然生物系统	提升生物多样性;促进地域生物及物种繁衍

3.遵循对自然环境干扰最小的路径特征

城市承载着人类的历史、文化和梦想。然而工业革命以来,科技的不断进步导致了自然生态的退化,其根本原因是现代城市对自然的干扰逐渐加大,超越了自然生态承载力。相关统计表明,传统城市消耗了 85% 的能源和资源,同时也产生了相应数量的废气废渣等污染物质,所以城市成为人类应对气候变化的主战场。自 1999 年《北京宪章》发布以来,人类就与自然和谐共生理念达成了高度共识。

低碳城市是转变传统发展模式的新方向,其宗旨是寻求对自然干扰最小的发展模式。低碳城市是从城市整体系统层面降低对自然生态系统干扰的优化发展模式。具体而言,可通过城市空间与自然环境的协同共生,减少城市建设对自然的干扰,同时加强城市内部生态网络建设,形成城市内外部整体生态系统的联通,成为城市可"呼吸"的通道。

4.4　低碳城市的空间组织机制

4.4.1　低碳城市的空间组织机制的理论探讨

1. 城市经济学的城市效益解析

从城市经济学角度看,城市的主要特征表现在城市人口和经济在空间上集聚与扩张。然而,这种集聚与扩张并不是无限的,城市边际效益递减规律表明,城市发展到一定程度就会遇到来自城市经济、环境以及生态等各种门槛的瓶颈。例如当前很多大城市表现出的"环环相扣"的圈层式发展模式,已经出现城市经济动力的弱化迹象,生态环境遭到破坏,导致城市空间效率的集聚下降,造成城市总体"高碳"排放。造成这样局面的原因很多,但主要还是缺乏明确的目标导向,存在盲目的扩张与开发因素,因而导致了城市空间结构总体规划与调控不合理现象。

低碳城市虽然关注的是城市碳排放情况,但实质上体现出城市总体结构的合理性、经济的低碳增长性以及城市效率的显著性等。从城市经济学角度分析,低碳城市通过有效的目标导向,引领城市发展低碳经济、低碳产业,从而通过规划和管制手段有效调节城市空间和经济发展的要素关系。低碳城市的空间组织的高效性,体现在通过空间结构要素,包括城市土地资源、基础设施、就业与居住、城市资本资源以及城市成本效益的协调与规划,使城市发挥"人尽其能、物尽其用"的最有效利用。例如避免城市职住分离导致城市通勤成本和高能耗的"病态"模式,低碳城市采用有效整合产业空间分布与交通方式以及就业中心与住房混合方式,利用"减碳 + 高效"的环境与经济双重杠杆来衡量城市发展。

低碳城市的空间组织的经济效益性还体现在城市土地资源的合理利用。不同的土地利用模式与碳排放及经济成本的关系非常密切。高层适度密度住宅区与低层低密度独立住宅区人均碳排放相差 10 倍左右。适度的高密度与有效的土地混合是低碳城市实现经济高效、低碳生态的调控措施之一,因而需要考虑城市功能分区与最小化不同土地利用类型之间的负面影响,以及城市基础设施规划布局与利用效率。建立城市土地的高效利用、公交主导的交通模式以及基础设施的合理分布的联动影响关系,将会有效调控城市人口密度的分布、就业导向的良性发展,从而有效促进经济发展,改善区域环境,同时也能抑制城市向外蔓延发展。

2. 推动社会高效发展的和谐动力

低碳城市的空间规划是实现社会高效、可持续发展的手段。低碳城市的空间功能组织实质是对城市土地及空间资源的合理配置,减少资源浪费,引导城市向有利于社会高效发展的方向推进。由于传统的规划和土地发展政策往往忽视土地开发及再开发所导致的社会不利影响,如就业机会、本土经济的负面影响,虽然改变了区域的"大环境",然而却破坏了本土原有的"小经济"环境,减少了城市弱势群体谋生就业的机会,带来负面的社会分配效应。从这方面来看,低碳城市较传统城市更具有社会融合力和包容性,倡导多样混合而又多元、具有选择性的社会生活模式。从城市经济学角度来看,低碳城市的土地有效混合是对城市公共设施的一种合理有效的利用,增加人口和经济的集聚效应,会收到外溢性经济效应。

从社会学角度来看,低碳城市适度的紧凑、高效发展模式是为追求有序、协调、方便、高效、节约的社会发展模式,城市用地也强调城市功能的有效混合以有利于城市多样性,促进社会交往及多样选择的社会生活方式。20世纪60年代,国外很多城市的更新改造经验表明,打破原有的社会生活模式,建设超常规模和尺度的商业综合区,由于缺乏人性化的混合功能,导致白天拥挤喧哗,夜晚则成了"死城",带来了严重的社会问题。导致这样的社会问题的原因是城市缺乏多样性,城市各种功能活动间缺乏有效的关联性。从社会活动来看,城市各种功能在时空维度层面都存在一定的关联性(表4-3),关联的强弱也表现出社会融合和多样的程度。低碳城市的空间规划倡导高度混合的小街区模式,增强城市各功能区的关联性,强调城市同类功能混合、不同类功能混合以及土地使用的弹性和兼容性。

表4-3 城市各类功能的关联性

	零售服务	办公	居住	旅馆	交通	休闲游憩	娱乐	文化教育	社会服务
零售服务									
办公	☆								
居住	□	◇							
旅馆	□	□	◇						
交通	☆	☆	◇	◇					
休闲游憩	◇	◇	□	◇	◇				
娱乐	◇	◇	◇	◇	◇	□			
文化教育	○	○	◇	○	◇	○	○		
社会服务	□	□	◇	◇	◇	◇	◇	◇	

注:○关系矛盾;◇关系一般;□关系密切;☆关系非常密切

3. 建立城市与自然生态平衡发展的环境效应动力

低碳生态城市的空间规划与传统城市布局手法有所不同。传统城市的空间布局手法割裂了城市与自然生态环境的"共生链",主要是因为城市布局模式以土地开发为优先,而保护生态平衡为次要。从城市生态学角度,传统城市的土地利用界面与生态环境界面是简单的几何线条交叉,割裂了相互共生、融合的廊道网络。从城市用地结构来看,存在工业用地比例偏高,居住和生态用地比例严重偏低的现象。

低碳城市的空间规划注重城市与生态环境平衡发展,全面保护流域的生态空间和功能。城市规划布局尽可能减少对气候、资源、区域环境的影响,不改变原有流域的生态系统功能,而且建立城市生态廊道与自然生态系统的"共生链"。城市生态环境优化布局的方法是通过生态规划设计,强化生态连廊网络化发展,扩大生态界面与城市界面的交叉(图 4-15),从而使城市开发建设对自然生态系统的影响达到"零碳或低碳"的发展情景。为达到这一目标,低碳城市的生态环境建设应建立一定的层次性,具体从城市宏观总体布局到城市地块的微观发展的各个层次,形成彼此衔接的生态网络。城市总体布局是要保护自然生态流域的各类生态要素,利用自然生态屏障形成有利于改善区域的生态基底,具体通过生态网络,将农田、林地、河流、山体、城市生态绿地彼此联结,创造多样性的生态环境;城市分区规划要引入生态走廊,连接各个功能区,同时合理布局城市生态基础设施,促进生态网络的有效连接;城市详细规划设计要延长城市地块与生态界面的长度,提供多元化的生态接触空间,减少人为活动对生态环境的破坏,在城市街区尺度形成人与自然共生的"生态单元"。

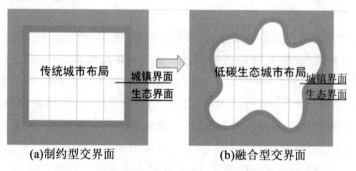

图 4-15　城镇界面与生态界面交叉的类型比较

4.4.2　低碳城市的空间组织机制的实践分析

1.与自然平衡发展的生态规划实践

中新天津生态城作为国内典型的低碳生态城市,是一种可持续发展模式的创新实践。基于前文对低碳城市的空间组织机制的理论探讨,从经济发展、社会运行的高效性和环境效应动力等方面都具有很好的示范效应。中新天津生态城项目的土地利用的最大优点是不占用耕地,而是在污染较为严重的盐碱荒滩上进行建设,选址范围内的用地包括盐田、水面和荒滩,各自占总用地的 1/3。因而该规划在人与自然和谐发展的目标体系下,在区域自然环境、自然资源以及经济社会综合平衡发展机制的基础上,探索城市与自然联通的生态网络。在区域层面,强调城市与自然融合发展,建立层次关联的生态协调发展路径;在城市层面,对城市规划区内生态因子进行仔细分析,在生态适应性评价基础上划定"四区"(禁建区、限建区、适建区和已建区),并以生态廊道联通生态斑块和生态核,形成"一岛、三水、六廊"的生态格局。

西安沣渭新区在规划设计中,从生态社区、功能组团以及区域组团三个层面建立功能复合,并与自然协同发展的生态发展模式(图4–16)。

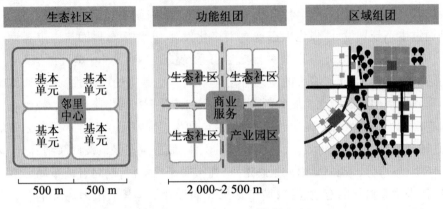

图4–16　生态社区模式图

2. 高效的社会运行模式

低碳生态城市最明显的特征是土地利用的高效、紧凑发展,同时与社会和经济发展相匹配,实现"短路径"高效运行的发展图景。从产业布局来看,受功能分区思想影响,现实的城市总体布局中,通常为了控制工业污染城市,不得不设置严格的功能分区,将工业区安排在城市"下风下水"的位置。但从区域环境整体系统来看,这种简单的功能分区并没有从根本上解决区域环境污染问题,缺乏控制和管理而布置在"下风下水"的工业区布局手段,只能是把污染转移至下风向区域。而低碳城市的空间布局模式是尽量避免严格的功能分区,采用连续的城市机理模式,以区域和城市的碳汇系统为支撑,以产业内部实现循环发展为主,从而在根源上达到减碳的目的。

低碳城市的高效性也体现在资源的有效利用和生产、生活的低碳化模式。基于前文论述的国内外低碳生态城市发展情况,发展模式都是依托地域资源的有效利用,实现地区经济和社会可持续发展的目标。目前,国外低碳生态城实践案例多数是小规模开发为主,如瑞典斯德哥尔摩的哈默比湖城。哈默比湖城规划选址是位于以前的工业区和码头,规划通过地域资源的"水"的有效梳理,形成了遍布城区的水网体系,有效改善了地域生态环境,成为环保型综合社区的典范。哈默比湖城的高效社会运行模式之所以被推广,是因为采用了生态技术集成方案,有效解决了土地利用、能源、交通、水和垃圾的利用与处理等内容,城市的运行实现了循环发展模式。相比较而言,我国低碳生态城市建设规模都较大,城市运行的机制和模式也借鉴国外先进的经验和技术手段,力图实现城市资源的高效利用,城市整体实现循环发展模式。例如中新天津生态城,充分利用地域的可再生能源(太阳能、风能和地热能),空间要素方面实现有效整合和协调发展,构建出高效、循环、可持续发展的发展路径。

4.5　低碳城市的空间结构协同模式与要素组织

城市空间模式是城市各种功能之间联系与空间构成要素的逻辑表达方式,着重表达城市各要素间的协同关联,并对城市空间形态进行概念化的抽象描述。本节将低碳城市的空间结构模式分解为协同发展的形态模式和网络化发展的功能模式。

4.5.1　协同发展的形态模式

1. 与自然生态融合的协同平衡模式

全球生态环境危机已经引发了人们反思人类文明进步的结果。目前,人类对全球环境的破坏程度和影响范围已经突破了人们的意识程度,小范围的生态修复、废弃物回收、降低建设能耗、控制小汽车使用等措施,只是暂时减轻消极后果而使掠夺式的工业生产模式和生活模式得以延续,从整体环境来看是治标不治本。我们现在面对的是地球整体宏观的、更为复杂的生态环境问题,因而需要从城市整体与自然融合的角度,重新思考这个由“汽车—城市蔓延—高速公路—石油燃料”组成的复合体与自然协同、平衡发展的途径和策略。

因此,从区域层面形成城市与自然平衡发展的协同模式至关重要(图 4 - 17)。从城市规划设计的源头,在大气圈和生态圈平衡的大背景下,注重从大气层、地表层、地质层分析城市与自然协同发展的要素,同时遵循低碳、生态的规划设计原则,按照城市发展的需要进行图底关系转换,并从城市建设的角度倡导城市与自然之间形成相互嵌入、共生共荣、和谐共处的情景,从而促进城市与自然融合的协同平衡发展。

当前城市发展需要“实效”的生态建设,需要真正与自然融合的发展模式。之所以提出“实效”的生态理念,是因为很多城市以建设大绿地、生态公园、郊区生态住宅为托词,表面上似乎是温和地与自然融合了,实质上是一种虚假的生态化建设或治理模式。不注重与自然共生的城市开发方式,实质是破坏了本土的生态机理,而以人工化的绿地、公园、简单的污水管道来治理和美化城市图景,从生态学角度来看是一种生态环境退化的表现。低碳城市的紧凑、协同、高效发展属性和特征,可以引导城市活动短路径出行以及通过改善城市能源利用方式和能效,提高资源利用率。同时,低碳城市的建设是本着城市与自然共生的理念,采用低冲击建设方式,不改变原有的生态和流域本底,探寻城市与自然互动共赢的生态位。这是低碳城市使自然受益的另一种功效。

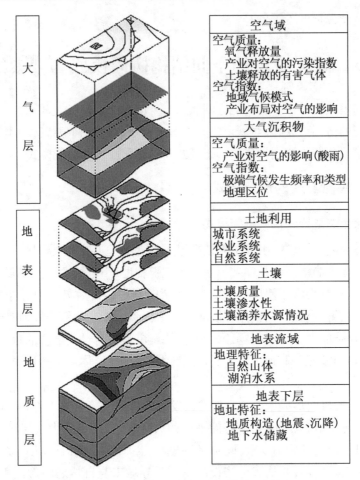

图 4 - 17　与自然系统平衡发展的协同框架

2.城市整体协同发展的空间形态模式

从全球城市发展趋势来看,城市从"单中心"向"多中心"转变是城市空间结构发展的普遍趋势。Pumain 等(2009)学者对城市结构的研究表明,城市一般由单中心的辐射发展模式向各个城市组团的地域竞争与强化模式发展,最终走向整体的网络协同发展模式(图 4 - 18)。因此,多中心组团间的协同发展和网络调控也成为低碳城市发展的关键。城市空间系统整体与自然共生平衡发展为实现城市可持续发展提供生态保障,而城市系统内部的空间要素之间整体协同以及因个体差异表现出的竞争与强化,都是推动城市空间系统演化发展的过程。

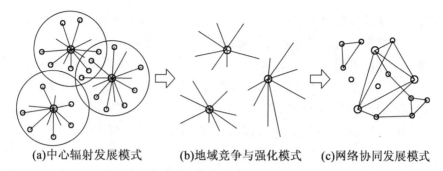

(a)中心辐射发展模式　　　(b)地域竞争与强化模式　　　(c)网络协同发展模式

图 4 - 18　城市空间结构发展模式演变

　　低碳城市的整体空间协同发展需要从经济、社会、环境以及资源层面,考虑城市空间各功能要素减碳的手段和途径,从交通系统、土地利用模式、产业体系、基础设施配置以及居住体系和碳汇系统方面构建城市整体协同发展的空间形态模式(图 4 - 19)。从城市空间结构框架来看,城市交通模式与土地利用方式是构成低碳城市的基底。传统城市的实践经验表明,由于以单纯满足城市的交通需求为目的的建设模式缺少对城市规划的反馈机制,并没有揭示城市土地利用与交通系统之间互动关系的机理,因此也难以实现城市土地与交通的协同发展。

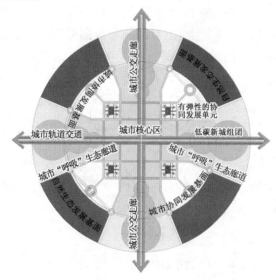

图 4 - 19　城市系统协同发展的空间形态模型

　　低碳城市的空间整体协同发展,首先是城市整体功能的协同。而作为城市流通途径的交通系统,应立足于引导城市土地、产业、基础设施、居住体系和生态碳汇系统等要素的优化配置,实现各要素间的功能互补性与多维的协同联动发展模式。低碳城市所采用的复合的小街区土地利用模式与公共交通导向的协同发展基面,增加了城市经济活力和交通可达性,同时减少了交通出行路径,体现了交通与土地利用协同关系的延伸功能,为城市的空间结构生长和空间拓展创造了一个宽泛的生态体系和低碳发展平台。产业布局的拓展是引发城市空间形态扩张的重要因素,因此要建立产业、基础设施及居住互为联动且有弹性的协同发展单元,并以城市短路径出行目标为指导,从而在低碳基面进行合理布局。城市碳汇系统是吸碳、固碳的重要减排渠道,既承担碳汇的功能,同时又是城市造氧、改善区域环境的生态命脉,因而成为城市与自然连通的纽带。从减排的经济成本来看,通过碳汇功能来实现对温室气体的吸收和固定,操作成本低而且容易实施。所以城市生态碳汇体系规划应顺应城市自然机理,以保护城市生态敏感区和生态脆弱区为前提,构建人工碳汇体系与自然系统互补协调的网络化生态连通发展格局,形成城市生态系统与外界协同平衡的正向演替模式,为城市"呼吸"提供保障。

4.5.2　网络化发展的功能模式

城市空间结构发展的演变过程,实际也是由于城市功能的改变而逐渐调整的过程。城市从单中心极化向多中心的疏散发展,到最后的网络化发展模式,说明了城市各功能区的协调和互动发展是城市迈向可持续发展的必然趋势(图4-20)。正如人类聚居学理论的创立者道萨迪亚斯指出的那样,"网络是人居研究的核心要素,这是社会生活的基础,也是人类生存中最值得思考的问题"。早期的规划案例,如史密森夫妇在柏林首都规划竞赛方案中构建的城市形态是一种有机且社会有序发展,并与人们诗意栖居相融合的生态网络形态。在印度昌迪加尔规划中,勒·柯布西耶采用南北轴线绿地与东西向商业服务设施相互关联的网络化结构,社区分布在这些"网络结构"中,从而赋予城市有机发展且生态适应的空间形态,有益补充了功能主义城市形态关联性的缺失。

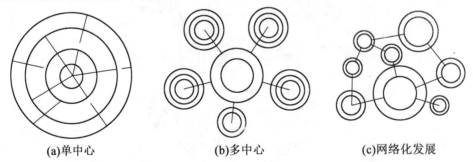

(a)单中心　　　　　　　　(b)多中心　　　　　　　　(c)网络化发展

图4-20　城市功能和结构互动的演变趋势

低碳城市整体空间结构和城市内部要素之间的网络化发展模式,实质是城市在多个尺度层面实现复杂的连接结构,而且这种网络化发展模式与城市流动理念相互结合,为实现低碳城市高效运行提供了有效路径。正如吉尔·德勒兹提出的异质共生"根茎"理论所指出的,"异质事物之间相互关联与生成的树状图式意味着具有同一性、整体性、一致性和固定性的多元拼贴特征,而'根茎'图式表达的是差异性、差异关联性、动态性和多样性特征"。在城市层面,异质共生"根茎"理念对低碳城市建设有很大启示作用,有助于从城市系统更深层面理解城市网络的路径及其要素间的关联关系,构建整体协同、动态关联的"根茎"开放连接体系。例如坎迪里斯－约西齐－伍兹事务所在法国图卢兹附近规划的"茎状"新城,通过不同层级的"茎干"网络联通各簇群组团,实现了城市要素间的网络关联和动态关联的功能。

另外,交通系统的网络连接更能直接体现网络化的功能特征。交通系统的网络化连接将会有更为直观的真实结构。而一座有生命力和高效的城市正是来自它的连接,从而促进人与人之间的互动、物质和能量的交换和循环、城市活动的流通与转换。

1.宏观尺度的网络连接促进城市整体高效性和互补性发展

城市功能依附和源于城市结构,二者相互作用,城市结构的发展模式对城市功能的演变和效率的提高具有一定的影响,城市功能的演变对城市结构的调整和培育也有一定的作用。城市空间结构的分散和功能结构的转变是现代城市发展的趋势。在城市宏观层面,由于全球城市人口的集聚增加与城市郊区化发展,造成城市用地的不断外延扩张,减弱了城市各功能组团之间的联系,影响了城市经济功能、政治功能和文化功能的释放。

21 世纪,城市的发展受到来自气候变化、生态瓶颈、资源短缺等多重客观因素限制。因此,在有"条件"约束的发展背景下,如何促进城市经济进一步低碳增长,提高城市整体效率和效益,成为时下城市发展要解决的关键问题。这种发展模式已经带来了严重的资源、经济和社会问题,城市各功能区走向网络化的发展模式已经成为提高城市综合效能的关键。日本东京城市发展是城市功能空间组织有序与 TOD 交通网络化发展的典型案例。东京是人口密度高、经济高度聚集的国际化大都市,城市的规划布局采用网络化的公共交通骨架,有效连接了五个大型就业中心(东京 CBD、新宿、山手环、横滨、涩谷),承载着 3 700 多万人的经济活动。东京能成为世界上最成功拥有高机动性、高可达性、高效服务业以及宜居的大都市,得益于城市各功能区的网络化联系,促进城市空间结构整体协调发展,提高了城市综合效能。

低碳城市各功能区的互补性,主要来自彼此有联系而组织有序的不同空间要素的互动与强化。例如,构成城市的不同功能区有中心商务区、工业区、住宅区、生态区等,要想营造一个高效、生机盎然且丰富多彩的繁荣图景,各功能区彼此之间的耦合联系、功能互动是城市成功运行的关键。

2.城市微观要素层面的网络连接的催化连动功能

在城市尺度层面,大尺度而且单一功能组团的链接模式,往往降低了城市网络的功能效率,造成城市极度缺乏机动交通和步行领域之间的连接界面,影响了城市经济活力和宜居环境的塑造。而低碳城市以倡导短路径出行模式为目标,注重从城市微观小尺度连接各类城市要素。低碳城市微观层面的网络连接的催化功能的实现,得益于低碳城市具备城市催化作用原理应用于城市之中的两个关键条件。首先,低碳城市在小尺度的交通网络化连接,为城市出行提供了多重可选择的连接路径,为城市要素之间相互联系和互动发展建立了物质性的网络连接体系。低碳城市重新塑造一直以来将街道空间作为社会生活"容器"的理念,注重城市行人活动空间,加强主要行人活动枢纽之间的通道联系,改善步行环境,打造一个清洁、安全、舒适、方便使用和顾及行人需要的环境。与传统城市相比,低碳城市促进了城市机动交通与城市步行交通的连接界面的延长,从而缓解了城市交通拥堵,同时促进了地区经济的发展、社会生活品质和活力的提升。城市中心商业区的交通模式与土地利用表明,机动交通主导的街区模式,网络连通效果最差,带来的是商业街区与停车场相连;而非机动交通主导的街区模式,会带来高效多重的网络连通效果,而且与周边环境有更多的联系,从而相互强化(图4-21)。

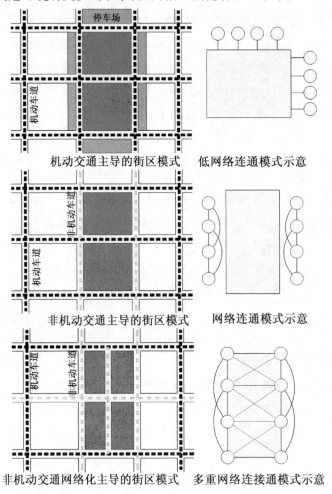

机动交通主导的街区模式　　低网络连通模式示意

非机动交通主导的街区模式　　网络连通模式示意

非机动交通网络化主导的街区模式　　多重网络连接通模式示意

图4-21　交通模式不同带来的网络连通效果

其次,借鉴化学反应的催化分析原理可知,催化反应的发生需要某种形式的催化剂,否则反应缓慢且效率低下。如果在相互作用的分子中有足够多不同种类的分子时就需要加催化剂了。而低碳城市的催化反应得以实现,是因为城市有足够的具有弹性的协同发展单元,在城市网络连接体系中成为重要的节点空间。这些具有弹性而且功能混合、不强调几何邻近而注重彼此的关联性特征,催化了彼此之间的流动、联系,形成自动催化的协同体。

4.6　本章小结

　　本章研究内容从城市空间结构组织与协同模式方面进行深入探讨,是对第 3 章低碳城市空间发展模式与规划控制的具体深入,并为第 5 章的低碳城市协同规划提供基础。对城市空间结构与碳排放效应现状的深入分析,有助于合理控制和引导城市空间布局合理化、城市运行高效化。城市空间走向集约发展并采用综合维度的协同发展模式是未来发展趋势。

　　在低碳城市的空间结构关系组织原理的理论阐释基础上,从"低碳协调度""低碳发展度""低碳持续度"几个方面解析了城市空间结构内涵,并从空间结构与系统要素的关联特性、空间形态与城市功能的系统关联特性两方面阐释了低碳城市的空间结构系统关联特性。进而从城市体系角度,提出了低碳城市的空间结构组织特征。本章提出整体有序且具有弹性的空间结构模式是低碳城市发展的首要特征,有序混合与有机协同的空间发展特质,为城市的高效运行、社会融合发展以及建构城市系统整体循环发展提供了减碳的空间路径。

　　从理论和实践层面,提出了有效的空间组织机制是推动城市低碳增长、建立与自然协同发展的核心政策驱动力。城市空间结构关系组织最终的减碳路径要落实到具体空间要素之间的关联和协调层面,低碳城市的空间系统为城市各要素低耗、节能和减碳提供了一个"容器",而具体的空间要素才是节能和减碳的"主角",因而提出了低碳城市空间结构协同发展的形态模式和网络化发展的功能模式,并从具体的空间要素提出了减碳的措施和方法。

第5章 低碳城市协同规划体系

本章基于前文基础理论分析和城市空间结构协同模式阐述,从城市规划层面,解析气候变化背景下低碳城市的协同规划内涵、效应和作用机理。在对气候变化与城市规划要素及空间要素之间耦合关系分析的基础上,提出低碳城市的协同规划策略,构建低碳城市的协同规划体系框架。气候变化不断威胁着城市的安全,从城市宏观层面到微观层面,构建彼此协同和平衡发展的决策管理体系和保障体系也成为低碳城市建设的关键。因此本章旨在探讨构建低碳导向的多维度协同的政策集成体系和城市建设与土地利用层级间协同的管理系统。

5.1 低碳城市的协同规划内涵和效应

5.1.1 低碳城市的协同规划内涵

近年来,全球气候变化情况加剧,城市遭受自然威胁的概率逐渐上升,而且全球城市每年为抵御自然灾害的成本也在不断提高。因此,城市规划当前主要解决的问题是城市与地球之间的问题,避免城市成为地球的"皮肤癌"。为从城市源头减少碳排放,低碳城市规划则成为低碳城市建设的关键技术。与传统的城市规划相比,低碳城市规划不仅在技术方法上得到实质性提高,其规划内涵也发生了根本变化,规划目标体系需要重新思考,城市的空间形态和功能设置也需要调整。

1. 协同规划的原理和本质

低碳城市的实现需要通过能促进城市减碳和碳循环的规划工具的有效运行来实现,而城市规划本身就是被社会赋予多项功能的行动工具和管理手段,其实质也是一个复杂体系。因而,通过城市规划来控制城市减少碳排放量的有效手段,则是在城市规划体系和城市要素体系之间以及规划内部多层面之间建立有效的协同关系,建立空间要素之间彼此关联和网络化的关系,这样才能依据有效的协同规划,指导科学的城市建设,实现城市低碳发展。而城市系统能否发生低碳、有序的演化,关键取决于在规划系统中空间要素是否建立了彼此关联的协同作用体系。协同规划的本质是以人的发展需要和城市功能运行的高效发展为导向,以碳足迹为核心,通过多层面规划的紧密联系,从宏观的城市发展战略到微观的地块控制,形成紧密联系的协同作用,从而引导和带动城市整体向结构和功能更加有序的状态发展(图5-1)。

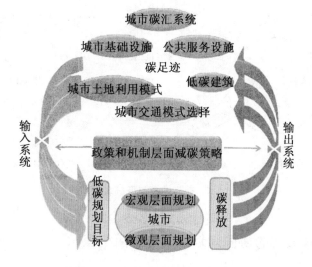

图 5 - 1　基于碳足迹的协同规划模型

2. 协同规划的低碳化导向

低碳城市建设必须依据低碳化模式的城市规划设计理论与方法,同时还需要多元的标准评价城市建设和发展。城市规划是一种土地和空间资源的配置机制,是政府引导城市发展的重要规划手段,因此也成为影响城市碳排放和能源消耗的重要媒介。对我国而言,传统的城市规划重点关注城市经济发展,而缺乏对城市碳排放的关注度,城市建设也是"高碳"模式下的开发建设。低碳城市的协同规划既要从城市建设的源头实现规划的低碳化,又要引导城市迈向可持续发展模式。其规划重点是从区域层面建立城市与自然的协同,构建建设用地与非建设用地的一体化规划体系,实现从城市各层面规划中保护和管控非建设用地,城市层面建立城市空间形态、交通模式、产业布局、碳排放量之间的联系体系,促进城市规划低碳化,推动低碳城市建设。

3. 协同规划的系统化发展

城市建设是一项系统工程,低碳城市的协同规划重点除城市经济、社会、资源等方面外,还要重点关注全球气候变化、区域气候条件等因素。从低碳经济和循环经济理论角度,城市比作一个生命系统,城市有自身的循环体系,诸如信息、能源和废弃物通过城市进行良性循环发展(图 5 - 2)。传统的城市规划在一定程度上仍然是相互割裂的,城市并不是可持续的发展模式。在全球气候危机时期,低碳城市的协同规划必然走向多目标的动态规划模式,实现物质、社会与空间环境一体化发展。规划特点是系统化,包括低碳规划的编制、低碳化的规划管理和低碳城市实施保障,以及规划实施信息的反馈与修正等环节,规划流程密切联系,从而实现城市与环境的和谐共生。

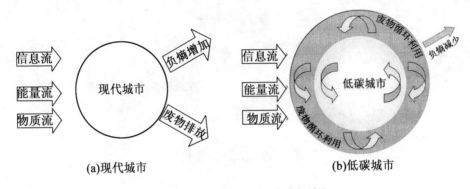

图 5-2   现代城市与低碳城市对比

5.1.2 低碳城市的协同规划效应与作用机理

从发生学的角度看,协同规划对城市调控和引导过程就是城市低碳发展的过程,同时也是自然环境、城市社会经济、城市空间要素等相互协同作用的过程。低碳城市的协同规划按照城市发展的特点与目标对这些因素进行相应的整合和利用,从而使协同规划对低碳城市的发展产生积极的能动作用。

1. 协同规划有助于提高城市效能

低碳思想的空间协同论观点要求我们将城市"外部影响"因素,如自然气候环境、生态资源、污染排放等考虑到城市系统发展过程之中。当下,全球城市已连通成一个"城市体系",形成"城市共同体",在相互作用与影响过程中发展,而单一某个城市则与其区域环境融为一体,形成与自然协同发展的"共生体"。这就要求城市或城市群发展,要从区域环境整体的角度全面考虑城市的未来。

城市总体的协同规划要根据城市自然状况、基础现状,考虑城市未来的空间构架,为城市协同发展奠定基础。因而要在城市总体宏观战略层面,建立与城市外部要素的协同体系,从人类与自然共生的大层面建立与自然协同发展的城市研究体系,从而改变传统规划只注重物质空间规划而缺乏与自然协同的规划模式。同时,城市系统内部要素间的功能互补、关联控制与发展也需要从城市规划各个层面进行要素间的整合和匹配,使城市高效发展。

城市效能高低与城市规划的科学性和合理性有密切关系。城市宏观层面的协同规划能从"自然基底层"考虑城市与自然环境及气候条件的适应与协同发展,建立一种"有规划条件"(城市生态承载力、碳足迹)的控制和指导框架,从而为减少资源浪费和能源消耗提供保障。例如,从城市土地资源角度来看,协同规划将土地资源分为建设用地和非建设用地,建立非常明确的用地性质,为生态空间的保护和拓展提供空间保障。因为城市建设用地的功能合理性与建筑布局都可以进行调整,而非建设用地的盲目开发和建设则会带来永久的生态破坏。从这一点来看,建立在与自然协同共生层面的规划,是引入了生态环境和城市可持续发展理念的规划,为城市节约资源、高效发展奠定了协同发展的基调,保护了城市生态的完整性。基于这样的观点,我们可以重新认识当前的城市生态环境发展,城市生态环境基本上是"人化"的空间形式,生态链关系被极度简化,不成网络状。而基于共生思想的协同规划尊重自然,合理利用自然条件,在有效保护自然生态环境的基础上,建立人工与自然连通的生态廊道,从而转变城市生态建设模式,即单纯以"人化"转向"自然与人工复合化"的生态模式。例如,广州市战略规划注重尊重自然基底,加强城乡发展协调,在保护白云山、帽峰山、桂峰山、三角山等北部地区的九连山余脉以及整个珠江水系及其沿岸地区的田耕作区、江口、滩涂湿地基础上,构建"区域生态廊道",为整个区域发展提供了生态保障。

从城市空间结构来看,当前城市扩张发展已成为趋势,而且表现为大城市的集聚效应增强,人口迁入量持续增多,催生了城市跨越式发展的势头。城市外围建设新城或开发区以实现城市有机疏散,传统的规划对城市能源、交通、就业与居住等综合层面考虑不足,因而也引发了很多城市问题。传统的城市总体规划重点关注城市建成区发展,而忽视城市边缘区的界面控制和保护,这往往为后期的城市拓展增加了建设成本。而有效的协同规划在整合自然要素和城市经济、社会发展要素的基础上,根据城市生态和碳排放衡量城市规模和扩张发展的低碳模式。

从城市要素协同发展层面看,城市交通与土地的不匹配发展一直困扰着城市的发展,其症结表现在城市功能区划与交通模式和交通网络不匹配。然而,现行的交通规划依然延续现状确定增量,再考虑政策干预控制交通发展的思维模式。这种战术是"迁就"现状(如果现状无法达到预期的状态,应首先改变)而缺乏从整体战略层面考虑交通与其他要素的协同,以期达到城市高效发展的愿景。例如,近年来国内很多大城市为了有效解决城市交通和环境问题,加快轨道交通建设速度,然而由于缺乏与城市生态、社会环境以及城市风貌等方面协调发展,引发了城市轨道交通挤占、割裂绿地和开放空间、"灰空间"增多破坏了城市景观风貌等新问题。这也说明城市宏观和微观层面的生态网络并没有与城市轨道交通网络协同发展。很多城市问题的出现都是由于缺乏从城市全局进行考虑,因而形成城市各功能的孤立发展,最终导致矛盾纠结、恶化发展的不可持续发展状态,影响了城市整体功能的发挥。

2. 融合自然协同发展的作用

自然环境是城市可持续发展的自然物质基础,其生态承载能力直接决定着城市存在和扩展的客观可能性,而且影响城市空间的生态环境质量。低碳城市的规划目标就是建立在与城市共生的生态伦理观基础上,充分尊重自然本底特色,并充分利用地域环境优势(如山体、水体、气候风向等),灵活布局城市发展用地,探寻一种与自然生态基面协同的规划模式。尤其是在当前气候多变、自然灾害发生频率极高的复杂发展背景下,顺应自然规律,协同共生发展是明智之举。对于遭受自然灾害和异端气候影响下的城市而言,这些发展原则和规划目标尤为重要。

在全球气候变暖、生态环境危机以及碳排放量增多的复杂背景下,重新思考城市与自然的关系成为城市生存的关键。因而,城市规划区范围和增长边界的划定,应转变传统用城市预测人口数乘以人均建设用地作为城市用地规模的规划手法,全面分析城市生态支撑系统,科学判断城市发展的潜力和生态瓶颈,依据生态环境承载能力来决定城市规模和发展形态,依据碳足迹进行规划要素的协同和整合。在城市总体层面,建立与自然协同共生的生态廊道。新时期的规划应以"师法自然"作为城市美的客观标准,从人与自然统一体的角度,建立与自然协同、调控的生态廊道体系,转变传统只关注城市人工绿化和美好的狭隘视野。在规划理念上,要重新建立"人—城市—自然"的共生关系,依靠低碳生态技术超越工业技术占主导的实践发展模式,减少城市作为对自然最大的干扰源而给生态环境带来的影响。

3.促进城市低碳循环发展的效应

低碳城市的协同规划的明显作用是提高城市效率,并建立要素间相互作用与协同发展的关联路径。协同规划方法的范式转换主要是从城市系统层面进行整体研究,从城市碳流动和碳循环特征进行分析,而不是仅仅从层面和要素的简单叠加来分析。从自然碳循环来看,地球保持着一种自然碳平衡状态,碳的交换是处于大气圈、海洋、生物圈和陆地的封闭系统内(图5-3)。工业革命以来,人为碳排放迅速增加,导致大气圈碳排放过多,碳浓度升高,因而导致全球气温上升、冰川融化等现象。从城市系统碳循环来看,城市碳流分为垂直碳流和水平碳流,其中水平碳流主要是人为原因造成的碳排放流动,也是城市控制碳排放的主要区域(图5-4)。从城市系统分析,城市碳排放主要区域包括城市居住、交通、工业以及商业服务领域等。因此,构建各规划要素体系间相互协同、互补的关联关系成为低碳规划的关键。

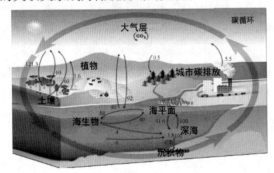

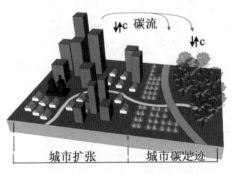

图5-3　自然系统碳循环　　　　　　图5-4　城市系统碳循环模式

从动态层面看,城市发展过程具有很强的自组织体系,按照可持续发展的轨迹提取有关的客观发展规律。协同规划正是基于城市的本源,遵循客观规律,建立城市低碳发展的路径。低碳城市倡导充分利用地域的原生资源,发展循环产业链,并整合发展需要的人才及物力,建立地域资源多样性和资源互补的外部延伸的交互效应,从而形成符合地域发展的整体循环经济效益和发展动力。从经济学角度来看,这是一种促进城市低碳循环的经济模式,符合低碳城市发展实用性和高效性的宗旨。

4.促进城市空间要素之间的整合与协作

城市系统是一个复杂的有机体,拥有众多本质各异的元素。通过个体规划要素的分析,能充分理解这些要素间的相互关系,同时也为城市整体的协同规划和实施提出适宜可行的具体目标和策略打下基础。城市全套元件的所有物质要素包括城市交通系统、公共开放空间、大小各异的街区、楼群以及建筑物等。其中,最具整体性的规划要素是城市交通和开放空间。因而在规划中应建立城市交通系统与土地利用协调发展,形成彼此互相匹配的发展模式。深入分析城市生态基底面与城市绿化体系的关系,形成人工生态体系与自然生态体系结合的共生碳汇廊道。在城市总体层面,建立相互关联、彼此协同的"要素关联体系",形成功能与模式相适应的低碳基底面。同时,在上一层面的街区模式和不同功能的建设用地布局中,根据功能和用地要求进行灵活而有弹性的地块划分。具体实施中应依据低碳城市的协同规划,遵循城市碳循环特征,在相应的规划层面建立规划要素的协同和互助规划体系。例如在产业区规划中建立产业共生体系,促进能源和物质的闭流循环。

5.2　低碳城市的协同规划策略

5.2.1　低碳城市的协同规划工作的应对思路

1.培养需求的城市空间发展战略

从城市本质来看,需求是城市发展和人类社会进步永恒的追求。城市的主体是人,而人对于物质和精神的追求和取舍又推动城市的发展,二者关系密切。当人的需求作用于城市发展进程时,在缺乏从理性上认识和研究城市本身的发展规律时,往往会导致城市盲目且随意的发展状态,从而也会忽略环境对人和城市发展的影响,或者将环境作为游离于城市之外的物化体,最终会造成资源利用的浪费和城市效能的下降。因而,城市和人的发展需要与环境建立相互适应的关系,在此基础上培养城市空间发展需求战略对于合理利用城市资源、提高城市效能、促进节能减排都有非常重要的作用。

(1)城市总体空间的需求层面。

第二次世界大战后展开的英国新城运动经历了三代新城发展历程,最终在第三代米尔顿·凯恩斯新城中取得成功。从"田园城市"到第三代新城,从理想的规划到现实的城市发展,经历的过程和规划实现程度有很大差异(表5-1)。这说明田园城市的失败是由于理想的规划与现实的城市生活相脱节,而之后众多成功的案例也表明,除了需要正确的规划理念引导外,市场需求和机制对城市空间健康发展起着关键作用。正如新城市主义的代表人物简·雅各布斯所强调的:"许多没有规划的老城往往比规划的新城更有魅力、更有活力、更有吸引力。"这样的观点并不是放之四海而皆准,就快速发展的我国而言,无规划的城市将会导致城市无序开发,从而导致严重的城市问题。但深刻理解问题的关键是城市的规划和空间发展是否建立了与市场和人民需求之间的联系以及调控机制,城市需求的空间是什么,以及规划空间与市场如何协调等问题。

表 5 - 1　英国三代新城发展的经验与教训

	代表城市	规划意图	失败与成功的原因
第一代新城	斯蒂文杰新城(Steve-nage)和哈罗新城(Har-low)	低密度;基于功能性和社会性制定了 8 000～12 000 人的邻里单位;工业区与居住区完全分离;混合居住	人口密度低缺乏吸引力;社区发展单元规划过大,难以培养社区精神,有碍社区交流和联系;只考虑了生活便利而忽视了商业服务质量
第二代新城	坎伯诺尔德(Cumber-nauld)和朗科恩(Run-corn)	适当提高人口密度,达到 75 人/英亩(1 英亩≈4 046.86 平方米);不强调混合居住;减少了社会规划的内容	规划的目标与城市生活实践又拉近了一层距离,但仍然缺乏城市吸引力
第三代新城	米尔顿·凯恩斯(Milton Keynes)	扩大新城规模和人口规模;注重商业服务的市场效应;注重居住群体的个人选择	第三代新城更符合市场的机制和需求以及个人的选择,建立了较有生气的生活氛围

建立与市场经济相协调且有"秩序"的城市开发模式的空间规划战略是减少土地资源浪费,避免城市经济活动范围扩大,提高城市空间使用效率的关键。传统规划缺乏从市场需求角度考虑城市土地利用问题,而更多的是从土地资源的经济价值和社会价值角度进行开发建设。所以城市土地资源的利用和规模需要从市场需求和经济及社会发展模式出发,建立城市规划与土地市场互动协调的机制。尤其我国正处在快速城市化进程中,城市规模扩张成为城市发展的需要,但这种"需要"要建立在市场的合理需求基础上,而不盲目地扩张占地。城市土地利用的碳排放效应直接与土地利用变化和土地载体的人为建设有密切关系,因而低碳城市的规划必须与市场经济下的土地需求建立良性的互动关系。例如传统规划中城市土地规模的确定,注重物质空间规划,因而要转变以往单一依据人口数量和人均用地规模进行推导的方式。这种明确规划期内人口和人均用地规模的静态规划,缺乏从市场需求进行土地规模预测,因而盲目扩张的土地往往在控制性详细规划中难以对开发规模和强度进行有效控制。所以,城市土地规模的确定除了依据生态承载力和碳足迹进行衡量外,还需要从城市社会发展的经济潜力和未来产业发展预测等多方面的市场需求进行衡量,以减少城市土地利用规模失控、土地利用效率低下、破坏城市生态碳汇系统等问题。

(2)城市社区微观的需求层面。

"社区(community)"一词来自拉丁语 communis,意思是"共同的东西和亲密无间的伙伴关系"。城市规划领域的社区规划,在西方自 20 世纪 50 年代发展至今已有 70 年的历史。目前,我国的社区规划研究和实践还处于起步阶段。社区规划能有效促进社区物质环境与居民的互动关系,并有效调节社区组织和提升居民意识。因而,社区层面的规划能为居民提供参与、建立沟通渠道并提出愿景的规划。从城市规模尺度来讲,社区层面规划是最为微观的土地利用规划,应对街区的经济发展、社会生活方式等方面进行引导和指引。例如,为避免社会居住空间分异加剧,可以在社区层面的规划中体现社会保障性住房的规划、公共设施的安排和布局,同时考虑到居民就近就业的社会问题。但由于我国规划实践中公众参与的体制发展不健全,政府—规划师—个人(或团体)间的沟通与协调不多,因而并没有建立良好的市场需求下的社区规划机制,从而表现出在社区尺度的规划往往偏重于物质形态的居住区修建性详细规划,缺乏相应的经济发展和社会生活引导内容。

从居民出行行为来看,我国 80% 的交通出行是来自居住区,因而社区层面的规划对于减少交通出行碳排放至关重要。综合的社区规划有利于协调部分居民的职住平衡关系,提供便利的公共服务设施,创造短路径出行方式,同时还有利于区域步行系统建设。因而,社区层面的地块开发应考虑社区发展需求,从而有利于创造高效的微观经济和简约生活氛围。而我国现行的规划法律中尚未将社区规划纳入法定的规划编制体系中,缺少相应的法律依据和实践指导规范,因而阻碍了社区规划实践的开展。低碳城市的最微观社区规划需要从社会发展领域、地区经济与环境以及低碳生活方式等方面进行有益探索,从城市社区层面有效控制资源的高效利用,促进节能减排政策的落实。

2. 探索协同规划工具与政策和机制有效整合

如何促进城市各类规划间的协同整合,一直以来备受人们关注,但真正能有效协同并落实到实践中的并不多。其中,有规划本身编制不翔实、地域条件考虑不周全等问题。但规划修编频繁和规划之间难以协同的根本原因是缺乏规划背后的法律保障和相应的机制建设,导致规划管理的监管力度和执行力度不够。目前,很多新城都是按照科学的规划进行建设,但往往落实到具体的地块和用地性质,规划的执行力就大打折扣,而且导致上下层次规划间脱节。从某种程度上说,有些导致碳排放高的原因,并不是规划本身的问题,而恰是随意变动规划或规划落实不够等原因。

协同规划本身的特质表现出内涵丰富,包含内容较多并且涉及的规划层面较为复杂,从区域层面的与自然协同以及空间管制和区域碳控,到城市层面的空间总体布局规划和详细规划,整个协同体系表现出多维度、多层面、彼此关联的特征。然而,建立规划层次间彼此相互促进的协同效应,除技术层面的支撑条件外,最为关键的是相应的政策和制度相互配合,构建适合规划之间协同的路径和制度安排,从而保证可操作性和实效性。实践经验表明,缺乏法律和政策制度保障的单纯规划技术,很难在实践中予以落实,城市设计就是一个例证。从协同规划的内容和特点来看,协同规划更多的是从规划方法和规划策略上构建城市减碳的路径,这只是技术层面的支撑条件,因而需要构建规划工具与相应政策和机制整合的"技术＋制度"体系,这将是实现低碳城市的协同规划最有"实用价值"的解决途径。

5.2.2　多层次低碳化发展的协同规划策略

一段时期以来,我国很多城市一度出现城市蔓延、破坏生态环境等现象,其根源在于缺乏从城市区域空间层面对城市的发展和愿景进行定位、监控和管理。究其原因较为复杂,但城市的发展关键是空间和土地利用问题,而目前的体制和制度缺乏彼此间的协同和平衡发展机制,建构"多规"协同型的规划,将是未来控制和引导城市发展的有效手段和工具。

1.建立以城市规划为主体的空间与政策和经济的规划协同控制体制

由于城市规划的内容涵盖了社会发展、经济增长和生态环境保护等多个目标,因而也成为城市发展蓝图的核心规划。从目前国家的宏观发展形势来看,我国社会经济全面协调发展的调控手段将转向以空间资源的合理配置为核心的规划调控和管理体制。在宏观层面,关注区域和城市空间资源的保护和合理利用,是保障城市可持续发展的前提,因而在资源有限和气候变化的双重作用背景下,我们必须转变发展的思路。未来的发展将面临更多的"条件"限制,而转向城市规划控制将成为可持续发展的关键。

同时,从传统的规划编制来看,大多遵循"现状调查与资料收集—确定规划目标—规划方案设计—规划评审—报批—实施"的研究方法和工作程序。但按此编制程序缺少与政策和经济以及气候条件等重大关键问题的协调和研究,是一种"自上而下"的强制型规划,缺少多部门协同参与的"双向"互动互求的协同型规划机制和方法。最为明显的是,当前的规划编制办法和规划体制严重缺少预警原则和相应的措施。面对气候变化异常、生态环境破坏严重等不利于发展的负面条件,"风险与不确定性"条件是制约城市发展不可回避的问题。预警原则提出的初衷也是为可持续发展而考虑的,如何将各种"不确定性"融入各层面的规划和决策中,关键是需要一个具有容纳这些因素的平台。因而,应建立以空间规划为主体的空间与政策和经济的规划协同控制体制,为各行业和部门共同参与决策和空间发展提供一个互动互求、可供协商的有机体系。

2.建立"多层次规划"协同的城市规划编制体系

(1)现实的困境与矛盾。

目前,我国具有法律效应的规划,涉及空间布局和空间管制的主要有两个:《中华人民共和国城乡规划法》和《土地利用总体规划管理办法》。同时还有国家发改委编制的"国民经济和社会发展五年规划"以及各类交通、信息和环保等多个部门的专业规划。可以看出,当前规划种类较多,因而规划实施协调难度很大。从城市规划角度,王唯山(2009)提出要重点关注城乡规划、土地利用规划以及国民经济社会发展规划。虽然我国《城乡规划法》强调一体化规划模式,即城市总体规划、镇总体规划以及乡规划和村庄规划的编制,应当依据国民经济和社会发展规划,并与土地利用总体规划相衔接的法律规定,但由于城乡规划与土地利用规划以及国民经济和社会发展规划在规划年限、规划理念、规划方法(如总体规划一般为 20 年,而经济和社会发展规划为 5 年一个周期)和规划主管部门的不同,在实际操作中规划之间往往发生不协调的局面,需要进行大量的协调工作,影响了规划效能的发挥。

(2)多规融合建构的合理性基础。

规划实施中难以协调的困境,如城乡土地过度开发、违规建设和环境破坏等问题,以及现行规划体系破碎,规划之间相互交叉重叠现象普遍等,已经促使很多学者和部门提出了"多规"融合的思路。张蔚文等(2009)在对气候变化与城市规划的研究中,就提出采取将气候变化融入规划体系,并将多项规划统筹整合的研究思路。在相关的实践探索中,由美国林肯土地政策研究院、美国马里兰大学、浙江大学、浙江省发展规划研究院的专家、学者共同开展的全国"多规融合"试点项目——浙江武义的规划实践中,将城市规划、土地利用规划和社会经济发展规划进行了融合与协调,形成了彼此协同的融合性规划,具体构建了包括土地利用、交通、经济预测、方案评价等模块在内的多规整合模型。虽然该项目研究侧重于多规融合理论和方法体系的架构,但开创了国内多规案例研究的先例。

虽然各类规划的交织存在矛盾(表 5-2),但促使各类规划走向协调与整合的发展趋势成为未来努力的方向。基于城乡规划对于推动城乡建设和社会经济发展的巨大核心作用,本书认为建构以城乡规划为主体、融合其他发展规划的编制体系是有效控制资源,应对气候变化和自然灾害的有效规划手段。这种"多规"协同性规划应包括人口与经济增长的预测、资源环境承载力的一体化分析、区域空间布局、城乡发展的功能定位、产业功能区的划分以及城乡基础设施的联动发展。客观地说,建构多规融合的协同规划,能够有效控制当前的无序发展状态,并朝着融合协调的有序发展路径发展,从而扭转因规模而开发的不良导向,转向以市场需求为导向。同时从多规的相互制衡关系来看,经济和人口的预测以及交通量预测,为城市产业分布、就业与居住平衡的确定提供量化手段,还有利于整合土地利用与交通一体化发展。

表 5-2　多规合一模式的主要内容和存在的问题

	城乡规划	土地利用规划	经济和社会发展规划
规划的主要内容及地位关系	城乡规划分不同层级规划,涵盖内容较多,但最关键的内容是确定土地供给量及其空间布局、保护生态环境、合理利用自然资源	最主要的内容是确定土地利用指标,包括建设用地、耕地保护、耕地占用量、土地整理和开垦用地,并将指标相应地向下级分解和分配	经济和社会发展规划内容涵盖范围广泛,但主要是调控各级政府调控经济和社会发展的纲领性文件,是各项专业和行业规划编制的依据

续表 5 - 2

	城乡规划	土地利用规划	经济和社会发展规划
空间作用范围	规划区范围内,包括建成区和规划区	发展区和农业区	根据行政范围划定
存在的关键问题	宏观的土地功能分区缺乏经济和市场的有机联系;现行的人均用地指标和土地配置缺乏价格因素的调节机制,导致土地利用效率低下;侧重物质规划,缺少社会和经济的定量考评,导致实施效果低效;缺少风险评估和反馈机制	土地利用指标分配缺乏理性支持,土地博弈导致土地供给与需求的失衡;土地利益的驱动导致占用耕地现象普遍;土地利用的分配缺乏与市场对接,造成土地浪费	经济和社会发展规划缺乏与人口、环境和资源的融合对接;规划范围宽泛,对下级指导和调控性较弱;在快速发展的时期里,较难适应外界环境和政府职能转变要求
矛盾关系	建成区内与土地利用规划较为一致,但在建成区与规划区之间的用地类型、用地规模上存在差异	缺少空间规划内容,难以指导空间规划实践	

(3)以城乡土地利用规划为主导的多规协同调控与决策框架。

目前我国土地利用规划决策属于非协同式的,虽然决策的参与者有各界专家、学者和行政部门,但最终操控土地分配的还是由具体领导决策。由于单个决策者的理性是有限的,所掌握的信息也并不充分,特别是与经济和社会相结合,情况将更加复杂,因而会导致供给与需求的矛盾。以上分析表明,在气候条件多变、市场经济深入发展等背景下,构建多规划融合的规划体系,有助于针对土地利用和空间发展,有效划分土地供给、土地需求和土地分配之间的关系(图5-5),并能将经济要素有效转化到土地要素层面。从城市土地利用变化的物质代谢效率分析来看,土地利用是城市社会经济活动的物质代谢赖以进行的支撑平面,社会经济发展也直接或间接地驱动着城市土地利用的物质代谢过程,而社会需求和土地利用功能转向使用环境发展的良好图景模式后,会提供社会经济子系统的效能,从而向环境正效应方向发展。然而,这样的预期结果都需要从综合的规划层面去协同和调控,因而建构融合经济、社会和土地利用的多模式调控与决策系统是解决途径之一。

同时,从城乡规划的功能和作用来看,城乡规划发挥作用最大的地方就在于土地分配阶段,通过整合的多规体系能有效控制土地利用与交通、就业与居住及基础设施,形成严整有序的高效空间结构发展框架。要想形成真正能实施的多规融合体系,还需要制度和政策层面以及规划管理和相应的技术支持。

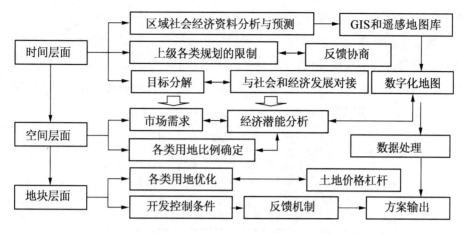

图 5-5　多规协同的土地利用调控与决策框架

5.3　低碳城市的协同规划体系框架

5.3.1　低碳城市的协同规划目标与原则

1. 低碳城市的协同规划目标

低碳城市的协同规划目标体系的制定,作为整个规划设计过程的重要组成部分,是低碳城市规划的前提和基础。规划的最终目标是建设一个"有序、协调、循环、共生、简约、高效"的低碳城市。因而,规划目标的确定不仅仅是对理想城市建设提出计划的过程,更多的是基于城市现实状况、未来发展趋势的理性分析和准确把握。因此,实现城市的低碳化发展,必须要有低碳化模式的城市规划理论和方法作为指导,即适应低碳城市发展需求、体现低碳发展特点的规划理论和方法。要实现低碳城市发展的总目标,首先应建立低碳城市的协同规划目标体系(图 5-6)。应当指出,这一目标体系是针对如何实现城市各层次规划的低碳化制定,旨在提高低碳城市规划的系统性和可操作性。现行城市规划编制体系更多强调了技术上的合理性,缺乏从城市效能、城市碳源碳汇系统以及应对气候变化条件下城市安全的深层考虑。基于规划编制现实问题和气候变化情况,从低碳导向的城市规划目标体系出发,建构融合多学科交叉研究的平台,将低碳理念落实到用地布局、交通模式、产业和生活设施建设中是当务之急。

当前,我国的城乡规划需要探寻一种"低碳生态共生"的规划理念。我国 5000 多年来积淀的天人合一的人类生态观和诸子百家融为一体的传统文化为低碳生态发展提供了坚实的思想基础。我们需要整合传统农耕质朴、简约的传统思想,拓展传统阴阳共济的乡居生态经验,探寻低碳生态的城市化模式。同时,低碳导向的城乡空间布局应加强空间要素协同和网络化发展。Pumain 等(2009)学者对城市空间结构的研究表明,城市由各自组团的地域竞争与强化模式发展走向整体的网络协同发展模式是必然趋势。而传统的城市规划正是缺乏从交通系统、土地利用模式、产业体系、基础设施配置以及居住体系和碳汇系统等方面去构建城市整体协同发展的空间模式。因而,从城市整体空间角度来看,构建与自然协同以及城市内部要素间的协同体系,促进城市在多尺度层面的网络化连接系统是低碳城市建设的关键。

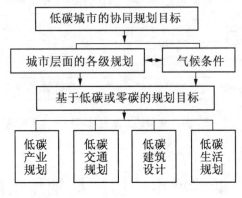

图 5 - 6　低碳规划的目标体系

2. 低碳城市的协同规划原则

(1)基于城市空间结构和系统运行过程的协同。

从城市碳循环和空间要素的相互作用看,低碳城市的空间结构和运行过程可以用"流、网、序"三个方面进行概括(表 5 - 3)。城市高碳排放问题的产生是人类社会高度索取自然的结果,造成与自然生态系统整体关系的失调,城市高碳的实质是城市系统的结构、功能以及运行过程的失调。"流"是各种能量流。城市人为碳排放大部分是在能源流转换过程中产生的,高碳城市表现出能量的输入与废物和碳的输出,是一种"超新陈代谢"过程。低碳城市的协同规划寻求建立城市能源输入与输出平衡的系统,在城市系统内实现城市碳闭流循环。为此,协同规划可根据城市用地功能混合和低碳交通模式,在城市交通层面和碳汇层面建立网络化的联通廊道,促进城市结构网络内各种功能"流"的运行速度和运行效率。低碳规划从城市土地载体上建立了低碳化的城市基面,为城市各种功能的协同和互助发展提供了网络化平台,促进城市能量流高效流动,减少碳排放。能量流的高效利用与网络化的用地和交通组织,需要建立在有"序"(秩序和章法)的空间发展控制的手段和规定基础上。协同规划通过多层面规划的上下协同和联合控制,能有效实现城市"秩序化"发展,保持城市系统的结构和功能高效运行。

表 5 - 3　城市高碳问题的城市系统学实质

存在的问题	问题实质	规划目标	规划方法
资源利用效率低(流受阻)	资源利用过程运行效率低	实现高效的资源循环利用	空间结构与功能的协同规划
城市系统关系缺乏关联(网不健全)	城市结构不合理	构建协同的网络化体系	土地与交通协同的网络化规划模式;城市生态碳汇与自然生态系统的网络廊道规划
城市自组织能力低(无序发展)	城市功能混乱	构建有秩序和章法的空间发展	多层面规划的上下协同和联合控制体系

(2)城市空间规划与城市功能相匹配。

城市空间布局关系到城市长远的发展,一座城市可以承载几个世纪人们的生存繁衍,其空间布局一旦确定将很难改变。虽然可以进行城市更新改造,但从城市总体来看,都是城市的某一片段,呈分散化状态。一直以来,城市空间和功能布局受到时代发展和发展政策等因素的影响。从城市空间形态特征来看,无论城市呈现蔓延还是紧凑,简单还是复杂,都反映出城市空间秩序与功能效率,是城市空间与功能结合的一种状态表征。因而,城市空间与功能是否吻合、匹配直接关系到城市效能的发挥,影响城市未来可持续发展。而城市效能高低的实质又是由城市各功能区之间以及单个功能组团综合效应发挥的程度决定的。从这一点来看,城市空间作为城市功能实现的载体,二者只有相互匹配才能发挥城市最佳的效能。然而,从城市空间演变来看,国内很多城市都经历了"退二进三"的空间发展与功能转换过程,进行这样的空间调整有时代发展的需要、城市经济、社会以及环境等多重因素,同时还有早期规划实践的"短视"与时代快速发展的矛盾与交叠等因素影响。

综上所述,从空间调整与重构发展趋势来看,最终目标都是走向城市空间与功能相匹配的可持续发展态势。低碳城市的协同规划目标就是要构建城市空间与功能相匹配的城市空间形态,提高资源利用,建立有序的城市功能空间,减少城市碳排放。因而从城市区域的发展战略层面,首先应将城市发展战略研究建立在人与自然共生的战略基础上,要以减少人为活动对自然的最小干扰为目标导向,城市功能布局是在具有一定生态承载力和较小碳足迹的土地载体上,进行合理的安排和布局;在城市内部空间层面,建立社会、经济和文化联动发展,并趋向城市生态环境转好的图景,以低碳为目标,合理安排城市功能空间。

5.3.2　低碳城市的协同规划编制技术体系

1. 低碳城市的协同规划编制构架

为应对全球气候变化,降低城市碳排放量,建构完善的低碳城市规划体系成为"低碳时代"的主要任务,同时也是保证城市安全,提高城市规划科学性的前提。现行城市规划编制体系更多强调了技术上的合理性,而对规划编制与管理的关系关注不够,缺乏对城市系统环境和城市效能的深层考虑。需要从低碳城市规划目标体系、低碳规划编制内容和成果体系,以及低碳城市规划的实施保障措施等方面建构适合我国国情的低碳城市规划体系框架(图5-7)。低碳目标体系是在城市各层级规划与区域气候条件间建立协同关联体系,构建基于低碳或零碳的规划目标体系,具体从城市空间要素的各个层面,包括城市产业、建筑、交通和城市生活层面构建低碳目标体系。同时在城市规划具体工作上,从内容分析、技术方法和政策制定三方面构建低碳化、生态化的工作体系框架。具体在规划内容上,首先建立城市现状碳排放评估框架,包括城市碳排放清单调查。并制定城市减排战略体系和城市规划要素与碳排放关联体系;在技术方法上建立气候信息平台,低碳情景分析和低碳评价体系;政策制定包括低碳化管理、低碳开发指引政策和低碳生态城市制度体系。低碳城市规划成果体系需要从区域战略规划、城市总体规划和详细规划层面,形成逐级减碳、控碳的规划成果,从而控制最终的城市开发建设。低碳城市目标实现、规划成果的执行都需要低碳城市规划实施保障体系的支撑,因而需要在规划许可制度和碳排放监督机制等方面加强建设。

城市建设和开发最终实现低碳化发展,需要从城市区域宏观层面建构"人地协同"发展的关系,创造良好的城市生态基面,为城市层面的空间要素协同发展以及经济社会活力的提升创造条件,进而从整体层面有效控制城市碳排放,并在具体社区层面开发中建构微观协同开发与调控体系,从而形成逐级控碳开发体系,为实现城市低碳运行打下基础。

（1）区域层面的协同。

在区域层面,应确定城市发展的"人—地—天气"纵向复合要素轴。新的城市用地分类与规划建设用地标准,将用地分为建设用地和非建设用地,从而更加明确城市用地的分类。然而,在我国快速城市化进程中,经济增长的需求必然驱动城市用地不断扩展,从而在城市用地规模和结构上产生较大的变化。从区域层面来看,城市用地扩展将以侵占农田地以及生态林地等非建设用地为代价,如图5-8所示,城市用地扩展与生态环境成负相关性,地区政策干预、人口增长、产业结构变化以及强劲的经济发展动力都对城市外向扩展有很大影响,随之带来的是城市生态环境的恶化,出现人工生态系统替代自然生态系统,城市下垫面结构发生变化,不透水层面增加,从而引发微气候、水质、生物以及人居等问题。

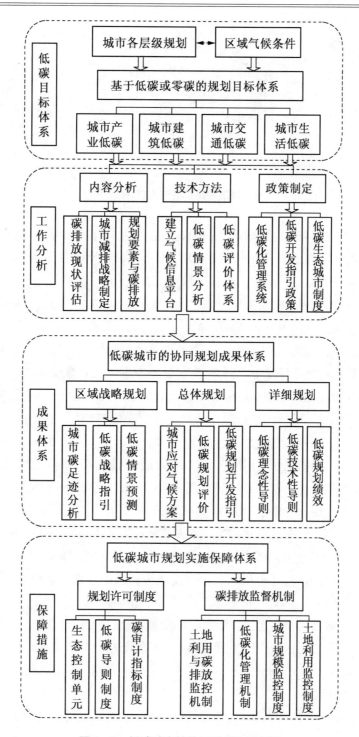

图 5 - 7　低碳城市的协同规划体系框架

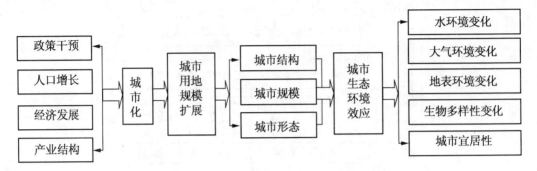

图 5-8　城市用地扩展与生态环境的关系

因而,在区域层面有效协同城市建设用地与区域自然生态环境的关系,成为城市未来可持续发展的依据和基础。而一直以来关注城市建设多而改善环境少的工作方法,已经给城市和区域环境造成了一定的建设性破坏,尤其是在一些发达地区,城市建设几乎发展成连绵区,如何处理好建设用地与非建设用地的关系成为迫切需要解决的问题。所以从区域层面建构自然生态界面与城市建设界面的交叉与融合,是城市迈向低碳生态发展的基础保障。在相关的实践案例中,很多城市总体规划修编时都对区域生态环境治理与保护进行了重新的思考和定位。例如,南京市城市总体规划修编就提出了区域协调发展的战略化目标和与各区域空间层次协调发展的策略,因而有力推动了区域生态环境保护、区域基础设施布局、城镇体系布局以及产业功能定位与布局,建立了多方协作和"同城制度"创新机制,为城市可持续发展打下良好的基础。

同时,从区域层面的规划作用来看,宏观发展层面更有助于整合宏观经济政策、区域土地利用、区域基础设施规划、环境保护、区域空间管制,保障各类规划之间的协同与平衡发展。另外,城市层面很多矛盾出现的根源大部分是因为在区域层面没有确定或是模糊不清,以至在城市层面落实空间布局时造成各种冲突或不协调。从区域发展的问题来看,区域内"竞争"的热情要高于"协作"的热情,例如苏锡常都市圈进行规划时,三个城市都竞先提出建设国际机场,并未从区域基础设施协调层面考虑这个问题。因而,从低碳时代的区域层面协同发展来看,要在传统"条框"管理体制下,突破"上下级路径依赖"关系,从区域层面为城市可持续发展打下良好的发展基础,建立一个保护与发展、开发与控制、战略与行动相结合的区域协同发展体系,从而搭建一个有利于城市层面有序发展的区域保障平台(图 5-9)。

(2)城市层面的协同。

城市层面是落实宏观政策和社会经济发展的重要阶段,同时也是确定各个规划要素相互关联关系的规划层面。从我国现实发展情况来看,整个社会体系正在转向以"规划"为核心的引导型体系。因而,在这个历史转折时期,从城市层面有效协同经济与社会发展,以及相关政策成为关键。所以在这个层面,以低碳目标为指导,发挥城市总体规划与土地利用规划以及经济社会发展规划的有效协同框架体系,成为城市迈向可持续发展的关键。

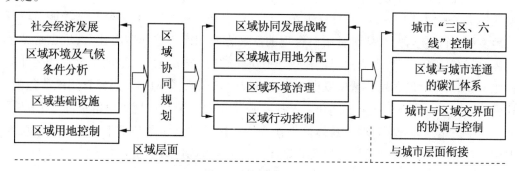

图 5 - 9 区域层面协同的框架体系

城市层面的协同内容需要在城市总体规划阶段考虑低碳排放和能源需求问题。如果在规划前期忽略了这些内容,将给城市带来一系列连锁效应,因为低碳城市规划是基于城市规划要素的平均使用寿命周期(图 5 - 10),从城市总体布局层面对城市能源需求、碳排放、生态环境等方面进行考虑,是其他节能减排相关决策和措施无法替代的技术措施。城市层面的协同主要应按照城市规划层级体系进行划分,分为城市总体规划和详细规划两个层面的规划与经济、社会发展、土地利用以及相关的政策协同发展体系。我国的城市总体规划特征是"大而全",由于缺乏有效的协同平台和机制监督,因而具体落实到下一层面规划(或与专项规划协同)时,表现出效率低、战略性和纲领性差等问题。尤其是在市场经济纵深发展阶段,现行城市规划编制体系存在建设主体与编制主体及编制内容不匹配、规划审批与管理事权不对应的严重问题。同时由于缺乏跨行政区的统一协同管理和决策平台,往往导致规划在空间上难以相互衔接。

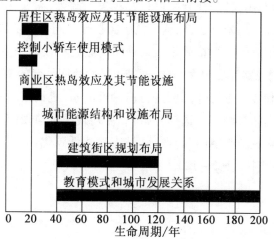

图 5 - 10 低碳城市规划主要规划要素生命周期

为实现城市可持续发展,需要从城市层面构建城市空间要素与生态要素协同的对应关系。城市空间规划目标是实现节能、减排、低耗、循环发展模式,因而需要与生态要素的六大系统进行协同发展,从而保持生态系统的自我平衡,为城市空间发展提供可持续发展的生态基面(图5-11)。只有建立了与自然生态要素的协同发展模式,才能对城市用地发展进行科学评价,从而对城市合理的发展方向和模式选择做出比对,这也是城市总体空间布局和有序发展的前提。在快速城市化时期,城市空间发展的主要特征是外向扩张,而城市扩展区的用地被星罗棋布的村庄或生态林地、草地等生态保育用地所包围。这就需要城市总体规划从更长期和更宏观层面做出安排,避免出现难以解决的"城中村"和侵占生态用地等问题。城市总体规划作为协同区域城镇体系和城市内部地区性规划的中枢环节,在战略性与目标性以及政策性与实用性方面应该有明确的定位。

图5-11　城市空间要素与生态要素的协同

　　为有效整合土地利用、经济社会发展以及相关的政策,需要在城市总体规划前期阶段,采用整合协同的综合规划办法,以从更大层面整合协同多方要素,提高区域资源和能源利用效率,降低城市总体污染排放量。从现实的经验和教训来看,传统的"以需定供"和"终极控制"的编制思路存在很大问题,而城市层面协同平台的搭建,能有效对人口、用地、社会、经济、资源和环境生态等方面进行协调性分析,进而采用相应的低碳措施和规划调控的途径,从对空间布局模式选择、人口和用地规模定量研究以及基础设施系统的合理性安排等方面,实现城市空间低碳化和城市功能低碳化,为实现最终的规划目标和指标确定提供有效的支撑(图5-12)。

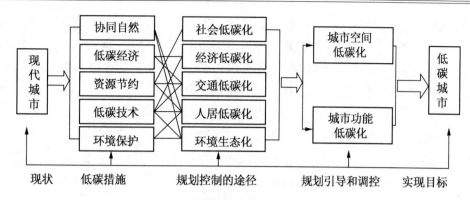

图 5-12 城市层面的低碳规划调控框架

（3）社区层面的协同。

社区规划是搭建和谐社会的网络平台，也是践行低碳的最直接途径。社区经济、社会发展、社区空间布局、能源与生态、建筑设计以及居民行为方式和公众参与等多层面，都与社会规划有着密切而且直接的关系。在社区层面的低碳和节能方面，国外的相关研究和实践主要表现为生态宜居型、产居综合型和技术创新型三种开发类型（表 5-4）。这些社区的共同特点是采用适宜地域特征的低碳节能技术，通过有效协同经济和社会发展以及相关政策等方面，并考虑到产居一体以及服务配套、低碳交通设施等方面的内容。例如英国贝丁顿（BedZED）社区于 2002 年建成后，第一年的各项节能监控数据显示，热水能耗、电力需求、耗水量、普通汽车行驶里程较平均水平的减少量分别达到 57%、25%、50%、65%。规划布局方面体现出住宅单元与工作单元融合，减少出行，从真正意义上实现低碳。

表 5-4　低碳节能社区类型和特征

	生态宜居型社区	产居综合型社区	技术创新型社区
典型案例	荷兰 Ecolonia 小区	英国贝丁顿（BedZED）社区	阿联酋 Masdar 零碳城
规模区位	欧美发展城市郊区，规模大小不一	发展初期规模较小，有向郊区大规模发展的趋势，位于英国南部 Wallington 城	城市郊区较大规模，普遍在 5 平方千米以上
功能	以住宅开发为主，配以商业、文化休闲配套于一体	综合性社区，功能包括办公、住宅及基本配套设施	综合性新城，功能包括商务商业、科技研发、生态居住、科教配套等
低碳节能措施	通过降低建筑设计、交通规划、能源方面等能耗，达到低碳绿色目的，采用屋顶太阳能板和自然通风原理	主要通过产居一体化，减少外出，从而达到降低排放；技术节能方面同前列一致	使用一系列高新绿色科技项目，通过城市内部自循环，完全实现零碳排放

国内低碳社区建设也逐渐兴起,中新天津生态城以应对全球气候变化、节约能源及保护生态环境为目标,规划区内建设力求达到100%符合绿色建筑标准,目的是创造人与人和谐共存、人与经济活动和谐共存、人与环境和谐共存的产业模式,能复制、能实行、能推广的建设模式。规划前期开发以居住建筑的低能耗带动为主,在一定程度上构建产居平衡发展模式。在交通、能源、节水、循环用水等方面实行全方位的协同策略(图5-13)。例如生态城起步区万拓住宅项目中,采用了16项直接节能和减碳的技术措施和管理体系,成为绿色社区的典范。

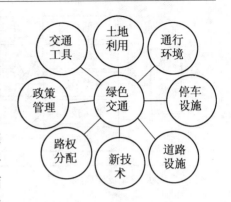

图5-13 生态城市绿色交通

由此可见,社区层面的协同能从社区建设、管理以及运行等方面,实现区域的低碳和节能愿景。同时,社区也是人们生活的场域,对于有效引导居民低碳出行和消费都有一定的正面效应。而我国现行的社区层面的规划却缺少多层面共同参与的协同机制,实践中注重技术层面的功能优化而轻视建设产生的社会、环境和经济方面的矛盾关系。英国的社区规划经验表明,社区规划前期首先提供一个可供各部门和利益群体共同参与的协同框架,从战略制定到行动开发都遵循共同协同的原则(图5-14),将规划要素与政策、社会与经济发展共同融合于该框架内,因而有效践行了低碳与节能目标。对于我国而言,转变传统的物质空间和功能化主导的社区规划模式,已经是各界关注的焦点。在社区层面,单纯的物质空间规划已经难以解决来自社会的深层矛盾问题,制定一套完整的具有有效协同政策、社会发展、物质空间要素的协同规划体系成为践行低碳社会和低碳城市行动的关键(图5-15)。

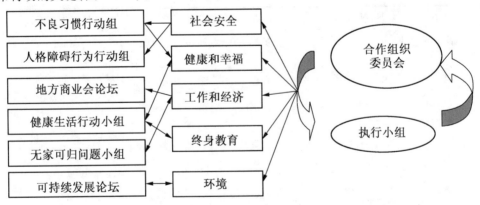

图5-14 社区规划合作组织与行动框架

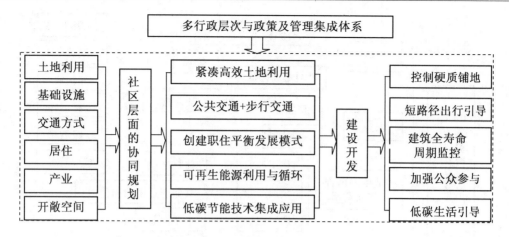

图 5 – 15　社区层面的协同框架体系

2. 低碳城市的协同规划编制要求与方法

（1）城市"温室气体普查"纳入规划前期调查。

现代城市规划过程的公式可以表达为"调查—分析—规划"三个阶段。规划调查是城市规划编制的基本依据，目前调查的范围主要在自然环境、区域发展、社会环境、经济环境、历史文化、市政公用工程系统以及土地使用等方面。在传统的规划调查方法中，关于城市能源使用与消耗、碳排放源与排放量的调研较为缺乏。从低碳城市规划目的和宗旨来看，城市温室气体"排放清单"是规划工作中必不可少的资料，更是制订规划的依据，有助于分析城市温室气体排放的趋势、碳流动与碳循环的特征，分析城市规划要素的关联关系，编制有利于控制碳排放的各层次规划。同时，城市温室气体排放清单是城市经济分析和规划技术评估中有效进行规划和管理的依据。

目前，我国城市温室气体排放清单还处于研究层面。2009 年蔡博峰等出版了《城市温室气体清单研究》一书，比较系统介绍了城市温室气体清单研究的方法、原则和特征，并介绍伦敦、纽约、东京等大城市温室气体清单研究的方法和减排对策。同时在我国城市各行业中温室气体排放调查以及相应的数据收集工作也较为薄弱，存在历史数据空白和相关部门认识程度不够等多重原因。

城市层面的碳排放清单的清查方法主要是基于国际气候框架协议关于国家和企业确定城市碳排放的模型（图 5 – 16）。通过城市温室气体排放清单的普查，能充分了解城市碳排放结构、排放量和趋势，对于促进城市碳清理和碳汇都有非常重要意义。就建筑和城市规划行业来说，碳排放清单是未来城市发展和低碳绿色建筑实施中最为关键的基础资料。城市碳排放主要集中在居住、工业、交通和生活服务等领域，通过表 5 – 5 各领域的碳排放计算公式能定量化统计该领域的碳排放量，因而详细调查这四个领域的碳排放清单，将有助于深入分析这些规划要素的关联关系和协作机制。

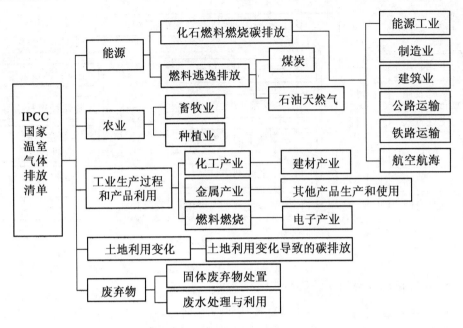

图 5 – 16　IPCC 国家温室气体清单

表 5 – 5　主要四大领域碳排放统计方法

碳排放领域	CO_2 统计公式（或方法）	公式因子含义
居住	$CO_2 = H \times \sum\limits_{i=f1}^{f_n} (C_N R \times E_m R)_i$	H 为居住户数；$C_N R$ 为每户能耗消耗比率；$E_m R$ 为二氧化碳释放比率；$f1 \cdots f_n$ 为燃料类型
工业	$CO_2 = E_{Ind} \times \sum\limits_{i=f1}^{f_n} (SE \times E_m R)_i$	E_{Ind} 为工业能源消耗；SE 为各种燃料消耗占总能耗的比率；$E_m R$ 为二氧化碳释放比率；$f1 \cdots f_n$ 为燃料类型
生活服务	$CO_2 = E_{Com} \times \sum\limits_{i=f1}^{f_n} (SE \times E_m R)_i$	E_{Com} 为商业部门能耗；E 为各种燃料消耗占总能耗的比率；$E_m R$ 为二氧化碳释放比率；$f1 \cdots f_n$ 为燃料类型
交通	$CO_2 = \left[V \times D \times \sum\limits_{i=f1}^{f_n} (C_N R \times E_m R)_i \right]_{M,C,B,F}$	V 为各种类型交通工具的数量；D 为各种交通工具出现距离；$C_N R$ 为能源消耗比率；$E_m R$ 为二氧化碳释放比率；$f1 \cdots f_n$ 为燃料类型；M,C,B,F 分别代表摩托车、小汽车、公共汽车、飞机

（2）低碳规划中的"碳足迹"分析及运用。

"碳足迹"一词来源可以追溯到 1996 年由 Wackernagel 和 Rees 提出的生态足迹概念。生态足迹可以概括为维持一个人、地区、国家或者全球的生存所需要的以及能够吸纳人类所排放的废物、具有生态生产力的地域面积,是对一定区域内人类活动的自然生态影响的一种测度。而碳足迹与其有一定的关系,但碳足迹侧重碳耗用量。碳足迹指的是能够吸收人类在其生命周期中产生的二氧化碳的土地面积。在全球气候变暖时期,采用碳足迹作为衡量人为因素的碳耗用对气候和自然影响的一种测度。

碳足迹大表示二氧化碳排放量多,反之碳足迹小,碳排放量就少。从城市碳足迹的衡量尺度来看,在气候变暖时期,碳足迹将作为城市环保的新坐标。从全球各国人均碳足迹来看,发达国家人均碳足迹较高,美国居首,而我国由于人口众多,所以人均碳足迹还较小。但从城市人均碳足迹来看,我国大部分城市是"高碳城市",城市人均碳足迹明显偏高。这与我国快速城市化发展进程中,推进工业化发展以及粗放型发展有一定关系。同时,在城市层面,传统城市建设和规划实践也缺乏相应的低碳引导,因而短时间内城市高碳排放局面难以转变。

由此,从"碳足迹"视角来探讨低碳城市的规划问题显得越发重要。半个多世纪以来,在工业化和城市化双重推进下,城市碳足迹明显加大,尤其是在城市化水平和工业化程度较高的发达地区,碳足迹表现得更为明显。目前,在缺乏城市碳足迹考评的规划思维模式下,城市规划和设计工作往往缺乏从城市经济、社会文化、城市环境以及人的价值观念等层面去思考城市空间引导模式、社会生活模式,以及影响城市碳排放的规划要素间的协调发展等内容。取而代之的是以人们最为熟悉的有形的城市物质形态和相应的规划指标等来指导城市发展。在城市温室气体排放形势趋于严重的现状下,城市碳足迹应广泛应用。

3.低碳城市的协同规划编制内容和成果体系

现代城市规划是一个极其复杂的大系统,也是更大区域范围内的一个子系统。在对低碳城市规划内涵理解的基础上,要充分挖掘影响城市效能和区域环境的各种因素,避免就城市论城市,割裂城市与区域及气候变化等重要因素,制订包括区域层面的低碳战略规划、城市总体规划和详细规划,形成规划层级间关联的协同规划(表5-6)。

表5-6　低碳城市的协同规划编制内容

规划层级体系	规划内容	作用
战略规划	从能源、建筑、产业、交通进行城市和区域范围内的碳足迹分析研究,运用情景分析和定量研究制订明确减排目标和战略计划	从区域和城市层面摸清碳排放分类清单,引导城市低碳化发展

续表 5－6

规划层级体系	规划内容	作用
总体规划	城市空间布局、规模与碳排放的关系研究；土地混合利用与低碳交通模式一体化研究；城市吸碳和固碳系统；应对气候变化和城市防灾研究；城市气候改善与宜居环境系统；低碳规划开发指引和实施系统；低碳规划指标评价系统	指导城市低碳化发展，增强低碳总体规划的实效性，科学引导城市详细规划的编制
控制规划	低碳生态地块控制单元；低碳规划理念性导则和技术性导则	制定低碳规划导则，指导修建性详细规划
详细规划	以资源供求、资源承载力和低碳环保为设计理念，建立"提议方案—评估比较—调整修正"的循环工作体系，将低碳规划导则落实到规划要素中，合理进行规划设计	以指标指导方案设计，形成互动的低碳规划编制流程，指导近期建设

　　低碳城市的协同规划编制要求把气候变化整合在城市增长策略中，区域战略规划中应突显城市对适应气候变化带来的影响，从更高层次的思维和更广阔的视野考察区域和城市未来的发展。例如，美国纽约市在 2007 年发表的到 2030 年计划(PlanNY)，明确把气候变化问题写入城市规划战略中，并且该计划提出具体的城市规划原则和措施。低碳城市的协同规划编制内容应该包括低碳理念的战略性规划和低碳技术性规划两部分。同时，城市总体规划和详细规划两个阶段分别引入"低碳规划开发指引"，避免只注重用地性质和开发强度，忽略对城市气候和空间环境的关注。低碳规划开发指引可以从区域气候、城市功能、形态环境三个方面以低碳规划导则形式进行控制，包括低碳规划理念性导则和技术性导则两部分。这些导则内容应该包括减少能源利用的指标、可再生能源利用水平，废物循环利用及管理，开放空间和绿地指标要求等。

5.4　协同作用下的规划发展对策与保障体系

5.4.1　建构有效协同的发展对策

1. 低碳主导的政策集成

(1)以低碳城市的协同规划作为城市空间政策的主导内容。

　　城市规划最主要的是解决空间合理配置问题，而规划的导向直接关系到城市政府引导与调控城市发展的决策机制的制定，更关系到空间发展的模式问题。城市化发展的不同阶段，规划导向也有差异。例如城市化初期，以向心型城市化为主，发展的结果是城市人口密集且环境和基础设施压力过大，从而导致空间政策导向城市分散发展转移；而到了城市中后期出现了郊区城市化,导致交通能耗严重,城市无序蔓延,因而空间政策向减缓空间蔓延、构建有效的公共交通体系方向努力。从而说明,城市规划的发展策略在很大程度上决定未来城市空间政策的导向以及未来发展的模式,成为空间政策制定的主导内容。尤其是气候变化和生态环境恶化的背景下,城市规划承担着对城市空间发展的宏观调控和引导的重任,这对规划师和城市规划编制本身都提出了更高的要求。因而,在寻求低碳增长的具体行动方案上,都要遵从适应自然、协同自然发展的原则。同时要突破原有的部门门槛限制,应将低碳导向的价值观、逻辑关系贯穿到政策层面和空间规划层面,力图使低碳规划的空间协同性和低碳政策导向性落实到具体的规划方案中。

(2)强化低碳规划的地位和作用,构建综合的政策集成平台。

规划的本质是建构有序的空间发展模式而做出未来空间安排,具体的行动体现在各层级规划逐级落实到空间规划中。然而,从政策载体的表现形式来看,多以政策文件和法律文件的形式,以指示、决定、通知、指引、法律、法规、条例和命令等形式执行,因而城市规划决策体系构成关系之间存在一定的模糊性和不确定性,也往往导致上下层级间的规划意图难以落实或规划效力有限的局面(图 5 – 17)。造成这种现象的原因很复杂,但社会经济发展以及规划决策之间的相互分析、相关整合和关联的纽带不强等原因是问题的根源。社会和经济发展政策往往缺少空间规划的定性和定量指导方略,因而在实际的规划编制实践中,往往出现难以落实或定量指导空间布局尴尬的事实。新时期的规划创新需要从多维度构建协同整合的政策平台,以期合理引导空间规划。气候变化时期,需要以低碳增长的目标为导向,从空间维度、部门协同维度以及决策和策略维度,建构适合城市发展的政策集成体系(图 5 – 18),以适应城市可持续发展的要求。

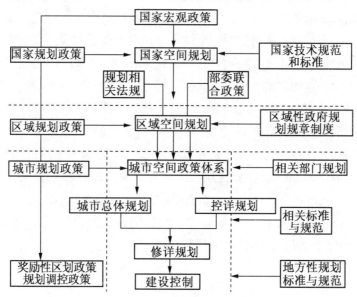

图 5 – 17　城市规划决策体系构成

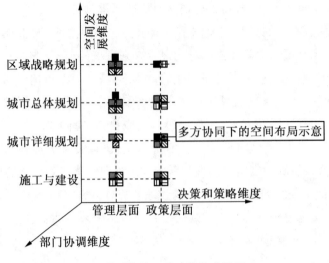

图 5 – 18　多维度协同的政策集成图示

2. 城市规划体制改革与创新是城市迈向低碳发展的逻辑起点

城市规划的主要任务和作用途径主要是"定性""定量""定位""定序",这关系到城市目标和城市性质的明确、城市规模与城市功能的确定以及城市空间布局的安排。可以看出城市规划是全方位对城市进行"把脉",然而现实的情况往往是"预测无效",比如有些城市 20 年规划期限的总体规划 5 年就失效了,也导致了规划的科学性受到了质疑。同时也存在现实的城市规划在进行空间布局时,更多地考虑"空间合理性"而缺乏土地权属结构的考虑,在规划实施中恰恰因为复杂的土地权属结构制约了空间的发展和实施。比如缺乏有效协同的城市总体规划,建设用地统计中容易忽略区域村镇的土地利用情况,对于周边村镇的生存空间和未来的发展也缺乏考虑和具体的对策,因而在城市扩张时城市用地会出现"跳跃式""包围式"的发展形态,结果出现了"城中村"和村庄集体变迁等不和谐情况的发生。这些事实也表明,在城市规划本身的复杂性而又缺乏创新体制的境况下,也难以实现"定好位""定好量""真调控"的规划意图。

城市规划出现"规划滞后"的问题根源,从剖析城市规划功能来看,主要是在日益复杂的全球化、气候变化、信息化以及复杂的市场经济作用下,规划本身的"四大功能"已经难以适应发展的需要,造成规划能动性弱,因而急需变革城市规划机制,完善城市功能(表 5 – 7)。另外,城市本身就是一个复杂有机体,存在着诸多的不确定性,而城市规划就是在城市众多不确定性因素中,寻求定量、有序、协同的发展图景,因而需要建立能考量和衡量以及评价规划的过程机制或决策环节。

表 5 - 7　城市规划变革的方向和内容

功能完善	规划变革模式下需要完善的具体内容
导向功能	以低碳和生态为核心导向,引导低冲击规划和建设模式
协调功能	建立城市与自然共生、进化的关联关系
控制功能	制定完善的决策控制体系和分散协调机制相互结合且"双向互动"的协同框架,避免城市蔓延
适应功能	适应气候变化,避免单向度地改造自然,寻求低碳增长的发展方式

因而,转变传统的可确定性、可分性和可预见性的规划观念,寻求建立规划编制—规划实施监控—规划评估论证—规划反馈的系统规划实施保障机制是落实科学规划的基本方法之一。尤其是当前城市处于气候变化与灾难风险并存、城市高碳排放与城市环境污染严重的多重制约条件下,城市规划政策和机制方面急需与其他相关方面相互融合和衔接。

5.4.2　完善有效协同的运行机制

1. 完善城市土地利用层级间协同管理系统

城市规划对于经济社会发展和空间布局都是以城市土地为载体,也是规划实际操作的主要对象。从土地利用层级间关系来看,我国《城乡规划法》指出城乡规划应与土地利用规划相衔接,从法律层面明确了二者应建立关联的要求。然而,在现实的规划编制中,往往出现与土地利用类型、规划范围以及权属相互冲突的现象。在快速城市化进程中,各类利益团体和经济社会发展不断驱动城市用地急剧向外扩张,急于求果的规划编制需求,导致规划更多地关注土地功能划分和容量指标控制,而缺乏与市场经济条件下城市土地内涵变化相适应的规划机制。而这种纯粹从技术层面以规划实施方案为表征的规划编制,难以作为公共管理决策参考的技术依据。因为缺乏与土地利用规划和土地利用动态调控系统的衔接,特别是缺乏协同体制下的资源合理配置与调控以及土地价值运行规律的研究,因而在规划编制过程中,往往导致土地利用属性、土地价值以及土地生态保育等内容成为规划的盲区。现实规划中的"无奈"也导致规划控制、引导和中介作用的效力难以真正发挥。

规划的本质是具有未来导向性,而正确的规划导向是建立在土地利用管理、使用、监测与评估以及流转环节与各层级规划协同的基础上。因而,在土地利用各层级之间建立一套城市土地可持续利用的协同管理系统,包括城市用地规模确定、空间管理模式、空间建设模式和土地生态承载力四大部分,将更有助于从资源、环境、经济和社会等多维层面合理利用土地资源,提高土地资源利用效率,并能有效组织城市空间结构,提高城市运行效率。

2.建立和完善基于协同规划的规划管理政策

传统的规划管理范围一般包括城镇规划区和独立的工矿区,而大量非征用地的建设项目没有包含在规划管理范围内,也导致了城市边缘区土地利用混乱、随意开发的现象存在。因而,首先从规划管理范围来看,应该建立城乡一体化的协同规划管理体系,通过协同规划引导城乡空间统筹协调发展。从规划实施管理层面来看,低碳城市的协同规划的实施需要建立一套"低碳化"的城市规划实施管理体制。就目前城市管理手段而言,主要是从规划许可和城市监管两方面进行管理。传统的城市规划许可制度中重点关注技术规范和标准是否符合相关法律,缺乏对城市碳排放审计方面的考核内容。具体而言,城市碳审计要从区域战略规划和城市总体规划阶段评估城市碳排放量,制定合理的减排目标。因此,从协同规划管理角度,应构建多层级规划间彼此协同和制约的规划管理政策和机制。通过低碳城市评价与管理体系(图 5 – 19),明确各层级规划减少碳排放的目标,具体从城市宏观层面到街区及建筑单体的微观层面,从城市交通、能源、环境和经济发展等方面建构低碳发展的目标和管理与控制措施。通过协同规划管理体系,在具体的城市详细规划层面,落实上一层次规划的低碳减排目标,通过地块控制单元和低碳规划导则机制,对规划区主要指标做出控制和引导规定,并作为规划审批的依据,将城市碳排放置于可控的制度化环境中,并纳入低碳化规划管理体系。同时,应建立完善的城市碳排放监督管理系统,包括建筑直接和间接使用能源的碳排放监控、城市用地规模和人口规模监控、城市碳汇系统的监控与管理。

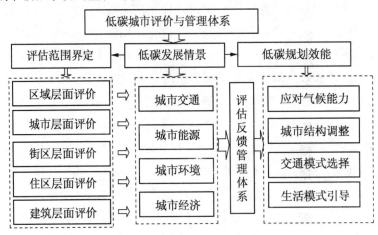

图 5 – 19 低碳城市的评价与管理体系

5.5 本 章 小 结

面对当前气候变化、灾害频繁发生以及城市化快速推进的重重困境与制约,需要从城市系统协同的特性和功能方面建构低碳城市的协同规划框架体系。本章在前文分析和理念建构的基础上,提出低碳城市的协同规划内涵、效应和作用机理,指出协同规划理念和本质特征,并指出协同规划具有引导城市低碳化和系统化发展的内涵特质。在上述分析基础上,提出低碳城市的协同规划策略,从不同规划层面提出培养需求的城市空间规划思路、规划工具与政策和机制有效整合的思维路径,并从建立以空间规划为主体的空间与政策及经济的规划协同控制体制、建立多层次规划协同的城市规划编制体系两个方面,提出多层次低碳化空间的协同发展策略、协同作用下的规划发展对策和保障体系的协同规划途径。

基于以上研究分析,提出低碳城市的协同规划体系框架,包括低碳城市的协同规划目标与规划原则体系、协同规划编制技术体系、规划实施保障体系三部分。协同规划的最终目标是建设一个"有序、协调、循环、共生、简约、高效"的低碳城市,而且这一目标体系是针对如何实现城市各层次规划的低碳化制订,旨在提高低碳城市规划的系统性和可操作性。在分析现实规划的失效与滞后问题的基础上,从区域层面、城市层面和社区层面提出了具体的协同规划编制技术体系。协同规划作为规划变革的新方向,其实施和操作需要具有协同机制的政策和管理体系支撑,因而提出了建构有效协同的发展对策、规划实施和管理的运行机制。

第6章 低碳居住区规划

居住建筑空间是人们生活、消费和活动的主要场所空间,因此居住建筑和居民生活行动也成为碳排放主要来源,碳排量位列工业领域和交通领域之后,成为第三大碳排放量主体。国际能源研究中心报告指出,全球建筑行业碳排放占总量的40%。何珍等(2021)对全球198个国家和地区的碳排放量研究表明,碳排放与城镇化发展呈现高度相关性,碳排放量最大的前50个国家碳排放占全球总碳排放量95%以上,城市和产业区成为碳排放主要源头。

从我国国情来看,人口众多,城镇化率已经突破60%,是全球城镇化发展增速最快的国家。2020年我国GDP总量突破100万亿,占全球经济比例达到17%,实现了改革开放40多年来的繁荣盛景,城乡面貌发生巨大变化。按照城镇化发展水平,预计到2035年我国城镇化率将达到75%左右,城镇人口规模将达到11亿左右。2000年以来居住区规模随着城镇化增长,土地消耗速度过快,建成区用地规模在20多年里增长161%,达到人口增速(81%)的两倍。但城镇化增长的同时,也体系出我国高耗能、高资源消耗、高碳排放的"三高"严峻问题,人均碳排放量是欧盟等发达国家的2~3.5倍。因此绿色城镇化发展时期居住领域节能减排和生态可持续发展是现代化建设的重要挑战。

2017年统计数据表明,我国城镇居住建筑能耗占总建筑能耗达42%。在满足城市日益增长的居住空间需求基础上,居住区规划模式、土地混合利用、基础设施和公共服务设施配套、生活方式引导以及适宜低碳生活的慢性交通体系构建成为关键。基于我国国情和"双碳"目标,"十四五"时期建设宜居、低碳、生态的居住区是我国今后重要发展目标和发展方向,推动我国发展走向智慧创新型低碳发展道路。《中国低碳生态城市发展报告2020》也提出低碳城市建设是"十四五"期间的重要任务,需要做到节能减排、生态友好、构建城市韧性,营造健康的生态环境。

6.1 低碳居住区规划相关研究进展

6.1.1 低碳住区的内涵及概念

1.低碳住区内涵

低碳住区的本质是实现社区内生型发展,倡导实现零碳、零废弃物、住区内可步行性交通,建设采用节能环保材料,打造低碳生活方式。低碳住区建设的规划策略要求场地土地混合利用,倡导小街区紧凑布局方式,鼓励可步行交通系统,满足15分钟生活圈服务设施布局,增加住区绿量提高生态效益,实现住区高效、低耗、安全、健康、多样性等特征。

2. 低碳居住区概念

居住区是人民生活的主要场所,是城市重要功能单元。低碳居住区涉及住区建筑、交通、绿地、服务设施等各个方面,需要构建一套居住区低碳控制系统,从碳排放源头,减少碳排放、增加碳汇。低碳居住区规划建设应在尊重地域气候生态条件的基础上,融入低碳生态技术、通过空间布局塑造、基础设施配套、低碳生活环境营造,实现节能、节水、节材、节地、环保、低碳交通等目标,实现住区温室气体排放量减少。

6.1.2　低碳居住区规划研究进展

1. 低碳住区相关理论研究

人类追求可持续发展的梦想经历了农耕文明到工业文明,现在进入生态文明时期,实现人类居住环境可持续发展成为全球关注的焦点。1898 年,英国著名社会学家霍华德提出了"田园城市"的构想,倡导人与自然和谐发展,成为世界公认的可持续发展思想的萌芽。

1991 年,生态村(Ecovillage)概念首次提出,提出建设具有适宜尺度和完备功能的集聚地,促进人类活动以无害方式与自然结合,支持人类健康发展。全球生态村网络提出生态村是一种通过本土化、全过程参与方式,全面整合经济、自然、社群和文化可持续要素,促进社会进步和生态恢复。

2003 年,英国能源白皮书《我们能源的未来:创建低碳经济》中最早提出了低碳经济概念,指出低碳经济是通过更少的自然资源消耗和更少的环境污染,获得更多的经济产出,并为改善城市生态环境质量和城市经济活力提供了途径和机会。在全球气候变化和经济及环境双重压力下,世界经济发展向"低碳经济"转型已经成为大趋势。2008 年英国城乡规划协会(Town and Country Planning Association)出版了《社区能源指南:面向低碳未来的城市规划》(*Community Planning:Urban Planning for a Future Low Carbon*),提出社区应采取不同的技术措施和规划手段实现节能减排。英国生态区域发展集团提出生态社区应遵循的 10 项建设内容,包括零碳、零废弃物、可持续性交通、可持续性水使用、本地可持续性食品、自然栖息地和野生物保护、文化遗产保护、公平贸易、一个地球生活原则、健康生活方式等。美国生态学家怀特认为,可持续社区应具有多功能特色,具有天人合一的和谐观特征,注重文化遗产,充分利用低碳节能技术,减低二氧化碳排放,增加水循环利用技术应用,建立公众参与开放机制,寻找社区利益共同点。Simmonds 和 Coomber(1997)通过空间特征与居民出行特征相关性研究,提出土地利用的混合程度是交通运输的重要影响因素。Hoornweg(2011)研究了三种不同密度的住区碳排放,结果表明,高层居住区的碳排放是低密度的低层住区的 10 倍左右。在低影响开发方面,美国住房与城市发展部发布了《低影响开发设计策略》,规范场地雨水管理机制。

　　综上所述,国外低碳住区建设实践相对较早,并卓有成效,在居民生活和消费领域的低碳社区和生态社区节能减排方面做了很多探索,成功案例包括英国贝丁顿零碳社区、丹麦太阳风社区、瑞典哈默比湖城柯本街区和哈马碧滨水新城、德国沃邦社区、澳大利亚哈利法克斯生态城等。这些低碳住区建设实践成功经验均注重从规划设计、建筑节能技术、设施配套、清洁能源利用、生态碳汇环境营造、低碳生活模式、低碳经济和制度等多方面实现低碳生态化发展。

　　我国可持续住区起步较晚,但"天人合一""师法自然"的思想早在1000多年前营建都城时期就已经采用,直到20世纪末期可持续发展才得以系统研究。我国建筑节能计划早在1980年就提出来,并在1998年进一步提出绿色建筑节能实现30%、50%和65%的三步走计划。随后又颁布了《绿色建筑评价标准》《民用建筑节水设计标准》《建筑与小区雨水控制及利用工程技术规范》《再生水、雨水利用水质规范》《中国生态住宅技术评估手册》《绿色住区标准》(CECS377:2014)等一系列标准和规范,为低碳居住区规划和建设提供了依据。2018年实施的《城市居住区规划设计标准》明确提出建设健康绿色的住区生态环境等多项要求。

　　在低碳居住区相关研究方面,国内学者黄文娟(2010)总结了低碳社区应包含物质空间和非物质空间引导内容,政府要加强主导,引进国外先进低碳技术"自上而下"低碳物质规划建设;另一方面是由企业提供技术和资金支持,社区居民参与的低碳生活方式宣教与实践。辛章平等(2008)提出低碳社区的建设目标是零能耗排放,规划策略应从土地利用模式、空间布局、配套设施、绿色交通、节能建筑以及公众参与等多方面进行。尹超英(2018)研究的居民出行与土地利用混合度关系表明,土地利用混合度越高,越能影响居民低碳出行。

　　我国关于低碳社区的研究已经从城市拓展到村镇级层面,如张泉(2011)认为低碳村镇社区规划,在环境建设、空间组织及建筑技术方面,应运用因地制宜的方法满足村镇规划建设中的低碳要求。韦选肇(2014)指出低碳村镇社区规划应区别于城市低碳社区,从产业发展、用地布局、住宅建设、能源等基础设施建设多个方面对低碳村镇社区内容进行编制。近年来,居住区和城市新区低影响开发也进行了尝试和实践,如深圳光明新区对洪水径流和影响因素进行考虑,提出雨洪利用技术和方法;北京昌平未来科学城建设中提出了雨水涵养渗透系统,减少市政雨水管网修建。张善峰等(2012)通过住区雨水成因与径流排放研究,提出雨水管理与住区绿地结合的生态策略。

　　综上所述,以往的研究成果探讨了不同交通方式城市空间特征与碳排放关系,并提供了有价值的数据。这些研究成果丰富了低碳城市和住区规划理论,丰富了绿色住区和城市可持续发展研究,落实到空间规划中,将有助于建立低碳城市管理机制,促进低碳城市建设,为规划管理提供技术支持。

2. 低碳住区规划相关政策

　　随着低碳经济扩展到多个领域,世界各国都在发挥低碳领域优势,英国和瑞典的低碳社区实践相对走在前列。以瑞典斯德哥尔摩哈默比低碳社区为例,社区建设过程中注重公众参与,倡导低碳生活方式,采用低碳环保废物处理设施,尽量利用本地沼气、太阳能、风能等清洁能源,倡导公共交通网络建设,建造被动式住宅,创造社区循环生态系统,实现废弃物减少 20%、机动车降碳 20%、能源消耗降低 50% 的总体目标。

　　2015 年 2 月国家发改委发布了《低碳社区试点建设指南》指出,通过构建气候友好的自然环境、房屋建筑、基础设施、生活方式和管理模式,降低能源消耗,实现低碳排放的社区。2018 年 4 月 1 日起实施的《绿色生态城区评价标准》(GB/T51255—2017),从土地利用、生态环境、绿色建筑、资源与碳排放、绿色交通、信息化管理、产业与经济、人文等八个方面提出了评价指标,促进低碳城市建设(表 6-1)。

表 6-1　低碳社区规划政策一览表

时间	政策文件	政策要点	重点内容
2014 年	《智慧社区建设指南(试行)》	提出智慧社区评价指标、总体框架及支撑平台系统性阐述	整合区域人、物、地、情、事、建筑信息,提出社区治理
2015 年	《低碳社区试点建设指南》	低碳社区建设原则、指标、设施建设、运营管理	构建气候友好的自然环境、房屋建筑、基础设施、生活方式和管理模式,降低能源资源消耗,实现低碳排放的城乡社区
2016 年	《中共中央　国务院关于进一步加强城市规划建设管理工作的若干意见》	新建住宅推广街区制,原则上不再建设封闭小区,已建成的住宅小区和单位大院逐步打开	街区制是开放便捷、尺度适宜、配套完善、邻里和谐的生活街区
2020 年	《住房和城乡建设部等部门关于开展城市居住社区建设补短板行动的意见》	提出 5 项重点任务,包括合理确定居住社区规模、落实建设标准、补齐建设短板、新建住宅项目同步配套建设设施和健全共建共治共享机制	为群众日常生活提供基本服务和设施的生活单元,打造完整社区,完善社区基础设施和公共设施,健全便民商业服务设施,完备市政配套基础设施,创造宜居的社区空间环境,营造地方特色的社区文化,推动社区治理体系
2020 年	《绿色社区创建行动方案》	城市社区为创建对象,将绿色发展理念贯穿于社区设计、建设、管理和服务等活动全过程	建立健全社区人居环境建设,推进社区基础设施绿色化,营造社区宜居环境,提高社区信息化、智能化水平,推进市政基础设施智能化改造和安防系统智能化建设,培育社区绿色文化建设

　　低碳生态住区总体研究内容包含以下几个方面:

（1）低碳理念和住区生活方式,倡导低碳生态可持续发展理念,包含环境永续化、社会永续化、经济永续化,倡导以步行为导向的住区慢行交通系统;受全球新冠疫情影响,2020 年 1—4 月较 2019 年同期,全球二氧化碳排放量下降约 5%,充分反映了人类活动对碳排放有直接关系。

（2）强调与自然环境融合发展,尊重自然环境,最大程度收集和再利用水资源,建立中水回用系统,收集径流雨水,增加公众参与意识。

（3）加强低碳节能技术研究和应用,既强化高科技利用,又注重与传统方式结合,提高清洁能源利用率,增加保温隔热复合材料利用,增加本地化材料利用,注重建设过程低碳节能等。

3. 低碳住区建设实践研究

全球低碳生态住区建设实践从 20 世纪 90 年代开始探索,从北欧国家开始,后续在全球陆续开展,并成立全球生态村网络（Global Ecovillage Network）。这些低碳住区实践采取低碳和节能措施多样,既有高科技,也有传统技术措施。总体来看,低碳生态住区还处于探索和示范阶段,可复制性不强,并没有公认的低碳生态村建设标准,各国探索可持续发展的新型生态社区模式见表 6 - 2。

表 6 - 2　国外低碳住区实践一览表

建设时间	社区名称	建设模式和规模;类型	低碳绩效
1989—1993 年	美国南公园社区（Southside Park Cohousing）	居民自建占地 1.37 公顷,100 人;改造更新	资源回收利用率提高了 20%
1993 年	澳大利亚哈利法克斯社区（Halifax Community）	非政府组织;占地 2.4 万平方米,400 户;棕地改造	可再生能源增加 70%,水净化 75%,空气净化 50%,土壤恢复 25%,废物循环增加了 50%
2000—2002 年	英国贝丁顿社区（BedZED）	非政府组织筹建,占地 1.65 公顷,约 300 人;棕地改造	人均二氧化碳排放减少 3.17 吨/人
1995—2006 年	德国弗班社区（Vauban District）	政府与居民合建,占地 38 公顷,5 000 人;社区更新	降碳 60%,机动车使用量减少 35%
2000—2015 年	瑞典斯德哥尔摩哈默比社区（Hammarby）	政府与开发企业主导,占地 200 公顷,容纳 4 万人;棕地改造	实现废弃物减少 20%、机动车降碳 20%、能源消耗降低 50%

续表 6 - 2

建设时间	社区名称	建设模式和规模;类型	低碳绩效
2001—2008 年	瑞典马尔默西港新区 BO01 生态示范区	规划占地面积 30 公顷,总建筑面积 17.5 万平方米,住宅 800 套;新建	水系贯彻整个住区,建设先进污水和雨水设施;建设植被屋顶,实现保温隔热,同时 60% 雨水通过蒸发循环到大气中
2000—2010 年	瑞典哈默比湖城柯本街区(Kobben Block)	政府与开发企业共同主导;居民 91 户;新建	能耗低于普通住宅 50%
2015 年	英国布里托哈汉姆住区	英国家庭与社区署主导,建造了 186 套住宅	采用先进生态低能耗技术,规划 9 公顷绿地公园;雨水系统汇集到中央湿地公园

　　瑞典马尔默西港新区 BO01 生态示范区 2001 年开始建设,2008 年一期 BO01 住宅区建设完成,成为欧洲再生能源节能最佳示范工程和可持续发展的楷模。马尔默西港新区 BO01 生态住区利用自然水系,营造了可持续水系统,将社区水系与每座建筑连通,并实施机动车与非机动车分离,打造慢行系统,营造丰富的户外环境场所空间,如浅水广场、台阶式休闲码头、临水散步长廊、亲水日光浴平台、小型瀑布等,为社区居民创造了良好的生态环境。另外,马尔默西港新区 BO01 生态住区建设了可持续雨水管理体系,包括雨水管理和污水处理系统。雨水系统采取滞留、收集、渗透和排放多种管理方式,首先在屋顶、广场和步行街道采用透水路面和滞水材料,最大程度回收雨水。同时住区内部建筑建设大量屋顶绿化,能吸收区域内 60% 年降水通过蒸发循环到大气层中,同时屋顶绿化冬季保温,夏季隔热,有效节约建筑用能。住区内部丰富的绿化系统,利用河流和码头围合形成中心绿地、生态岛和院落半私密空间。生态示范区利用可再生及可回收景观材料利用乡土树种和可重复利用景观石材(图 6 - 1 和图 6 - 2)。

图 6 - 1　瑞典马尔默西港新区 BO01 生态示范区节能住宅

图 6 - 2　瑞典马尔默西港新区 BO01 生态示范区生态环境

英国低碳城市示范项目贝丁顿零能耗社区(BedZED)是英国最大的生态社区,占地面积1.65公顷,位于伦敦近郊萨顿自治市镇,原用地是旧工商业再开发地块,建造了82套住宅,配套部分办公建筑,建筑设计采用被动通风和热回收装置,是引领城市可持续生活方式的典范社区,因此2002年获得了世界人居奖和全球人居环境奖,2003年获得英国皇家建筑师学会斯特林奖和住宅设计奖(图6-3)。英国贝丁顿社区被称为世界第一个零碳社区,主要采用低碳技术和空间规划措施,实现节能和减少碳排放。规划布局方面采取紧凑式布局,规划专用非机动车道,用地混合利用,增加住区内商业服务设施,实现职住平衡。能源利用方面,主要使用了太阳能、风能和热电联产设施作为热源。屋顶安装太阳能PV板,收集太阳能(图6-4)。热电联产原材料是使用当地废木料燃烧发电和供热;建筑方面采用可回收材料作为建筑主材料,有室内外新风系统,屋面铺设太阳能板,充分收集和利用太阳能;住区内部规划了自行车专用车道,实行住区慢行系统与城市慢行体系连通,实现低碳交通出行。碳汇方面,住区内部实现立体化种植,增加屋顶绿化,非建设用地栽植大量树木。

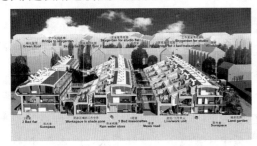 

图6-3 英国贝丁顿零能耗社区   图6-4 英国贝丁顿零能耗社区节能住宅

综上所述,英国贝丁顿生态住区建造实践体现了人类追求生态技术进步,基于更人性化角度追求可持续住区发展。贝丁顿住区也尝试从住区区位关系、与主城区交通联系方式、公共交通模式、公共服务设施配套、建筑技术等方面进行示范验证。以上低碳生态示范区表明,低碳社区实践策略有高密度布局,如紧凑布局,减少能耗,增加土地混合利用;增加绿化面积,尽量立体化绿化;资源回收,利用可循环建筑材料,增加雨水收集,利用可循环中水系统,注重建筑节能技术应用。

除此之外,生态建筑技术也是低碳节能关键领域。以上低碳社区广泛运用了新材料与新技术,建筑外墙与屋顶均采用复合保温材料,增加门窗构件密闭性能,实现保温、隔热、通风、采光,同时充分利用太阳能光伏PV发电技术,外挂建筑外墙和屋顶。生活方式多采取共享集约的绿色生活方式,如提高日常生活公共资源共享性,都市农业提供生活供给、社区共享餐厅、使用电动汽车和自行车出行,增加慢行交通系统,增加公共服务设施就近布置(图6-5和图6-6)。

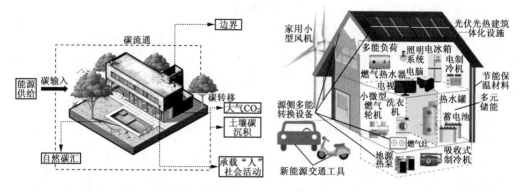

图 6-5 英国贝丁顿低碳节能住宅碳流通
模型示意

图 6-6 英国贝丁顿节能住宅综合能源
系统要素示意

我国低碳住区起步较晚,现在推进的低碳社区多数是政府主导、开发企业实施的示范工程项目,也包括跨国合作示范项目,以新建为主体。例如我国和新加坡合作的中新天津生态城、唐山曹妃甸生态城、上海崇明东滩生态城以及中法武汉生态城项目等,见表 6-3。

表 6-3 国内低碳城市和住区实践一览表

建设时间	社区名称	建设模式和规模;类型	低碳绩效目标
2007 年	中新天津生态城	规划用地规模 34.2 平方千米,规划至 2020 年常住人口达到 35 万人;新建	非传统水资源利用比例不低于 50%;可再生能源使用率不低于 15%;清洁能源使用比例达到 100%;绿色出行比例不小于 90%;建立污水和雨水回用系统;生活垃圾分类收集;垃圾真空管道收集覆盖率;光伏发电面积;地热能利用;
2007 年	广州亚运城社区	占地 2.73 平方千米,人口 4.48 万人;新建	建筑节能达到参照建筑的 65%
2008 年	唐山曹妃甸生态城	规划用地规模 74 平方千米,至 2020 年常住人口 80 万人;新建	绿色建筑实现 100%;可再生能源利用率 95%;小汽车占通勤出行量 10% 以内
2008 年	上海崇明东滩生态城	规划用地规模 12.5 平方千米,规划常住人口 5 万人;新建	可再生能源利用率达 60%;生物质能利用率达 40%;水消耗比常规模式减少 43%;能源需求减少 66%
2008 年	深圳光明新区示范区	规划用地规模 35 平方千米;新建	绿色建筑比例达到 80%,建筑节能 50%,可循环材料利用约 7%
2009 年	北京长辛店低碳社区	规划用地规模 5 平方千米,常住人口 7 万人;棕地改造	可再生能源使用比例大于 20%,能源使用减少 20%,再利用水资源利用比例为 90%,人均生态足迹减少 27%,二氧化碳排放减少 50%

续表 6 – 3

建设时间	社区名称	建设模式和规模;类型	低碳绩效目标
2010 年	无锡中瑞生态城	规划用地规模 2.4 平方千米,规划常住人口 2 万人;新建	能源需求比常规下降 35%,可再生能源利用率在 20% 以上;清洁能源利用率大于 90%
2010 年	长沙太阳星城	规划用地 0.5 平方千米,人口 1.5 万人;新建	达到中国绿建评价和美国 LEED 双重认证标准
2015 年	中法武汉生态城	规划用地规模 22.8 平方千米;新建	贯彻产城融合理念,采用"小街区、密路网"模式

中新天津生态城是利用废弃盐田、盐碱荒地进行土地开发再利用,规划尊重地域自然环境和生态格局,规划采取小街区邻里单元模式,增加用地混合利用,突出慢行交通系统;水资源利用建设一系列节水措施,建立雨水收集、污水处理和海水淡化循环利用设施,控制非常规水源利用率不低于 50%。

2009 年获联合国人居署优秀范例奖的南京锋尚国际公寓低碳居住项目也是我国居住区领域践行低碳的优秀案例。该居住公寓能源系统主要是利用太阳能、浅层地热能等可再生能源,改变了利用传统火电、油和天然气等传统能源,完全实现采用清洁能源系统。规划布局充分尊重地域生态环境和气候条件,采取"导风管"原理增加室内外通风,利用自然环境调整居住舒适度。低碳社区环境营造方面,实现 100% 硬质化铺装采用透水路面,调节雨水径流,解决夏季热岛效应,同时场地空间充分绿化,增加室外游憩空间。住宅建筑室内采用天棚辐射采暖制冷技术措施,利用空气流动原理,实现置换式新风导入室内,有别于传统空调系统,实现夏季制冷零能耗。

综上所述,国内外低碳生态社区建设案例分析表明,我国低碳社区虽然起步较晚,但建设规模和建筑水平均高于国外低碳社区项目。建设模式方面,我国低碳社区示范项目均由政府主导,开发企业试点建设,公众参与。但国内低碳社区大部分处于在建设阶段,缺少相对完整的低碳和减排数据考核。

6.2　住区空间与碳排放关系

城市空间结构的发展和演变与社会经济发展和建筑能耗有密切关系,相关实证研究(白一飞,2020;Rickwood,2008)表明城市空间形态可影响 10% ~30% 的建筑能耗。住区空间规划对于低碳发展具有长期、结构性的作用,对于构建低碳城市具有重要意义,是城市减少碳排放量重要领域之一。Cervero 和 Day(2008)研究了上海四个居住区空间形态特征、土地利用模式、可达性与居民通勤方式等方面与碳排放之间的关系。Zegras(2011)通过对超大社区、单元邻里型社区、胡同型和高密度方格网社区的研究,结果表明,容积率和人口密度最高的超大型住区的出行碳排放最高。

我国经过几十年的快速城镇化进程,城市规模呈现出圈层式发展,城市人口规模扩大、空间分散布局,市内交通拥堵,环境恶化,出现众多"城市病"。承载城镇物质空间和经济发展的城市空间显得尤为关键,城市建设模式与城市空间要素关系密切。Mcpherson等(1988)提出空间形态要素如街道朝向、建筑组织、植被都对碳排放产生重要影响。E-wing 和 Rong 等(2008)认为高密度开发有利于减少碳排放。Wang 等(2017)对开发密度与碳排放关系研究表明,密度与碳排放关系呈现"U"形态。范小利等(2021)通过浙江和福建案例研究城镇空间形态与居住建筑能耗相关性,结果表明在 15 分钟生活圈尺度,突出低碳评价和管理,有利于城镇形态优化,并从道路密度、建筑密度、绿地率和水面率等指标进行低碳节能引导,对于改善居住建筑能耗跟利(图 6－7);同时提出土地利用混合度是衡量绿色出行意愿重要指标,土地混合利用度与建筑能耗呈现正相关性,土地利用混合度高,更有利于降低交通能耗。

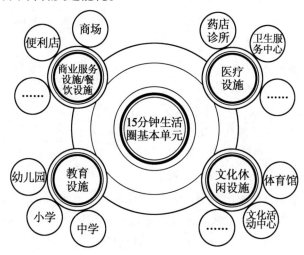

图 6－7　15 分钟生活圈服务设施配置示意图

6.2.1　城市住区空间结构特征与发展趋势

1. 缺乏空间引导与控制导致城市住区空间低效扩张

从我国城镇化发展过程来看,呈现两种发展模式:一种是城市发展呈现多中心扩散模式,造成大小组团串联式发展,在交通系统并不发达的情况,导致土地资源浪费,占用耕地,破坏环境;另一种模式是圈层式发展,注重城市规模扩张而较少关注"土地与交通一体化建设",因而导致城市交通拥堵、城市运行效率低下等严重问题。从当前新型城镇化发展内涵来看,城市扩张的总体趋势有所减缓,但由于缺乏城市空间引导和城市增长边界的有效控制措施,城市仍然在无序扩张。

2. 注重城市物质空间扩展而忽视城市空间要素间相互作用关系

城市是一个复杂有机体,组织城市经济、社会、空间和环境的要素构成了整个城市高效运行的要素。高效运行的城市和会呼吸的城市都是一种"内生型"城市,城市整体发展与自然环境处于一种平衡的"新陈代谢"过程。而我国当前的城市规划和建设过程中,缺乏城市规划要素间的协同,也较少采用低冲击建设模式。具体表现在各规划层面间物质空间规划要素缺乏协同,导致土地利用与空间建设呈现"两张皮"的不协调局面,土地资源浪费严重,上下级规划间难以协调,导致规划调控的指标阈值难以控制、保护性开发建设难以执行,出现城市发展方向不明确、城市空间分散、建设时序混乱等现象,导致城市功能片区联系弱化,城市空间要素运行效率低。

6.2.2 城市住区空间结构与碳排放效应关系

城市居住区碳排放与城市空间形态、土地利用、交通、公共服务设施、城市环境有一定的关联性,同时城市居住区系统运行是通过住区能源输入系统和废物输出排放系统构成,因此居住系统要素关系直接影响碳排量(图 6-8)。由于城市住区规模不断扩大,居住用地增多,绿化空间减少,高污染能源的利用,导致城市生产空间碳排放增多,交通和建筑行业碳排放量大,因而整个城市

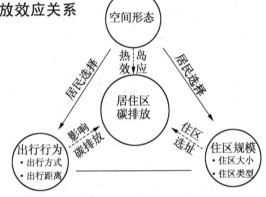

图 6-8 住区空间与碳排放关系

居住系统碳排放量增加,能源循环利用低,废物和废气排放量大,出现高碳排放模式。

Glaeser 和 Kahn(2009)两位学者通过紧凑城市和蔓延城市案例对比发现,城市碳排放与城市空间和土地利用有密切的关系。土地与交通一体化的开发和利用模式,更能促进城市低碳高效运行。

北欧等国家的低碳生态城镇案例经验表明,随着城镇住区密度的提高,土地经济价值更加凸显,与之配套的轨道交通和公共交通网络要健全,形成高效运行的城市公共交通走廊。在英国和荷兰居住密度案例研究方面,得出居住密度、街区尺度大小、开敞空间布局均与交通能耗有密切关联的结论。Maat (2015)研究发现居住用地与办公用地混合或接近,能有效降低依靠小汽车出行比例,有效减少交通碳排放量。Zahabi 等(2013)学者通过对蒙特利尔定量研究发现,交通可达性每增加10%,能有效降低5.8%的碳排放量。同时人口密度规模经济效应能有效促进住区碳排放强度,王贵新(2012)、易春燕等(2018)研究发现提高居住区密度能降低住区碳排放强度。从城市整体空间层面,要构建城市整体的绿化和开放空间网络,形成贯通城市内外的通风廊道和生态格局。城市空间形态影响建筑密度、建筑规模、建筑日照和通风等多个空间要素,杨磊等(2011)研究表明,居住建筑能耗与城市空间形态关系密切。城市居住建筑密度过大加剧热岛效应,建筑用于降温能耗增加,导致自然采光不足,增加用电能耗。Mclaren(1992)研究结果表明

紧凑城市能够在保持生活水平不变的同时减少用于制冷和供热的能耗。

6.2.3　低碳城市空间绩效指标体系构建

空间绩效评价指标体系是判定空间绩效优劣的直接依据和量化指标。由于研究层面和方法不同,其关注的重点也不同,从而产生不同的空间绩效标准。从城市宏观层面和微观层面构建低碳城市的空间绩效指标体系,对于城市低碳减排至关重要。

1.基于城市层面的空间绩效指标体系

城市层面的低碳指标体系分别从生态绩效、社会经济绩效、空间形态、交通绩效等四个层面,采用综合评价、模糊评价等方法构建了城市空间绩效的评价模型(表6-4)。

表6-4　城市层面城市空间绩效指标体系

研究层面	测度指标
生态安全系统	沙尘天气次数、水土流失面积占国土面积比、年均降水量、生活垃圾无害化处理率、工业废水排放达标率、工业固体废弃物综合利用率、人均公共绿地面积、建城区绿化覆盖率、城市生态控制区面积与建成区面积
社会经济系统	三产业比例、万元产值能源消耗、高新技术增加值占 GDP 的比例、总资产贡献率、人均收入年增长速度、人均住房面积、每万人拥有医院床位数、行政管理费用占地方财政支出比例
空间形态系统	人均用地面积、人均通勤时间、建成区建筑密度、城市分维指数、城市形态紧凑度、城市形态形状指数
流通空间系统	网络普及率、基础设施投资额、城市道路网密度、人均商业建筑面积、每万人拥有商业银行网点个数、年人均货运量、建成区人均基础设施维护支出比、商业、物流从业人数占总就业人数比、交通运输、仓储和邮政业增加值占 GDP 比例

该评价体系更关注从城市环境建设、经济产业结构、城市空间发展、城市基础设施及交通发展等层面,力图从城市整体层面控制城市碳排放的路径,实现城市低碳生态发展。

2.基于住区层面的城市空间绩效指标体系

城市街区层面的城市空间绩效评价体系主要包括经济、城市交通、生态环境和基础设施服务四个方面(表6-5)。这四个方面的主要指标直接反映城市整体运行效率。城市经济是城市整体运行的关键,物质空间是城市经济发展的载体,同时也是城市经济发展的途径和平台。城市交通是城市的骨架,关系到城市物质流、信息流、经济流和人流的运行速度和效率。这些主要指标能反映城市空间发展是否协同、高效、有序发展。

城市基础教育设施均衡化配置直接关系到每个受教育者的切身利益和社会的公平正义,所以基础教育设施的配置应具有良好的空间服务绩效。在全球变暖和能源短缺的大环境下,城市生态环境的绩效成为当前热点议题之一。

表6-5　住区层面城市空间绩效指标体系

维度	指标体系
经济绩效	人均绿地面积、城区绿化覆盖率、人均城市道路面积、人均供应燃气总量、GDP总量、人均土地面积、工业总产值、建成区面积固定资产产值率、新能源比例、万元GDP能耗、万元GDP水耗、工业总产值能耗、工业总产值水耗、工业废物综合利用率、城镇生活污水处理率、生活垃圾无害化处理率、固定资产利税率、清洁能源使用率、恩格尔系数
交通绩效	出行距离、出行时耗、慢行比例、非机动车比例、公交车出行比例、人均出行次数、市区人口、建成区面积、市区人口密度、人均道路面积
生态环境绩效	人均二氧化碳排放、生活废水处理率、教育服务半径、人均公园绿地面积
基础设施服务绩效	空间服务选择性、空间服务覆盖度、实际服务范围、空间服务公平性、服务质量满意度

城市居住空间形态与碳排放关系至关重要,缺乏空间引导与控制会导致城市住区空间向郊区发展无序,蔓延发展。城市居住空间区位、规模、形态和布局是构成城市空间结构的主要因素,对城市空间绩效影响很大,这些内在机理互为基础,逻辑清晰,彼此密不可分。

城市居住空间与碳排放关联关系表明,对于紧凑型城市,适度提高居住区容积率和建筑密度,增加土地混合开发,采取灵活布局方式,能有效降低碳排量。王博达(2021)通过对多个居住小区进行碳排放分析,结果表明居住区容积率每增加1%,人均建筑碳排放量能减少0.31%,居住区周边1平方千米的用地混合度每增加1%,人均出行碳排放量能减少0.156%,有地铁站人均出行碳排放量减少12.2%。因此,居住区开发建设应场地土地混合利用,建设小街区路网,适度提高建筑开发强度,增加居住区内部公共服务设施布局密度,均有助于降低碳排放。同时在满足日照和通风条件下,加大日照间距也有助于改善居住区微气候环境,增加居住区绿化覆盖率,增加碳汇绿量,降碳效果也较为明显。

6.3　低碳城市和低碳社区建设指标

6.3.1　低碳城市建设评价指标框架

高碳排放引发全球气候变化深刻影响人类生存和发展,低碳发展成为世界走向生态文明建设的重要方向。2020年,我国在第75届联合国大会上正式宣布力争2030年前实现碳达峰、2060年前实现碳中和的重大战略。截至2020年底,全球已经有54个碳达峰国家和承诺碳达峰国家(表6-6)。

表 6-6　碳达峰国家/承诺碳达峰国家一览表

年份	碳达峰国家/承诺碳达峰国家
1990 年以前	德国、捷克、阿塞拜疆、白俄罗斯、克罗地亚、保加利亚、乌克兰、塔吉克斯坦、俄罗斯、塞尔维亚、斯洛伐克、罗马尼亚、挪威、哈萨克斯坦、匈牙利、爱沙尼亚、拉脱维亚、摩尔多瓦
1991—2000 年	瑞士、瑞典、英国、法国、荷兰、黑山共和国、卢森堡、立陶宛、波兰、芬兰、荷兰、丹麦、比利时、哥斯达黎加、摩纳哥
2001—2010 年	美国、意大利、西班牙、加拿大、澳大利亚、爱尔兰、密克罗尼西亚联邦、奥地利、葡萄牙、希腊、圣马力诺、斯洛文尼亚、列支敦士登、塞浦路斯、冰岛
2011—2020 年	韩国、日本、巴西、新西兰、马耳他、中国

　　城市低碳发展重点在 10 个关键领域,主要包括工业、交通、建筑、能源、生态环境、废弃物处理、人文活动等。控制各领域低碳发展,是实现低碳发展模式的重要途径。因此,2021 年《住房和城乡建设部等 15 部门关于加强县城绿色低碳建设的意见》提出县城人口密度应控制在 0.6 ~ 1.0 万人/平方千米,建成区建筑总面积与建设用地面积的比值应控制在 0.6 ~ 0.8,县城新建建筑要普遍达到基本级绿色建筑要求,推行建筑全过程低碳节能建造。综合考虑低碳城市理论内涵和试点城市建设实践,从碳源、低碳经济和碳汇三个维度构建低碳城市建设水平指标框架(表 6-7)。

表 6-7　低碳城市建设水平指标框架

维度		指标	
碳源	低碳工业	工业用电量(千瓦时)	工业碳排放量(万吨)
		重工业比例(%)	高新技术产业人员数例(位)
		一般工业固体废物综合利用率(%)	工业二氧化碳排放量(吨)
	低碳交通	人均道路面积(平方千米/人)	汽车保有量(万量)
		客货运输量(万吨)	万人公共汽车数量(辆/万人)
	低碳建筑	绿色建筑面积(万平方米)	房屋建筑施工面积(万平方米)
		建筑业产值(亿元)	
		居民人均生活消费用电(千瓦时)	城市燃气普及率(%)
低碳经济		第二产业占 GDP 比例(%)	第三产业占 GDP 比例(%)
		人均 GDP(万元)	城镇居民可支配收入(元)
		教育和科技技术投入占比(%)	城镇化率(%)
		环保投入占比(%)	万元产值能耗(吨标准煤/万元)
碳汇		建成区绿化覆盖率(%)	人均公园面积(平方千米/人)
		森林覆盖率(%)	

6.3.2　低碳社区建设评价指标

全世界低碳社区建设都处于探索和示范阶段,美国和欧洲国家起步较早,如美国绿色建筑委员会 LEED-ND 体系、英国建筑研究所 BREEAM Communities 体系、日本可持续建筑委员会和建筑环境与节能研究院 CASBEE for Urban Development 体系等主要从碳排放重点领域提出控制碳排放相应指标。基于社区建设涉及的领域,采取降低化石能源利用率,强调资源循环利用,加强低碳技术利用,主要从土地资源利用、交通运输、生态环境、能源利用、建筑、水资源、废物利用、社区生活环境和生活方式等方面提出了相应指标体系,并加强宣传,提高公众参与度,政府加强政策引导(表6-8)。

表6-8　美国和欧洲国家低碳社区建设评价指标

	指标项	指标体系
英国	气候和能源	能源和水资源利用效率;可再生能源;公共基础设施
	资源利用	土地利用;废弃物管理;建设管理;新材料和新技术利用
	交通运输	可步行街区;绿色交通;公共交通
	生态环境	绿道建设;受污染土地治理;环境美好措施;生物栖息地保护与平衡
	场所环境营造	建筑密度;场所营造;绿化美好;增加临街面;安全防护设计
	社会生活	引导公众参与;设施共享和混合使用;低碳出行;经济适用房供给
美国	土地资源	雨洪基础设施效能;交通效能
	环境保护	低冲击建设;湿地、水体和农田保护;雨洪径流管理;有害物质防治
	紧凑布局	紧凑布局;用地使用多样性;开放社区
	资源节约	认证的绿色建筑;建筑节能和节水;降低热岛效应;基础设施节能;中水和雨水再利用;本地材料利用;建筑物废弃物管理与再利用;降低光污染;整治褐地降低污染
	创新设计与措施	创新设计;建设具有示范性项目;有认可的 LEED 专业人员参与
欧洲其他国家	碳排放	碳排放量和排放强度;减碳策略
	能源利用	能源使用量、使用强度;再生能源使用量及政策
	建筑	住宅能源使用量;建筑能效标准
	交通运输	使用非自用车辆运输;推广绿色运输;减少拥堵政策
	水资源	自来水使用量;废水处理;供水效率及处理政策

我国低碳社区建设和指标评价起步虽晚些,但我国相应低碳政策引导和低碳建设评价标准出台速度均较快,并在一些地区进行了较大规模示范项目。

除国家层面出台一系列标准和要求外,各省区市也出台了低碳社区评价指标体系。例如 2015 年北京建筑技术发展有限公司和北京中创碳投科技有限公司联合提出海南省低碳社区评价指标体系(14 项指标);2016 年北京市发展改革委和北京市质量认证中心提出北京市低碳社区评价技术导致(19 项指标);2017 年上海市发展改革委和上海市认证协会提出上海市首批低碳社区试点评价体系;2017 年广东省发展改革委和广州能源检测研究院共同提出涵盖的低碳社区评价指标体系(15 项指标)。近年来国内相关研究机构和学者基于实践研究提出了低碳社区评估指标,如 2011 年清华大学、建设部科技发展促进中心、中国建筑科学研究院联合,提出中国绿色低碳住区技术评估手册(绿色低碳社区减碳评价);2014 年中新天津生态城管理委员会和天津市环境保护科学研究院,提出中新天津生态城指标体系;林青青(2015)提出低碳社区评价指标及其基准体系。

综合国家和地方出台的低碳社区评价标准,基本包括低碳规划、建筑低碳设计、低碳施工、低碳运营和低碳资源化利用等五大类指标(表 6-9)。

表 6-9　国内低碳社区建设评价指标

指标项		指标体系
绿色建筑评价标准(住宅建筑)	节地与环境	
	控制项	住区选址、建筑布局、绿地率、绿化种植
	一般项	场地选址、无污染源、公共服务设施、噪声、风环境、住区出入口、地面透水率
	优选项	开发利用地下空间
	节能与能源利用 控制项	维护结构热工效能、空调能效比
	一般项	自然通风、自然采光、低能耗设备、照明、能量回收、可再生能源
	优选项	采暖和空调能耗、可再生能源使用比例
	节水与水资源利用 控制项	供排水系统、分户计量供水、节水设备利用、非传统水源
	一般项	地表雨水渗透量、非传统水源、雨水再利用、水安全保障措施
	优选项	非传统水源利用率
	节材与材料利用 控制项	集成构件、室内装修材料
	一般项	建筑材料、固体废弃物再利用、装饰装修材料、一次施工
	优选项	新型建筑结构体系
	运营管理 控制项	分类计量与收费、管理制度、密闭垃圾容器
	一般项	智能化系统、排水设施、绿化无害化防病虫害技术、废弃物管理、垃圾分类回收率
	优选项	垃圾处理场所
	室内环境质量 控制项	建筑维护结构、自然通风、满足日照标准、室内空气质量
	一般项	维护结构热工设计、室温调控、可调节外遮阳、空气质量监测设备
生态住区技术评估手册	住区选址	使用废弃土地、再开发用地、土地利用率、科学规划、远离污染源
	交通	区域交通网络、住区交通规划、公共交通线路、公共交通线路、无障碍设施、地面停车位

续表 6 - 9

	指标项	指标体系
生态住区技术评估手册	住区规划	自然景观、人文景观、生物多样性、土方量平衡
	生态环境	绿化率、热岛效应、绿化吸收雨水率、绿色建材和就地取材、老建筑改造、废物再利用、垃圾处理
	水环境	给排水系统、污水处理与再生利用、雨水利用、绿化景观用水、节水设施
	能源	常规能源系统的优化利用、可再生能源、建筑朝向

　　根据住区空间和住区生活方式与碳排放关系,低碳居住区控制性详细规划层面应重点从土地利用、空间设计、建筑设计、绿色种植、道路交通、慢性系统、资源再利用、配套设施、水资源、能源利用等方面提出控制性指标和引导性指标体系(表6-10)。低碳生态控制指标要素包含控制性指标和引导性指标,涉及规划、建设、绿化、市政、管理等内容,大部分可以通过地块控规图则量化指标落实到具体的地块进行控制,使规划管理部门、开发企业和设计人员都能准确了解低碳生态管控要求,提高可操作性,直接面向规划管理部门,并与规划行政管理事权相协调。低碳示范新区和居住区项目应用来看,建筑单体主要通过控制建筑布局、建筑密度、建筑形体系数、建筑高度、建筑节能等指标控制。

表 6 - 10　控制性详细规划层面低碳生态控制指标要素

	控制要素	控制方式	指标内容
土地利用	土地兼容性	控制性指标	居住用地与商业、服务设施用地适度混合和兼容
	人均居住用地面积	控制性指标	保障人均居住用地面积不低于 28 平方米
	住区用地面积	控制性指标	
空间设计	容积率	控制性指标	有利于提高住区节能低碳的建筑密度取值范围
	建筑密度	控制性指标	
	日照	控制性指标	保障地方规定日照时数;采暖区进行朝南向布置
	自然通风条件	引导性指标	保障住区内部良好的通风条件;北方考虑部分维护形式,阻挡寒风贯穿住区内部
建筑设计	建筑形体系数	引导性指标	根据气候条件控制最小建筑体形系数
	建筑间距	控制性指标	建筑间距保障日照和卫生视距
	建筑退让距离	控制性指标	按照主次干道层级合理设置退让线
	住宅层数	引导性指标	按照住宅建筑总高度 80 米控制要求,以及建筑密度要求,合理控制建筑层数
	绿色建筑	引导性指标	绿色建筑比例 50% 以上
	住宅全装修率	引导性指标	不低于 80%,并根据实践开发情况弹性调整

续表 6 - 10

控制要素		控制方式	指标内容
绿色种植	绿地率	控制性指标	新建住区达到 35% 以上;旧居住改造达到 30% 以上
	屋面绿化种植	引导性指标	条件适宜地区屋顶绿化面积达 40% 以上
	本土植物	引导性指标	不小于 70%
道路交通	出入口数量及位置	控制性指标	明确机动车地下出入口数量和位置,明确人行出入口位置,便于出行
	公交站点覆盖率	引导性指标	500 米半径覆盖率 100%
慢性系统	慢行交通系统	引导性指标	人车分行,增加住区内部慢行系统,倡导低碳出行方式
资源再利用	雨水径流控制	引导性指标	控制雨水径流系数不大于 0.5,最大程度利用地表植物收集雨水
	废弃物处理与利用	引导性指标	配置垃圾收集装置;生活垃圾分类达 100%
配套设施	配套设施可达性	引导性指标	15 分钟生活圈范围内居住区基本服务功能
水资源	水资源再利用	引导性指标	雨水利用率 10% 以上;再生水回用 20% 以上;节水器具普及率 100%
能源利用	新能源比例	引导性指标	太阳能普及率 10% 以上
	充电桩设置		电动汽车充电桩设置

6.4　低碳居住空间规划

　　居住用地是城市居民生活的主要场所,是城市十大类用地中占比较高、人流活动量最大的区域,也是城市碳排放三大领域之一(居住、工业、交通)。国家统计局数据显示,截至 2020 年末,我国常住人口城镇化率达到 60.6%,城镇人口基数巨大,达到 8.48 亿人,住房需求达到历史最高位,进而导致了大量能源消耗和碳排放,因此,居住区的低碳发展与否直接关系到城镇低碳发展(图 6-9)。

　　居住建筑及空间环境是碳排放重要领域之一,为实现低碳住区发展,在居住区空间规划、土地利用、能源利用、交通方式、生态绿化、资源再利用等方面需要按照低碳指标和低碳建设模式进行规划和建设。在我国目前的居住区和小区规划中注重强调容积率、建筑密度、绿化率等方面技术指标,忽视了其他与空间特征相关的深层次影响碳排放的机制。从居住区空间特征角度,如城市街区尺度影响居民出行行为;地块尺度与基础设施及服务设施布局关系,如公共服务设施的空间布局和覆盖率、设施布局密度、道路网络及通达性;用地混合性,如居住区或小区周边用地功能混合度,这些都对居住区建筑空间及居民出行碳排放有直接影响。Xuan 和 Tang(2020)通过三个住区实证调查研究,结果表明,居住区周边服务设施的空间布局和居民出行方式选择有密切相关性,设施覆盖率低,密度低,导致机动车出行率偏高。因此,居住区规划一方面要控制合理用地规模和开发强度,另一方面提供居住区周边服务设施密度和可达性,形成均衡、高密度、高可达性的道路系统与居住用地融合布局,是实现低碳住区发展的重要途径。

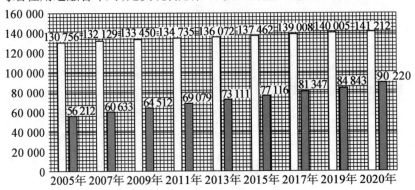

图 6 – 9　2005—2020 年国内总人口变化情况

6.4.1　低碳居住区空间规划

城市居住区低碳减排的规划"碳锁定效应"(Carbon Lock-in)明显。城市规划具有系统指导性、空间布局功能以及调配城市资源作用,能有效从碳排放与空间效应关系,寻求土地与交通一体化布局方案,从城市功能分区层面建立居住区生活圈与城市公共服务设计和基础设施布局联动关系,解决职住平衡、生态布局问题,引导居民低碳生活方式等,建立规划技术和公共政策双碳引导体系,从而锁定生活和消费领域碳排放,从源头降低居住区碳排放量。

1.低碳居住区空间布局模式

(1)街区制空间布局模式。

我国居住区建设模式经历从单位大院模式,发展到居住区、居住小区,再到如今倡导的街区制模式(图 6 – 10)。居住区建设模式也反映出随着时代发展,城市模式和居住空间都发生较大转变,应对气候变化和生态环境恶化等问题。

2020 年《住房和城乡建设部等部门关于开展城市居住社区建设补短板行动的意见》指出,居住社区是城市居民生活和城市治理的基本单元,是政府联系、服务人民群众的"最后一公里",强调建设让群众满意的生态社区,统筹服务、卫生、教育、交通、公园等多方面因素。2015 年国家提出《低碳社区试点建设指南》,其核心是通过用地、资源、能源、交通等多元领域建设低碳住区。

 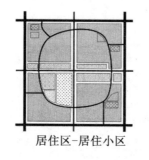 

单位大院　　　　　　　　居住区-居住小区　　　　　　　街区制

图 6 - 10　居住区空间建设模式

街区制空间布局既能丰富城市住区空间界面,增加用地功能复合利用,提高用地紧凑性,促进街区经济和社会活动繁荣,建构以人为中心的住区空间环境,增加就业空间,增加职住平衡。同时街区制能有效限制机动车出行量,改造街区步行环境,增加公共服务设施步行可达性,增加线性交往空间,提高经济和社会活力,能有效建立公共资源要素配置与步行可达性平衡,完善公共服务设施配置,引导居民低碳出行。

街区制空间布局模式有助于增加道路网密度,缓解交通拥堵,通过控制路面交通流量,减少机动车出行比率,进而影响碳排放。张李纯一等(2020)对多个居住区道路网密度与家庭碳排放关系进行研究,表明道路网密度越高,出行碳排放越小。周扬等(2017)通过街区尺度的住区空间实证研究表明,街区尺度小有助于提升街区活力,提高步行可达性和公众参与性,增加街道空间功能属性,增加潜在低碳出行者的出行意愿,减低机动车出行率。国外学者 Michael Reilly(2011)通过对旧金山海湾居住区出行数据分析,表明街区交叉口密度增加 25%,选择步行出行的概率会增加 45%,选择公共交通出行的概率会增加 62%。

由此可见,街区层面的居住区空间布局对于碳减排至关重要,它能有效提高土地利用和居民日常功能需求,改善职住平衡关系,增加慢行系统,提高街区活力,增加就业岗位和居民经济收入,同时步行可达性增加,有助于居民消费、休闲出行等,低碳减排效果显著。

(2)功能多元的用地布局。

居住区用地与碳排放及人们碳足迹数据分析表明,土地复合利用有助于减少机动车出行频率,减少出行距离,促进居民非机动车出行。居住区级空间规划采取紧凑用地布局模式,强度街区制,统筹考虑多元功能构成,增加公共交通站点密度,布局生活型商业综合服务中心,围绕生活链圈层,以生态化、人性化和数字化服务为宗旨,并考虑创业办公、教育、商业、健康、医疗、慢行交通、休闲娱乐等活动,均衡配置公共服务设施,构建舒适感、归属感、智慧化的居住功能单元,与时尚生活服务街和沿街商业街结合,打造 15 分钟生活圈,形成高密度生活街道,连接各个主题街坊,激发街区活力,实现去中心化功能,打造多功能低碳社区。居住小区级路网采用街区制模式,增加临街界面土地混合利用比例,依托公交站点或地铁站附近布局日常生活服务设施,提高居民使用便利性(如小型市场、便利店、食品店、药店、社区服务中心、文化娱乐中心等),增加慢行系统和休闲设施,鼓励步行出行,打造 5 分钟生活圈。

(3)绿色低碳住区更新。

在城市老旧住区更新也是落实"双碳"目标的重要路径,是践行绿色低碳城市更新的重要方面。2014 年国家发改委发布了《关于开展低碳社区试点工作的通知》,2015 年出台了《低碳社区试点建设指南》,随之全国各省区市都相继提出低碳社区试点建设相关政策,低碳社区更新成为节能减排的重要着力点之一。

城市老旧住区空间已经形成了既有文化生态体系,因此应采用"低冲击开发"理念,秉承先保护再开发的低碳生态建设模式,在建设内容、技术体系和建设模式方面,将绿色低碳生态更新纳入改造升级的重要内容。美国伯克利大学 Harrison Fraker 教授在《可持续社区的潜能:低碳社区的经验》一书中重点研究了社区和城市街区尺度空间达到最大环境效益的潜力和模式方法。英国金斯顿大学 Ruth Rettie 提出通过社区行动塑造新的低碳准则,了解日常能源消耗,改变居民能源使用习惯。英国在"全住宅"节能低碳更新项目中,提出既有住宅碳排放量减少 80% 的目标,具体改造中重点对建筑节能和空间进行改造,改造后节能低碳效果显著,实现减少 74% 碳排放量。

综上所述,低碳社区改造已经受到世界各国重视,更新改造将成为居住领域碳减排的关键途径。我国城镇化已经进入平稳增长时期,发达一线城市新区开发量增长,其他地区将进入老城更新发展模式。因此,在未来一段时间,全国各地盘活城市存量土地是城市发展的重点,老城有机更新将是未来长期持续建设的内容。现有城市更新更多是关注物质空间环境建设,少有结合绿色低碳技术进行老旧小区空间环境改造和功能复合化发展。重庆大学徐煜辉教授等(2012)通过研究山地城市低碳生态住区规划模式,提出基于微气候循环的山地低碳住区规划模式。东南大学石邢教授(2013)研究了南京住区,定量分析建筑间距、朝向、建筑密度、绿化栽植等对住区能耗影响,得出建筑朝向和建筑密度对能耗有较大影响,绿化栽植和间距对能耗影响则较小。

在低碳社区更新实践方面,上海市 2014 年启动了低碳社区试点,发布了《上海市低碳社区试点实施方案编制指南》。首批试点更新社区中缺乏系统的低碳建设策略和技术措施,缺少系统性低碳生态建设措施和管理体系。

我国老旧住区改造缘起于老建筑节能改造,2020 年开始全国范围进行城镇老旧小区改造工程,国务院出台了《关于全面推进城镇老旧小区改造工作的指导意见》,按照基础类、完善类和提升类确定改造内容,中央安排预算资金支持地方用于老旧小区改造,掀起全国最大民生工程项目。

老旧住区室外空间环境更新改造方面,空间环境按照"小尺度、复合化"街区模式开发改造,并保持和延续老城区道路网格局,增加步行交通廊道体系,人行道、停车场和广场采用透水性铺装路面;建筑外墙增加保温隔热层,气候适宜的地区倡导屋顶绿化,挖掘城市潜在绿化空间。功能需求上增加商业、文化和服务等功能,促进街区活力;绿化生态景观方面,按照绿色低碳社区标准,采用低冲击开发模式,尽可能保护和利用原有绿化和水系基础上,增加碳汇能效好的乡土树种,最大化增补乔、灌、花、草相结合的绿化空间,适量建设雨水滞留沟槽或雨水花园,注重生物多样性,增加人均公共绿地面积,并增加场所的可达性和便利性。优化老旧小区微气候环境,在充分调研和风环境评估和模拟等技术支持下,考虑住区内自然通风,考虑冬季挡风向阳,夏季遮阴纳凉,提高居民户外环境舒适性(表6-11)。

表6-11　老旧住区更新低碳规划控制体系

类别	控制要素	低碳生态控制内容
建筑及场所空间	外墙环保材料	环保混凝土和外墙环保保温隔热层
	节能建筑改造	使用环保材料和结构设备
	疏解通风廊道	增加通风廊道,缓解热岛效应
	增加土地混合利用	土地混合利用,丰富沿街界面,增加商业空间和公共服务设施
	新能源利用	增加太阳能光电系统,住区路灯照明采用太阳能和风能发电
	场地空间	增加透水路面铺装面积
	打造生活圈	增加居住区公共服务设施,打造步行空间环境
	雨水收集与渗透系统	增加雨水汇水和收集渗漏系统;打造雨水花园;下沉绿化广场
	增加乡土材料利用	增加乡土材料利用,增加废物再利用
交通	增加自行车停车场所	居住区内增加自行车停车设施,鼓励低碳出行,增设充电桩
	打造步行体系	增加步行生活空间
废弃物收集	增加垃圾回收设施	增加智能垃圾分类回收设施
	资源分类回收利用	资源分类回收再利用
生态环境建设	立体绿化环境营造	增加屋顶绿化、墙体绿化
	增加碳汇能效好的树种	增加植物覆盖率,优先栽植碳汇能效好乔灌木

2.低碳居住区景观规划设计与方法

城镇居住区绿化是“城市绿肺”,是城市园林绿地的重要组成部分,对于碳汇具有显著的固碳效应,对于改善局部微气候环境和热岛效应都有明显作用,同时对住区内建筑的节能、节材、节水等方面有特殊的间接作用。未来居住社区应该形成人与自然和谐的生活空间,凸显低冲击建设模式,提升住区生态性,强化资源循环利用等。

(1)居住区绿地布局。

居住区绿化具有健康、生态效益,能固碳释氧、净化除尘、隔声减噪、吸湿降温等功能。城市居住用地是城市复杂系统中重要组成部分,是人们生活的主要场所。按城市用地分类和规模看来,居住用地一般占城市总用地40%～50%,居住区绿地占居住用地的30%～50%。因此,科学合理规划好居住区绿地布局对于住区低碳发展至关重要,尤其对于我国城镇人口众多,用地紧张,以高层、高密度、高容积率住宅建筑为主,在居住区内部最大程度提高碳汇显得尤为重要。

居住区绿地类型主要包括公共绿地、道路绿地、公共设施绿地、宅间绿地等。居住区内部公共绿地包括居住公园、组团绿地和中心游园绿地,是重要绿化开敞空间,与居民活动最为密切相关。从使用功能和健康宜居角度来说,居住区公共绿地应体现"均好性"布局,保障环境公平性,并能提高居民使用频率。居住区道路绿地呈现线型布局,应在道路两侧形成单排或双排乔灌木,形成丰富植物景观,同时增加植被覆盖率。公共设施绿地是居住区内部公共建筑周边绿地,如社区服务中心、小型商超、幼儿园等周边绿地。

宅间绿地是居住区内部住宅建筑间的绿地,呈现块状和点状绿地,布局较为分散,是邻里交往和日常出行的重要场所空间,场所营造要考虑日照、通风等方面的影响。

居住区室外空间环境营造可以采用屋顶绿化、住宅立面垂直绿化、屋顶雨水花园、步行交通空间、居住区内部种植花园等空间造景方式,既可以增加绿化面积,增强固碳效果,同时美化住区景观,丰富人们生活环境,创造宜人居住场所。建设模式上可以采取装配式、低碳化建筑空间,营造丰富的室外空间环境,适应低碳生态化发展需要。

(2)居住区植物配置。

低碳居住区植物配置要通过提高园林植物的绿量、选择碳汇能效强的植物种类以及采用不同的园林植物搭配模式等多种方式,能够有效提高居住区植物景观的固碳效应(表6-12)。

表6-12 居住区景观绿化的低碳效应与低碳措施

低碳措施		低碳效应				其他生态效益	
		增加碳汇	减少碳排放				
		提高植物本身固碳效益	低碳生活方式	提高建筑节能效率	减少植物全生命周期中的碳排放	节水	节材
空间营造	垂直绿化			√			√
	屋顶花园	√		√			√
	雨水花园		√			√	√
	步行空间	√					
	车行空间	√				√	
	停车场	√				√	√
	种植园		√				
植物配置	植物群落结构	√					
	叶面积指数	√					
	郁闭度	√					
	固碳高的植物种类	√					
	养护成本低、节约型园林植物种类				√		

续表 6 – 12

低碳措施		低碳效应					
		增加碳汇	减少碳排放			其他生态效益	
		提高植物本身固碳效益	低碳生活方式	提高建筑节能效率	减少植物全生命周期中的碳排放	节水	节材
植物配置	落叶乔木与常绿灌木搭配	√					
	速生树种与慢生树种搭配	√					
	常绿植物与落叶植物搭配	√					
	乡土植物与常规植物搭配	√			√		
	高龄树木与低龄树木搭配	√					

　　居住区规划中应在有限的绿化用地面积中,以采取最大碳汇绿化面积为目标,增加植物绿量、增加多年生地被或者草本植物,代替草坪,如固碳效果明显的草本植物鸢尾,增加碳汇效能。在增加园林植物绿量方面,主要包括植物叶面积指数大小(指树木植株树冠覆盖地面水平单位面积上的平均叶片总面积)、植物层次的丰富度和郁闭度三个方面,其中所选植物层次越丰富、叶面积指数越大、郁闭度越高的植物种类,则固碳效应越好。同时选择固碳能力强,养护成本低的节约型植物,在配置上注重常绿灌木与落叶乔木搭配、速生树种与慢生树种搭配、乡土树种与常规树种搭配、高龄树木与低龄树木合理搭配,提高居住区固碳效应,建设低碳住区。

　　居住区绿地在运营维护阶段减少碳源量,应从节水方面减少灌溉用水,尽量利用雨水汇水沟槽或中水再利用。在条件允许情况下,利用落叶等生物有机肥改良土壤,减少化肥利用。

6.4.2　城市居住区碳汇研究

1. 居住区碳汇空间营建

　　从目前碳汇研究来看,针对全球、大区域等宏观尺度的碳源碳量研究较多,而居住区层面的碳排放研究起步较晚。国外城市层面案例以美国奥克兰市、凤凰城为例,研究者分析了城市植被的碳吸收动态及其对人为碳排放的补偿效果研究。国内学者赵荣钦等(2012)开展了城市碳循环与碳平衡、城市碳收支核算及城市植被的碳补偿研究。居住区层面的碳汇研究包括住区土壤呼吸、植物呼吸、居民生活等因素。赵亮等(2012)对青海西宁周家泉小区碳源碳汇进行了计算分析,提出控制和减少二氧化碳的对策建议。何华(2011)计算了深圳通岭小区的碳收支,提出降碳的阶段措施。从绿化三维量方面研究和调查来看,上海在 1988 年就开始用遥感技术进行城市园林绿地调查,在 1994 年基于绿色三维量和裸地调查结果,提出了"绿化三维量"概念,建立绿量数据库,形成一套科学管理方法。

　　2016 年 2 月《中共中央 国务院关于进一步加强城市规划建设管理工作的若干意见》

提出了针对营造城市宜居环境的指导意见,明确提出城市公园绿地建设面积和城市建成区绿地率要求。2018年住建部颁布了《城市居住区规划设计标准》,明确指出居住区绿化应采用乔木、灌木和草坪地被植物相结合的多种植物配置形式,并以乔木为主,群落多样性与地域树种结合,提高居住区绿地空间利用率,增加绿量,实现调节微气候环境作用。

随着建设绿色住区的不断推广,人们更加注重低碳生活方式,提高了环保节能意识,可持续发展观念增强,居住区低碳发展逐渐受到各方重视。在国内绿色建筑评估指标体系不断发展中,绿建三星级小区已在各地开始评选,一方面促进居住区建设采用新技术、新材料、新工艺最大限度节约能源、降低能源消耗、营造健康、宜人的环境,实现住区绿色低碳发展,另一方面倡导人们向低碳生活方式转变。

居住区碳释放碳量主要分为直接碳排放和间接碳排放。居住内部直接碳排放包括居民日常活动、交通出行、家庭能源消耗等。居住区间接碳排放主要指居民使用外部能源转化为非化石能源而产生的碳排放,主要包括生活用电、用水、用气等。

2.全生命周期住区景观碳汇系统

低碳居住区六个系统包括空间布局、道路交通、建筑、生态环境、市政工程、建设管理。居住区生态环境营造是重要方面,是住区碳汇系统重要组成部分。居住区景观全生命周期碳汇系统包括绿化景观植物固碳、利用废弃材料和再生能源活动产生的碳汇,为此居住区景观材料制造、景观建设阶段、景观维护和更新阶段都要对碳排放有量化监控措施(表6-13)。

表6-13　居住区全生命周期碳汇系统指标体系

阶段	指标体系		
	一级指标	二级指标	指标建议值
景观设计	规划理念	低冲击建设理念	低排放、高碳汇目标
		具有创新和生态化发展方案	低成本、高碳汇布局方案
		当地材料利用	当地材料利用率
		气候适应性策略	气候适应性具体规划措施
	设计科学规范性	景观方案科学性	符合国家相关规范和标准
		景观设计方案完整性	方案科学合理
		方案到施工图连贯性	方案与施工图一致性
景观建设	生态绿化景观	景观丰富程度	立体景观和复层群落占绿地面积比大于20%,形成复层—异龄—混交立体植物群落
		居住区景观绿地率	新区不低于35%,老区不低于30%
		人均公共绿地面积	人均公共绿地面积不低于10平方米
		垂直绿化率	垂直绿化面积不低于绿地总面积20%

续表 6 – 13

阶段	指标体系		
	一级指标	二级指标	指标建议值
景观建设	生态绿化景观	高碳汇植物占比	高碳汇植物占比不低于总植物量的 60%
		乡土树种占比	乡土树种量不低于 70%
		郁闭度	林冠覆盖面积不低于总绿化面积的 20%，植物群落郁闭度控制在 0.5 左右,确保植物生长空间
		植物多样性指数	丰富度指数大于 12
		常绿落叶植物比	常绿和半常绿树种占比不低于 80%
	硬质化景观	低碳建筑材料使用率	低碳建筑材料使用率不低于 60%
		乡土建筑材料使用率	乡土建筑材料使用率不低于 70%
		废弃材料回收利用率	废弃材料回收利用率不低于 30%
		透水性铺装面积	透水性铺装面积不低于总硬化面积的 50%
		自然材料使用率	自然材料使用率不低于总工程量的 30%
	生态景观水体	场地雨水收集	雨水回收利用率不低于 80%
		自然汇水景观	自然汇水景观面积不低于总水体面积的 30%，增加水体中水生植物品种和数量
		自然生态驳岸	采用天然石材、木材驳岸材料比大于 50%
施工组织与管理	施工准备阶段	施工组织程序合理性	施工组织科学、合理、规范
	施工阶段	施工环保措施	施工降噪、降尘措施
		施工规范性	景观园林规范化施工
		植物栽植优先性	按照灌木避让乔木、速生树避让慢生树、弱树避让壮树的施工栽植顺序
景观维护	居住区物业维护管理	能源供应	新能源使用率占总耗能比例不低于 10%
		绿化浇灌	采用中水和雨水浇灌比例不低于 50%
		垃圾回收	垃圾分类回收率 100%
	保障措施	住区物业管理制度	科学完善的人性化管理制度
		公众参与	居民践行低碳生活方式意愿和行动
		宣传服务	每月低碳环保宣传不低于 2 次

　　在绿色景观固碳方面,居住区景观应增加适宜地域生长的多年生草本植物和地被类植物代替草坪,植物选择方面优先选择固碳量强的植物种类。同时居住区绿地碳汇系统应加强垂直维度层面扩大绿化空间,如屋顶绿化、景观墙面绿化、景观廊架或棚架等立体绿化空间营造,提高绿化覆盖面积。居住区绿化优先采用碳汇能效好和绿量丰富的本土

植物,如槐树、银杏、枫杨、桂花、广玉兰、女贞、香樟、雪松、合欢、水杉、臭椿等。绿地植物栽植按照碳汇能力强到弱,乔木(最强)、灌木、草本、藤本(最弱),优先增加乔灌木种植,丰富植物景观群落。

6.5   低碳导向的日常生活服务设施规划

6.5.1   城市交通出行方式与碳排放关系

居民生活活动轨迹与城市日常生活服务设施可达性、便利性、资源共享性均有密切关系。秦棚超(2021)指出15分钟生活圈构建有助于城市住区生态低碳发展。王伟强等(2015)以上海曹杨新村为例,分析了居民行为特征住区模式与碳排放效应关系,研究结果表明住区服务内部设施可达性对于居民日常生活功能支持和减少机动车交通出行碳排放具有决定性作用。马静等(2011)认为城市空间多样性可以减少日常生活和工作的交通出行距离以及出行频次,并能有效减少环境污染问题。秦波等(2013)研究认为在住区内部提供更为便捷的步行路径生活配套设施对于交通出行量具有显著作用。

因此,城市日常生活服务设施使用的可步行性对于实现城市绿色低碳出行十分重要。按照城市消耗能源比例来看,城市交通碳排放是城市三大碳源之一,占城市总碳排放量的33%,它已经成为众多国家实现减少碳排放和应对气候变化目标的核心。为改善城市环境,优化城市空间布局,倡导低碳出行方式,建构城市步行交通与服务设施间的关联和路径关系,是城市低碳发展和生态化建设的关键。然而,由于土地以单一地块或局部地块出让,以及多个业主开发等因素,往往导致城市服务设施被机动车道或建筑群分隔,难以通过系统的低碳步行交通联系片区服务设施和城市公共空间。一直以来,步行交通是市民日常出行的最基本方式之一,根据各大城市统计数据显示,它占到城市居民交通量的三分之一(表6-14)。随着全球资源供求矛盾日益紧张和人们环保意识的增强,作为"绿色出行"方式之一的步行将会愈发凸显其重要性与不可替代性。

表6-14   部分城市各类交通出行比例

单位:%

城市	公交车	非机动车	步行	其他方式
长沙	13.20	23.20	48.40	15.20
广州	17.49	21.47	41.92	19.12
厦门	16.9	26.20	37.81	19.06
哈尔滨	36.28	14.69	37.21	11.82
武汉	21.74	29.11	37.07	12.08
上海	25.80	31.80	31.80	10.60
福州	7.43	48.96	30.42	13.19

续表 6 – 14

城市	公交车	非机动车	步行	其他方式
苏州	6.44	41.79	27.72	24.05
南京	8.19	57.91	24.45	9.45
天津	15.25	58.84	13.78	12.13
均值	15.87	35.39	33.06	15.67

6.5.2　低碳导向的日常生活服务设施规划

1.城市日常服务设施步行特征

日常生活服务设施布局研究,通过文献和哈尔滨群力新区(美晨家园、海富康城、新天地家园)部分地块实践调研分析,从三方面对步行使用特征进行研究,主要包括设施使用频率、距离衰减规律、服务设施分布特征。由于居民对各类设施选取还存在各类主观因素,研究将重点关注服务设施使用的客观因素影响。课题研究制定三个方案:①人们以满足需求为目的对设施做出选择;②在需求满足度相同的情况下偏向于选择较近的设施;③经常使用的多个设施被选择的机会均等。

2.城市日常生活服务设施使用频率特征调查

根据三个小区现场调研样本分析,依据服务设施使用频率可以将日常服务设施分为三类:①高频使用设施(周频≥2);②中频使用设施(1<周频<2);③低频使用设施(周频≤1)。根据统计发现,不同的服务设施使用情况反映出居民对各类服务设施的需求度有所差异(图6–10)。

高频使用设施反映出市民需求较大,因此在居住小区规划层面应考虑优先布局;中频使用设施大多数为一些大型公共服务设施,规模较大且数量较少,并且具有较强的集聚性,布局时应在居住区一级或以上大环境层面考虑;低频使用设施虽需求较小但有其功能上的不可替代性,布局时应统筹兼顾,使其服务效益在个体需求层面上尽量全面。

3.日常生活服务设施使用距离衰减规律特征

本节以对某类设施步行容忍时间为基础,分析设施使用的距离衰减规律。容忍时间取值为5、10、20、30、40、60分钟,划

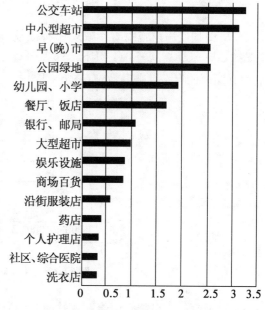

图 6 – 10　日常服务设施使用调查

分六个水平值。通过调查样本反馈,市民对日常生活服务设施平均容忍时间集中在 10 ~ 20 分钟区间居多。不同设施容忍时间有较大差异,使用频率较高的公交车站、中小型超市等设施容忍时间较低;大型超市、商场百货、沿街服装店的平均容忍时间相对较长,超过 15 分钟。

根据步行速度(取 1.2 米/秒的步行速度),将步行时间转换为步行距离。以居民意愿所对应设施的容忍时间人数所占总调查人数的比例将其转换为距离衰减系数,通过 Excel 软件分析并通过多次曲线拟合建立距离衰减规律模型为

$$y = ax^2 + bx + c$$

式中,y 为距离衰减系数;x 为步行距离。

通过数据分析得出不同服务设施的距离衰减规律存在差异性,主要表现在以下方面:

(1)高频使用设施距离衰减规律特征普遍衰减速率较快,容忍度偏低。当距离达到 1 500 米时距离衰减系数小于 0.1;其中公园绿地是特例,其在 2 000 米之后才衰减到 0.1 以下,这主要是老年群体对公园绿地有特殊偏爱及有充足的自由时间所影响(图 6 – 11)。

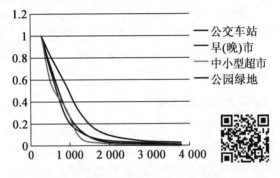

图 6 – 11　高频使用设施衰减图

(2)中频使用设施距离衰减规律特征较一致,且相比于高频使用设施,变化趋缓,普遍在 2 500 米处衰减至 0.1 以下。这表明对于这类设施,居民的需求紧迫性相对缓和,人们对其距离的容忍度普遍放宽(图 6 – 12)。

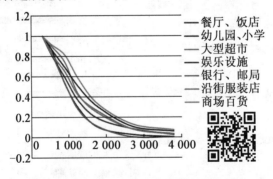

图 6 – 12　中频使用设施衰减图

(3)低频使用设施距离衰减规律表现出其对距离的容忍度较低(图 6 – 13)。通过地图数据、各个部门资料查询和实地调研,对地块及周边 1 000 米缓冲区范围内 15 项日常

生活服务设施进行调查分析,掌握了不同日常生活服务设施在地块的具体空间分布及其特征。可以归为聚集型和非聚集型两类。

①集聚型:如餐厅饭店、中小型超市等。此类日常服务设施对区位要求比较严格,通常分布在一些居住区出入口周边、人流密度大的核心地段。

②非集聚型:如幼儿园小学、社区综合医院等。此类日常服务设施各自有着较为独立的服务半径,同类设施之间服务范围一般较少重合。服务对象为社区甚至更大范围内居民,布局时最少应放置于居住区一级范围统筹考虑,以发挥此类设施的最大效益。

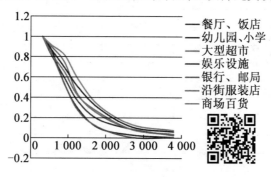

图 6 - 13　低频使用设施衰减图

4. 低碳导向的城市日常服务设施评价

服务设施的步行出行需求特征和设施分布特征都呈现出各自的内在规律,为了进一步挖掘地区现状设施布局是否满足步行出行需求,从而得到社区可步行性分析。本节根据研究对象的空间尺度,通过 GIS 空间研究手段,从点评价与面域评价两个层面对其进行深入分析,以期能得到市民使用日常服务设施可步行性情况,从而提出优化布局意见,以提高社区的可步行性。

(1)单点评价模型及评价结果反馈。

点评价是对单个小区可步行性的评价,将小区人行主入口作为评价点,其评价公式为

$$w = f(p,d) = \sum_{n=1}^{n \in [1,n]} (p_n d_n)$$

式中,p_n——设施 n 的需求满足度;n——设施个数;d_n——距离衰减系数。

点评价结果直观反映出某个小区周边设施对步行出行需求满足情况,可用于多个小区设施服务水平的比较分析。

选取调研地块范围内的三个小区进行点的可步行性评价。三个小区同属封闭小区,分别将其人行主出入口作为评价起始点。各小区单点评价结果如图 6 - 14 所示。

美晨家园各项评分都较为均衡,但因为临近安阳河公园,因此在公园绿地这项得分较高。新天地家园紧邻新亭街,各项设施较为齐全,但没有突出之处,总体评分屈居第二。海富康城则因为离早(晚)市较远,在这关键性一项得分较低而位列第三。

（2）面域评价模型及评价结果反馈。

面域评价主要是对区域可步行性的评价，如街道、片区、城市等。其评价过程首先是将区域用一定间距网格划分，然后将每一个网格视为一个点并计算网格的可步行性得分，并利用 GIS 技术手段进行空间分布特征描绘，其计算公式为

$$w_s = 1/n \sum_{i=1}^{n} w_i$$

式中，w_s——面域平均得分；w_i——网格 i 得分。

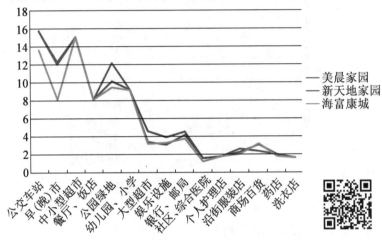

图 6 - 14　单点评价图

将地块划分为 100 米 ×100 米的网格，计算得到地块的可步行性得分为 88.34，可步行性良好。从面域评价反馈结果看，研究范围内总体评分南高北低，区域内存在两个高步行性区域，分别为 Ⅰ 区和 Ⅱ；一个低步行性区域为 Ⅲ 区（图 6 - 15）。

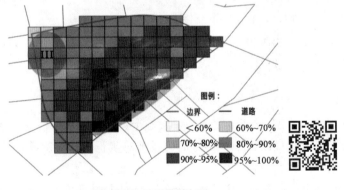

图 6 - 15　面域评价图

Ⅰ 面域区域表明顾乡大街沿线，作为两个街道（康安和新华）的分界线，拥有良好的区位优势，各类日常生活服务设施齐聚于此。

Ⅱ 面域评价区域表明新亭街附近，作为康安街道内唯一南北向城市次干道，此处连接了南北向两条城市主干道及东西向三条城市支路，各类日常生活服务设施较为齐全。

并且因为世纪联华的入驻,吸引周边各类摊贩前来买卖,因此形成早(晚)市,大大提高了社区可步行性。

　　Ⅲ面域评价区域为安阳河公园附近,该地区虽然是城市绿地,但公园周边多为封闭小区,缺乏各类设施,因此可步行性较低。各类设施面域评价如图6-16所示。

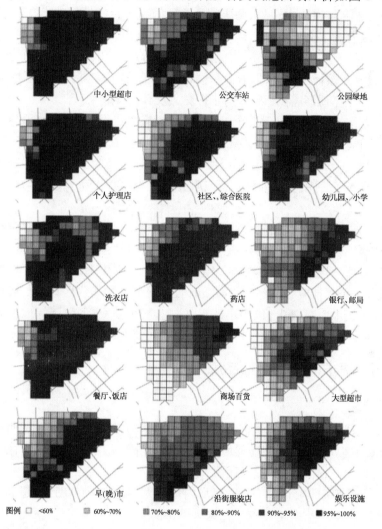

图 6-16　各类服务设施面域评价图

　　在城市高碳时期,利用城市空间密切相关的低碳技术,探寻适宜步行的城市公共服务设施布局模式,对于建设低碳城市具有十分重要的作用与意义。探索从城市日常生活服务设施的可步行性特征分析入手,以现场三个居住社区调研采集数据为研究基础,分析了日常生活服务设施分布特征、可步行满意程度,生活服务设施与步行网络交通联系,构建了可步行性的评价方法,并以哈尔滨群力新区康安街道为实证,得出以下结论:①设施聚集性与使用频率及使用多样性高低有高度相关性。使用频率及使用多样性较低设施分布有明显非局聚集性,其一般为点状布局。使用频率较高及多样性较高设施分布有明显聚集性,其往往能形成特色街区服务周边市民。②应根据市民对各类日常生活服务设施容忍时间长短,合理考虑常用服务设施就近布局,以期达到高效实用,对于大型超市、商场百货等因为容忍时间较长,其选址可调整范围可以放宽。③城市次干道对社区可步行性指数提高促进作用较大,以新亭街为代表的城市次干道作为承接城市主干道与支路的纽带,是天然的车流与人流中转处、调压阀。这里的高步行特性反映出在"控规"阶段可着重对各居住区内城市次干道进行规划,充分发挥城市次干道的枢纽作用,以利于步行性的提高。④封闭小区不宜密集分布。康安街道评分最低,区域周边都为近年新建大型封闭小区,其设施虽按标准配置,但沿街一侧未考虑居民实际生活需求,底层商服布置较少,缺少满足居民生活服务需求商铺,与步行交通没有结合起来。

依据前文分析与总结,结合绿色低碳出行理念,按照设施对居民重要性、使用频率及使用多样性作为设施布局调控的依据,并参照距离衰减规律、居住区建设现状确定"居住区—居住小区"两级设施布局体系,当居住区级服务设施服务半径为 750～1 000 米(平均衰减系数为 0.65～0.50);居住小区级服务设施服务半径为 300～500 米(平均衰减系数为 1～0.8)。

因而,居住区级中心建议以公共交通为轴线,以车站站点来设定步行生活圈,诱导大型超市、公园绿地、社区综合医院、银行等设施布置于疏散能力较强的城市次干道,强调公交线路与步行网络灵活衔接,并以此为基础配建各类使用频率中等、使用多样性较中等或偏下的设施,形成一个功能复合、服务多样化、有较强聚集性的居住区核心。居住小区级中心建议在居住区级中心基础上,以中小超市、幼儿园、小学、小型游园绿地及城市支路上自发形成的早(晚)市为纽带,结合其他设施,形成深入居住小区的活力节点。

6.5.3　低碳步行导向与居民生活品质关系

1. 现实存在的问题

随着城市机动车交通的迅速发展,城市干道将机动车作为主要的服务对象,而忽视了低碳步行出行需求。这造成了城市步行环境不断恶化,城市休闲空间和市民交往场所逐渐消失。同时也降低了城市人民的生活品质。

有关数据显示,截至 2019 年,在单一行政区域内城镇人口达到 1 000 万的超级都市(都市圈或都会区除外),全世界共有 25 个。未来大都市的人口将更为密集,所消耗的能源更多,许多城市都将面临资源紧缺,生态环境恶化,人类健康受到威胁等情况。从建立和谐社会与健康城市的角度来说,我们更应该关注城市社会、文化和精神生活等方面,加强城市居民认同感,促进社会安定和谐。因此,关切城市步行生活环境和生活品质,成为当前迫切需要解决的重要事情。

(1)我国步行导向出行环境现状。

在经济全球化时代,城市社会生活发生了显著变化。人们的价值观开始转向精神财富的追求,追求生活质量和更符合人性的、自由的生活方式。然而在面对城市环境质量不断下降,人性化空间丧失导致旧城衰落等现象时,人本主义的呼声越来越强烈。刘易斯·芒福德曾指出"城市的存在不是为了汽车通行的方便,而是为了人的安全与文明"。

城市规划界由此逐渐产生"把街道还给行人""步行者优先""城市无汽车日"等观念。

目前,我国城市的机动化发展正处于起步阶段,但在一些大城市和发达地区,城市机动化已经开始加速。根据公安部交管局对外通报,2021 年,全国机动车保有量达 3.95 亿辆。然而,面对汹涌澎湃的"汽车潮",不断建设宽马路、大街区,俨然形成以机动车为主导的城市,缺乏对步行问题的重视,破坏了城市的休闲空间和市民交往的场所。

(2)步行出行导向对低碳城市发展的重要意义。

城市步行街道空间是社会生活的"容器",它能增加城市行人活动空间,加强主要行人活动枢纽之间的通道联系,改善步行环境,缔造一个清洁、安全、舒适、方便使用和顾及行人需要的环境。步行空间不仅能增加休闲空间,而且为这些地区增添活力。这些措施在一定程度上有助于改善人居环境,提高社会生活品质。美国交通部的一项研究表明,通过增加城市步行街和鼓励自行车交通,城市交通事故发生率较以往减少 10%,同时改善了城市环境,增加了人活动的自由度。

另一方面城市步行环境的改善与社会生活品质之间是相互影响,互为推动的关系。随着社会经济的繁荣,人们对街道空间有更新的需求,因此,研究城市步行环境和适宜人行走的街道空间,对提高社会生活品质等方面都有重要意义。

2. 城市步行环境与生活品质关系

(1)影响城市生活品质的因素分析。

1976 年,美国心理学家坎贝尔和他的研究小组,认为幸福度可以由人们对生活总体的满意度来测量,而人们对若干相关领域的满意度的综合可以用来解释人们对幸福的总体评估。一般对生活总体满意度有重要影响的相关领域包括健康、就业、经济、安全保障、婚姻、住宅、街区和休闲空间等。建筑师和规划师更加关注街区、休闲空间和环境等主要因素(图 6 - 17)。同时马伦斯的研究进一步肯定了特定空间区域范畴(城市、街区、住宅)的生活质量是一个非常重要的因素。

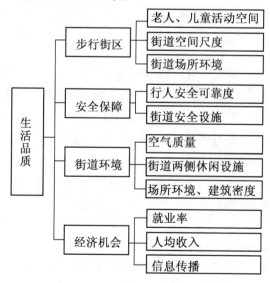

图 6 - 17　城市生活品质决策因素

因此,我们能够观察街区环境状况以及人们对街道环境的反应,这些反应包括人们的意识(感知)、人们的感觉(评估)和人们做什么(行为),从而能揭示出生活品质与街区环境之间的关系。

(2)步行街区促进城市活力,建设机动车碳排放。

第二届联合国人类住区会议召开以来,世界各国重视环境保护与环境建设,特别是后现代主义在发达国家的崛起,强调以人为中心的城市环境设计。城市步行环境日益由单一的步行交通转变成能够为商业、娱乐、社交、休憩和各种社会活动提供适宜的场所。正如扬·盖尔在《交往与空间》一书提出"慢速交通意味着富有活力的城市",可步行城市能创造一种高质量的生活,同时步行区是城市更新和改造的一种良好触媒,从而吸引投资,促进零售业的发展和就业机会的增加。在美国,吸引新投资是建立步行街的目的之一,伊利诺伊州斯普林菲尔德市的一个商业组织发起在该市建立步行街,结果该市在10年间便吸引了2亿美元的投资。

建立设施完善的步行街区对于城市保持活力,提高市民生活品质起着关键作用。例如美国明尼阿波利斯市的人行步道系统是在空中构筑步行系统的典型案例。在20世纪80年代,城市步行系统已形成有连成街区面状的步行环境,改善了该市地处北美、冬季时间较长的气候环境。另一个著名的例子是哥本哈根市中心,它从1962年设立第一条步行街开始,之后几十年中通过渐变的方式,由步行街、广场、人车共享的步行优先街等共同构成1.15平方千米的网络式步行区,增进了城市活力,也改善了城市生活品质。我国的城市步行区建设有待发展,较具影响力的有上海南京路商业步行街等,但是这都只是线性的步行街,还没有发展成网状组合的步行环境。

3.低碳出行的城市步行环境系统的构建策略

(1)复合理念下步行系统规划。

现代城市步行街具有复合功能,一方面能缓解城市交通压力,另一方面能提高城市生活质量,改善城市环境。例如,20世纪70年代日本横滨、神户等城市在城市中心区沿河流建设了一系列公共散步道;美国同期把200个城市中心区的主要街道改成步行街,以提高环境质量。

可以说,步行街是城市中一个浓缩社会历史、文化的场所,始终处于一个多层面、多方位、多形态的动态平衡空间体系之中。克里斯托弗·亚历山大在《建筑模式语言》中指出,步行街作为一种城市生活模式,涵盖了"城市魅力""散步场所""珍贵的地方""活动中心""夜生活""狂欢节""街头舞会"等一系列内容与场景。

步行街作为城市生活的重要舞台,其环境对人和城市生活质量的影响至关重要。因此,在城市总体布局中,应综合考虑城市的历史、文化、社会经济等因素,基于"以人为本""步行者优先"等复合理念,建立多层次、多样化的步行环境,用以满足人们物质和精神的需求。

(2)营造多层次步行网络的构建。

①居住区步行系统。居住区内一般人口密度较大,适居性要求相对较高。为了使居民充分享受良好便捷的社区公共环境和实施,提高公共空间的使用频率,在居住区内部

建立完善的步行系统,连接居住区和小区与城市功能分区之间建立起便捷的联系,这是十分必要的。

②城市中心区步行系统。城市中心区由于在地理位置上的优越,交通便捷、可达性好,形成集居住、商业、文化于一体的城市中心,同时也是城市最有活力的地区。但城市中心区人口密度极高,人流、车流等交通系统较复杂,导致大部分中心城区环境恶化,场所精神消失。

因此,在城市中心区建立以城市广场、绿化步道、步行街等步行空间,可以使城市中心区实现人、建筑、环境和谐而有序,促进中心区整体空间意象和环境的提升,协调好中心区内的交通组织关系。香港在街道空间十分狭窄而人车流又非常大的情况下,在港岛中心区采取空中步道系统,使空中行人道、天桥、地下隧道、建筑内庭等形成网络连接在一起,同时与商业、商务活动、游览休闲行为有机地融合在一起,形成具有生命活力的整体环境特征(图 6－18 和图 6－19)。

图 6－18　香港岛中心区空中步行街廊　　图 6－19　香港岛中心区跨街步行通道

③历史文化特色地区。历史文化特色地区往往是传统城市风貌和城市形态保存较完好的地方。以区域步行化的方式,一方面能较好地解决大量机动车交通所带来的诸多问题,另一方面能保持原有的城市空间结构和空间氛围,形成良好的历史文化街区,从而使区域城市文化特色得到延续。

④城市交通转换站点和交通枢纽地带。城市交通发展的实践表明,单一交通基础设施的发展只能引来更多的交通量,反而会降低城市运转的效率。因此,采用交通枢纽综合体,以承载多种交通方式于一处,同时衔接各种交通,结合交通站点的建设,创造良好的步行环境,激发社会活力。

在城市规划布局中,具体应该提倡建立交通转换站点与居住区间的步行景观系统,方便居民。同时采用步行街区的方式,把良好的城市公共空间、商业中心和社区公共服务中心串联起来,使内部步行流线与区域外围交通有机组织起来,从而避免交通混乱。

(3)低碳导向的步行环境与生活品质。

城市步行街道空间设计,最主要是要考虑人在其中的感受。尊重人生活的自然规律,提高人居环境的生活品质也是“宜居城市”“健康城市”的基本要求。因此,人性化的步行环境设计显得尤为重要,重视城市的建筑与文化的地域性和历史文脉的延续性,这是城市可持续发展的重要源泉,是生活模式的根本表现,这也是实现城市和谐与健康的发展,整体提高城市生活环境和生活品质的客观要求。

美国现代建筑师路易斯·康认为,"城市始于作为交流场所的公共开放空间和街道,人际交流才是城市的本原"。街道对于城市的意义首先是生活,然后才是交通。所以,适宜步行的街道环境具体设计中,首先要满足步行者对空间和环境的基本需求,包括生理和安全层次、行为与心理层次以及文化与审美层次等。同时要在街道空间环境中营造"交往场所"的领域,使市民能够真正享受到良好的空间环境,并达到人际交流的本原目的,从而提高生活品质,促进城市健康和谐。

6.6　文化生态价值导向的低碳生活方式

6.6.1　基于文化生态学的低碳生活理念更新

从城市可持续发展角度研究文化生态,有助于人们在城市文化、生态环境、城市历史地理等方面更新观念,改变生活方式。目前在城市规划和建筑界也积极引入文化生态学理论,并试图在城市规划和城市设计等领域加以运用,但相关方面研究成果不多,且主要集中在引入文化生态学研究方法而进行的对策性研究。例如,王紫雯(1993)认为文化生态学的任务是研究城市居民与城市固有的文化环境特征之间的关系,通过对杭州街区的调查研究,指出一个地方固有的文化与景观资源是体现一个城市个性的重要标志,也是当地居民文化生态系统中重要的环境因素。黄天其(1998)认为在城市建设中,旧城区被铲除属于一种经济规律下的自发文化生态过程,是由于城市的历史文化内涵被长期忽视所造成的。李新彬和董斌(2000)在兰州城市设计实践中运用文化生态学的观点和方法,以协调人与自然、社会环境的关系,实现整体效益的最大化。高巍(2003)认为城市文化生态学作为城市社会学的分支,是城市、文化、人三者组成的三边互动系统。黄天其教授(2000)也提出将城市文化生态学引入城市建设中,以指导城市建设避免社会文化物种多样性的破坏,帮助城市规划建设在文化内涵的延续、积累和更加丰富多彩。

当前,环境问题成为整个人类面临的重大课题。城市可持续发展就是寻求在城市发展的过程中,解决城市中人口与自然环境相适应,延续城市文化,寻求长期持续发展的城市增长及其结构优化,实现高度发展的城市化和现代化。

城市可持续发展与城市文化生态学研究有非常密切的关系。2001年,澳大利亚学者Jon Hawkes 在《可持续发展的第四极——文化在公共规划中的重要角色》(*The Fourth Pillar of Sustainability—Culture's Essential Role in Public Planning*)报告中,明确提出文化是可持续发展不可缺少的一个环节(表6-15)。城市文化是城市可持续发展的内在动力,而城市生态环境又是城市健康和谐发展的关键要素。因此,在城市总体规划和城市设计中,运用城市文化生态系统论的分析方法,研究城市空间布局、城市老城区历史文脉的延续、城市绿地系统等都具有现实的指导作用。尤其在城市历史文化保护建设中,对城市文化景观、文化生态系统的空间载体等方面的研究具有现实的指导意义。

表 6 – 15 传统可持续发展与现代可持续发展的区别

发展模式	基本要素	目标	结果
传统可持续发展	经济、社会、环境（三要素）	追求经济发展和生态环境建设	过度强调经济发展,忽视文化对城市再生和催化作用,经济持续发展陷入瓶颈
现代可持续发展	经济、社会、环境、文化（四要素）	在经济与环境协调发展基础上,强调文化对城市的可持续核心作用	实现城市经济、生态协调发展,以城市文化作为城市可持续发展活性催化剂,成为城市复兴、城市竞争和可持续发展

21 世纪城市发展的关键是城市具有独特的创新能力、良好的生态环境,将文化生态学引入城市建设中,有利于城市经济、文化、环境和谐发展,避免城市特色文化消失,指导城市再生实践,塑造城市文化生态特色,促进人们向低碳生活方式转变。

6.6.2 城市文化价值体系建设,促进人们生活方式转变

我国的城市发展应从城市可持续整体观角度,研究城市文化和城市生态两个关键要素,避免城市文化特色消失和城市环境遭受破坏,实现城市在经济文化和资源环境方面的"双赢"。目前,我国快速城市化进程中城市急需用系统的城市文化生态学理论加以引导和修正。因此,构建城市文化生态系统理论体系成为指导当前城市低碳化建设的关键。借鉴文化生态学思想,从城市发展的价值定位、人们生活方式转变、城市文化生态系统的内涵解析以及城市文化生态系统理论的实现方法、途径和目标等方面,初步构建城市文化价值体系,协调城市发展与之产生的矛盾问题,成为我国城市可持续发展的指导理论(图 6 – 20)。

基于文化生态学理论研究的基础上,本书认为城市文化生态系统理论体系应重点体现以下几个方面:

(1)首先确定城市的价值定位,从自然、社会、经济复合共生的城市形态,挖掘城市文化生态要素,引导城市文化与生态的"双向"发展,实现城市文化复兴与延续,促进城市历史文化保护,避免因城市快速发展而对城市文化和生态环境的破坏,从而实现城市"品质化""生态化",转变人们生活方式低碳化。

(2)实现城市物质空间和城市文化生态的有机结合。城市物质空间的发展应有利于自然空间的可持续性,同时作为"文化载体"的空间应有利于实现城市文化多元发展、生态系统复合与延续发展态势,形成"城市—文化—生态"一体化发展。

(3)实现城市文化和生态环境之间的和谐发展,建设可持续发展的城市。当下,很多城市提出的"山水城市""园林城市"等冠以美誉的城市代名词,从某种程度上说仅限于从生态的角度,提出了城市未来发展的构想,而缺乏从城市文化和生态一体的发展模式去探索城市可持续发展的途径。城市应从城市文化建设、城市景观环境与文化建设、城市

文化生态复合型产业、生态城市等方面相互协调,共同发展,促进城市低碳可持续发展。

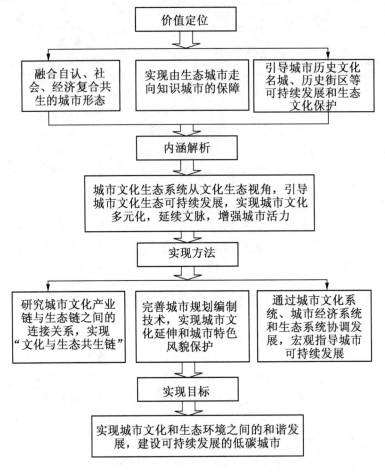

图6－20　城市文化生态系统价值体系

6.7　本章小结

居住区空间是人们活动频率和利用率最高的地区。从城市碳排放源头和领域来看,主要包括居住、工业和交通三大碳排放领域。居住建筑能耗和碳排放量位列工业和交通领域之后,碳排放量占城市总碳排放量的1/3左右。同时基于我国国情,城镇化正在平稳推进,预计到2030年我国城镇化率将达到74%左右,城镇居住区规模会随着城镇化增长,用地规模和建设量会不断扩大,为此我国大中城市居住区空间碳排放控制成为实现"双碳"目标和"十四五"时期建设宜居、低碳、生态的关键领域之一。本章深入研究居住区空间要素与碳排放效应关系,有助于从居住区低碳规划控制体系方面指导生态住区建设。

首先,在梳理当前低碳住区相关政策和示范项目建设经验的基础上,从城市生活圈层面分析了低碳住区发展的内涵特征、空间要素体系,从住区空间形态、土地复合利用、交通与基础设施、服务设施等方面分析了居住区空间与碳排放效应关系,从节地、节水、节材、交通与环境等方面建立了住区层面的城市空间绩效指标体系,并从控制性详细规划层面提出低碳住区生态控制指标要素。

从住区空间布局模式方面,寻求建立街区制空间布局模式,减少机动车交通出行,增加沿街空间界面,增加土地复合利用,建立功能复合多元生活单元。在住区碳汇系统层面,根据地域气候环境,采取低冲击建设模式,增加居住区景观固碳效应,丰富住区空间植物配置,提升住区生态性和资源循环利用率。

从促进城市低碳生活方式视角,在充分研究各类交通出行与碳排放量数据关系的基础上,分析了居民日常生活服务设施与人们出行碳排放效应关系。通过实证研究,表明城市日常生活服务设施可步行性对于引导人们步行出行具有正向影响关系。尤其人们日常高频率使用的服务设施可步行性和资源共享性至关重要。

从文化生态学视角,对比分析了传统城市发展与现代可持续发展的模式、要素、目标和效应结果,提出实现经济文化和资源环境"双赢"目标的城市文化价值体系,促进人们生活方式转变,从而实现城市居住区空间环境品质化和生态化发展。

第 7 章　低碳工业园区规划

7.1　低碳工业园区发展的时代背景

7.1.1　工业领域转型实现"双碳"目标

为应对气候变化,减缓气候变暖,全球减碳行动势在必行。从我国碳排放量来看,工业园区碳排放占比较高,但目前并没有成熟的低碳工业园区发展模式可以参考。因此,如何建立低碳、生态、可持续发展的产业园区,成为多学科共同研究的课题,也是一项复杂的系统工程。

我国减碳行动已经成为国家长久发展战略的一部分,按照习近平总书记关于生态文明建设的指导思想,我国正在积极应对气候变化,推动实现碳达峰碳中和目标。2021 年 9 月,国家生态环境部发布了《关于推进国家生态工业示范园区碳达峰碳中和相关工作的通知》,要求园区将碳达峰、碳中和作为国家生态工业示范园区重要发展内容,希望通过践行绿色低碳发展理念,强化减污降碳协同增效,培育低碳新业态,提升产业发展的绿色影响力。低碳园区建设措施是以产业优化、产业技术创新、综合技术平台建设,形成碳达峰中和方案和实施路径,并分阶段、稳步有序推动示范园区先于全社会 2030 年前实现碳达峰,2060 年前实现碳中和。2021 年 12 月,国家工业和信息化部印发了《"十四五"工业绿色发展规划》,提出到 2025 年工业产业结构、生产方式绿色低碳转型取得显著成效,绿色制造水平全面提升,为 2030 年工业领域碳达峰奠定坚实基础,鼓励氢能、生物燃料、垃圾衍生燃料等替代能源在钢铁、水泥、化工等行业的应用。

工业园区绿色发展意义重大,园区低碳生态发展成为工业领域推进生态文明建设的重要途径,是落实国家碳排放目标的重大举措。按照当前世界平均水平,工业能耗占 37.7%,交通能耗占 29.5%,建筑能耗占 32.9%。工业是我国温室气体排放的重要领域,工业园区能源消耗占全国的 66%,碳排放占 67%,因此建设低碳工业园区,引领整个工业领域碳排放强度下降,对于我国实现碳排放目标具有战略性和全局性的意义。

近年来,政府大力推进工业园区绿色、低碳、循环发展,生态环境部、工业和信息化部、商务部、国土资源部等部委密集出台了一系列关于低碳绿色发展的指导性文件,包括《打赢蓝天保卫战三年行动计划》《关于推进国家级经济技术开发区创新提升打造改革开放新高地的意见》《中共中央　国务院关于全面加强生态环境保护坚决打好污染防治攻坚战的实施意见》《工业绿色发展规划(2016—2020 年)》《关于加强国家生态工业示范园区建设的指导意见》《国家生态工业示范园区管理办法》《国家生态工业示范园区标准》（HJ 274—2015）等政策文件，提出加强工业园区土地资源、能源、水资源、环境等多方面低碳生态发展的指导方针，希望各地能从政策、技术、资金等方面落实工业园区低碳生态化发展。我国"十四五"规划纲要明确了 2035 年远景发展目标，"十四五"时期工业绿色低碳转型发展是重点领域，着力推进工业化、信息化和绿色低碳协同发展，构建低碳生态工业体系。

　　国家各部委先后开展了 ISO 14000 国家示范区、国家生态工业示范园区、低碳工业园区、园区循环化改造，并开展了一系列绿色园区试点项目。工业和信息化部和国家发展改革委员会组织开展了两批国家低碳工业园区试点，国家生态工业示范园建设数量持续增长，截至 2021 年 7 月，全国已经批复 95 个国家生态示范园区，其中长三角地区有 71 个，中部地区有 18 个，西部地区有 6 个，示范园区地理分布呈现从东向西扩展，覆盖 24 个省、自治区和直辖市。这些国家生态工业示范区产业类型涵盖汽车制造、化工、静脉产业、电子信息等多个行业，建设成效上发挥环境保护的引导作用，通过淘汰落后产能，完善生态产业链，实现平均每个示范园区新增生态工业链 9 项，高新技术工业总产值占园区工业总产值比例达到 50.3% 以上。能源综合利用水平不断提升，单位工业增加值综合能耗水平为 0.25 吨标煤/万元，单位工业增加值废水排放量平均为 3.3 吨/万元，单位工业增加值固废产生量平均为 0.15 吨/万元，PM10 和 PM2.5 平均浓度均低于全国平均水平。例如北京经济技术开发区通过生态产业共生体系建设，形成了高端汽车、产业互联网、大健康和生物医药三个千亿级产业集群，高新技术产业比例达 90% 以上，处于全国领先水平。连云港经济技术开发、天津滨海高新区华苑科技园等示范园区推进"无煤园区"建设，除了集中供热外，燃煤清零，并在园区建立水资源梯级循环利用模式，实现了水资源高效集约利用。

7.1.2　工业领域节能降碳相关研究进展

　　我国工业园区经济总量非常大，占全国 GDP 比例很高，其中 2017 年全国 375 个国家级工业园区 GDP 产值占到全国 GDP 的 22.7%。2019 年全国工业能源消费占全国总能源消费的 62%，工业碳排放量达到 62.36 亿吨，约占全国总碳排放量的 62%。2020 年我国二氧化碳总排放量大约 103 亿吨，其中化石燃料碳排放达到 95 亿吨。由此可见，工业领域改变能源结构，大力实施节能、降碳、降污工作意义重大。

　　工业园区经济飞速发展的同时，工业领域也是能源消耗主体，降碳任务艰巨。根据 2015 年中国能源消费量统计，工业能源消耗量占能源消耗总量的 67.99%，成为能源消耗最大主体。国家统计局数据显示，2007 年以来，我国能源生产和需求都持续上升，2020 年我国能源消费总量达到 49.8 亿吨标准煤，比上年增长 2.2%，而我国能源生产结构中原煤产量为主体（图 7 - 1 和图 7 - 2）。

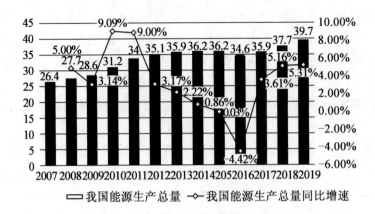

图 7-1　2007—2019 年我国能源生产总量

我国能源产量结构

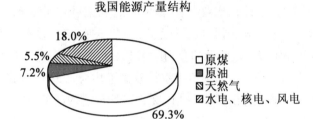

图 7-2　我国能源产量结构

　　从城市空间规划视角研究工业用地规划与碳排放的关系,姜洋(2013)通过城市温室气体清单研究,建构土地利用与碳排放关联框架,并以北京 2011 年各类用地碳排放数据进行研究,表明二类工业用地和三类工业用地位列各类用地前列,说明工业用地类别和空间规模调控对于减碳潜力巨大。工业用地效益与碳排放关系密切,袁凯华等(2019)认为工业用地扩张是碳排放主要驱动力,成为碳排放增加正向推动力,并通过武汉市数据研究表明,在 20 年内碳排放增长了 2.49 倍,工业用地是主要碳排放源头,工业用地碳排放达到总碳排放量 80%,

　　陈前利等(2019)利用门槛回归模型方法,研究工业用地"规模效应",结果表明工业用地土地供应面积带来工业能源碳排放上升显著,利用"价格效应"表明,工业用地出让价格越低,工业能源碳排放越高,反映出工业用地供应规模、供应价格及方式均影响工业能源碳排放。土地利用规模与碳排放关系具有锁定效应,因此要充分研究土地利用政策,合理进行工业用地空间布局,在满足产业功能和发展需要前提下,适度提供用地标准和投资强度,降低单位用地能耗和碳排放量。于淼等(2021)对 2015 年我国 1 656 个重点工业园区能耗、水耗和污染物排放的调查研究表明,工业产值占全国经济总量的 39%,能耗水平占全国总量的 30.2%,工业耗水量占全国总耗水量的 7.1%,二氧化碳排和氮氧化物排放量占全国总量的 23.6%,氨氮排放量占全国总量的 83.6%。

从工业行业单位用地碳排放量分析,徐传俊等(2013)研究表明,化学原料及化学制品制造业和黑色金属冶炼加工业碳排放量明显高于其他行业,家具制造业碳排放最低。因此节能减排政策应根据行业进行有针对性的碳排放管控要求,协调好工业化进程与区域经济发展。通过分析上海市和陕西省工业碳排放增长幅度,上海在近 10 年工业碳排放增长幅度为 20.57%,远低于陕西省工业碳排放的 105.70%。通过地域对比表明,区域经济发展差异和产业类型均对区域碳排放有重大影响,应加强地方政府对土地利用干预和管理,更有助于低碳生态园区建设和发展。

7.1.3　工业领域低碳转型途径

"双碳"目标下城市工业空间转型意义重大,关系到能否顺利实现"双碳"目标。工业园区节能减排一直是关键领域,目前主要途径是通过对现有物质空间和资源进行再利用,以"增绿"、碳汇、生态修复途径来降低碳排放,另外通过调整城市内部产业结构转型降低碳源、提升碳汇。

1. 资源再利用推动城市工业领域低碳转型

从城市空间总体布局,城市产业用地占城市总用地 15% ~25% 左右,重工业城市产业用地指标更会偏高一些,因此城市工业用地空间转型发展,有助于从碳排放源头控制碳排放。西方发达国家工业化进程较早,现在都进入后工业化时代,产业结构调整时期也面临着园区转型,工业遗产经历了翻新、重建、再开发等几个阶段,如德国鲁尔区、纽约布鲁克林海军工业园、阿姆斯特丹东港区、纽约多米诺糖厂、墨尔本河滨工作坊改造、纽约制造园区改造等,改造时期都以工业遗产活化利用、产业景观修复为手段,赋予老工业区新的文化价值和发展定位。例如将钢铁厂改造为公园,将瓦斯罐改造为大型展览展销空间,将厂房改造为体育场馆、科学展览中心、商贸中心、影视基地等,这些都为我们提供了改造经验和示范。

我国城市产业转型步伐亟待快速,尤其沿海地区近年来受到土地成本和劳动力等多方面影响,城市产业"退二进三"步伐加快,大多数沿海开放城市和珠江三角洲地区大型工业园区加快转移至城市郊区地带,产业空间更替过程中遗留了大量工业建筑厂房、配套设施、办公楼和筒仓等产业功能建筑面临拆除和转型。这些旧工厂用地多数仍是工业用地性质,存在废弃和停滞使用状态,因此探讨工业遗产再利用,转变功能也是推动工业领域低碳转型的关键。赵民等(2018)从工业遗产空间再利用方面,指出用地容积率指标调整不及时,影响转型效率。杨帆(2017)从用地成本效益方面计算了上海工业用地平均容积率仅 0.5 左右,比规划中 1.3 平均值低了 61.54%,更低于居住用地和商业用地的地值,限制了开发方积极性。

从建筑全寿命周期看,空间建设和拆除全过程都是碳排放高排放期,因此应从城市长远发展,有效解决城市中心区工业遗产再利用,提高空间再利用经济效能,通过增绿、生态修补、工业建筑改造和转型,将大空间分隔再利用。

　　工业遗产资源再利用能有效解决城市产业结构调整的大宏观战略,实现土地高效利用,推进资源和经济双重发展。由于受到收益与成本等经济价值点因素影响,同时受到保护意识薄弱、创新理念不足等多方因素影响,一些中小城市工业遗产利用和再利用情况并不理想,主要原因是未充分挖掘工业遗产文化价值、社会价值、工业建筑本身的艺术价值以及科学创新价值,因此应在传承工业文脉、空间提质增效等方面提出切实可行的更新策略(图7-3和图7-4)。

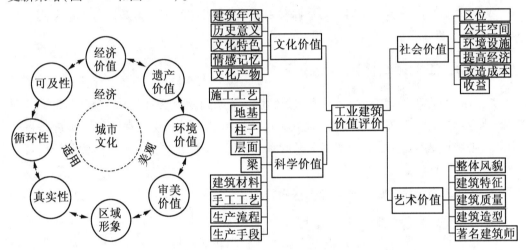

图7-3　工业遗产保护与再利用更新要素　　　　　图7-4　工业遗产再利用策略

　　一方面是采取工业遗产保护和更新手段,通过工业用地更新,变更土地用途和提升开发强度,由工业生产功能转变为商业、办公、文旅等其他服务性功能,工业园区内部增加绿化廊道体系,建立以步行导向为主体的道路网络,增加开敞空间和场所设计,提高土地复合空间利用,建设科技创业产业园区、中小微企业产业孵化园区、综合服务办公区、展览展销园区等,实现土地价值的提升。例如上海杨浦滨江将"工业锈带"转变为"生活秀带";上海春明粗纺厂改造成上海M50创意园,成为现在上海新时尚地标;上海田子坊和苏州河南岸改造,衍生出艺术家工坊、创意产业园和工业遗址公园。深圳福记食品厂改造将工业用地转变为经营性用地(商业用地),将长期处于闲置的废弃厂区转变为新型现代商贸区,并提供公益性交通用地和公园绿地以及配套服务设施,提升了土地价值。

　　北京首钢工业园区遗址改造包括一系列适应性再利用项目和能源转换项目,以休闲、体育、文化和其他公共项目为引擎,并恢复周边自然环境,影响周边10千米范围内产业升级和产业提升。例如2022年冬奥会利用首钢和京能园区改造成1个竞赛馆(首钢滑雪大跳台永久性竞赛设施)和5个非竞赛场馆(如制氧厂厂房、冷却泵站和空分塔改造成民用建筑满足冬奥服务功能),成为世界知名比赛竞技场地,改造生态化和低碳化效果显著,能实现每年减少20万吨二氧化碳排放。

　　另一方面是发展文旅复合型的第三产业,将"文旅+工业遗产"整合,打造工业旅游区、工业博物馆、创意产业园区等,利用既有建筑改造,增加文旅主体,通过工业建筑风貌色彩改造、厂房立面改造、空间分隔、绿化环境营造、生态环境修复等多种手段,将工业厂房大空间、大体量建筑以及高耸的配套建筑,赋予文化和年代感主题,以空间为载体,改造成适宜地域文化和气候条件的工业文化建筑。例如北京 798 和美国高线公园,原先均为城市钢铁厂,通过增加人文要素,形成文化 + 旅游复合功能(表 7 - 1)。

表 7 - 1　国内外工业园区转型案例对比

改造内容	工业园区案例			
	德国鲁尔工业园区	日本丰田基地工业遗址再利用	首钢老旧厂区遗址转型改造	南京晨光 1865 科技创意产业园
实施主体	开发改造企业较多	原有企业 + 新入驻企业多方参与改造	原址企业作为开发主体	政府主导,原址企业参与改造
改造模式	综合性改造	改造模式较单一	自主创新改造	综合性改造
低碳化发展效果	低碳化发展效果显著,集群企业效果不统一	原址厂房改造为博物馆	降碳效果较好	低碳化效果显著,带动科创和旅游产业发展
生态环保效果	环境改善,减碳明显	建筑功能改变,低碳化效果较好,增加环境绿化	改造后生态环境较好	生态环境较好
文化植入效果	文化传承较好	文化传承体现丰田时代创业精神	延续企业文化精神,增加城市产业记忆功能	综合性时尚创意文化产业基地

工业遗产资源再利用价值巨大,改造中应增加用地混合性,考虑开发和建设成本效益,制定灵活的容积率调整政策,根据再开发需求适度调整用地开发强度,换取工业遗产保护,以实现区域利益最大化,倡导公共开放性,增加绿化环境建设,推动工业遗产转型发展。

2.建立低碳工业园区技术管理体系

低碳工业园区建设是系统工程,涉及能源、资源、技术及管理等多个领域的低碳化发展(图 7 - 5)。低碳工业园区低碳化发展不单纯是绝对量的减排,而是利用先进的减排技术,促进区域内现有企业在现状基础上不断实现低碳化,因此低碳建设技术体系至关重要。

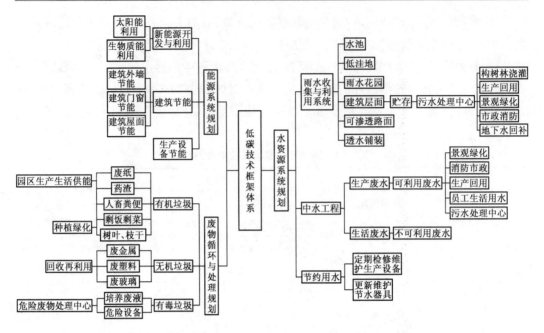

图 7 - 5　低碳工业园区建设技术体系

工业园区基础设施绿色升级改造,对于建设低碳生态园区也至关重要,尤其污水处理、中水回用、集中供热、固废收集及再利用等方面,构建基础设施间产业共生协作,能实现减排降碳。目前,工业园区采取燃煤机组占总容量的 87%,能源基础设施碳排放占园区排放量的 75% 左右。最新研究成果显示,综合燃煤锅炉改造燃气锅炉、大容量燃煤机组代替小容量燃煤机组、垃圾焚烧代替燃煤等措施,基础设施碳减排能实现 8%～16%,并能节水 34%～39%、减排二氧化硫 24%～31%。

在能源系统综合利用和技术管理方面,应建立包括企业、行业和园区三个层面的能效水平综合评估体系,建立能源管理体系,定期对重点企业开展用能单位节能低碳考核,制定相应的考核管理办法和相应的评分标准。此外,工业园区应建设基础设施循环链,实现污水污泥余热综合利用,集中供汽,低碳发展。例如苏州工业园区污泥干化处理项目一期工程,实现年处理近 50 万吨污泥,将干污泥作为燃料,每年可节约煤炭 1.7 万吨,灰渣作为建筑辅料,每年还可减少固体垃圾 1 万吨,每年可减少二氧化碳排放 3.1 万吨(图 7 - 6)。又如天津经开区成立了全国首个促进区域低碳发展的公共服务平台——低碳经济促进中心,通过近 10 年来 1 000 余项低碳技术应用,实现节能 35 万吨标煤,废弃物填埋量减少 237 万吨,减碳 40 万吨,节能减排成效显著。

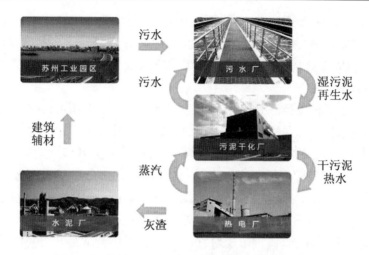

图 7 – 6　苏州工业园区低碳基础设施循环链流程图

7.2　低碳经济与低碳工业园区发展模式

7.2.1　低碳经济的发展内涵

低碳经济提出的大背景,是全球气候变暖对人类生存和发展的严峻挑战。在此背景下,"低碳发展""低碳城市""低碳社会"等一系列新概念和新政策应运而生。低碳经济作为广泛社会性的前沿经济理念,目前对其概念还没有统一定义。

"低碳经济"最早是在 2003 年英国政府发布的能源白皮书《我们未来的能源:创建低碳经济》中首次提出,引起国际社会的广泛关注。其中指出,低碳经济是通过更少的自然资源消耗和更少的环境污染,获得更多的经济产出;低碳经济是创造更高的生活标准和更好的生活质量的途径和机会,也为发展、应用和输出先进技术创造了机会,同时也能创造新的商机和更多的就业机会。庄贵阳(2005)认为低碳经济的实质是提高能源效率和清洁能源结构,核心是能源技术创新和制度创新,就是从高能耗的经济增长模式转向低能耗、低污染为基础的经济模式。气候集团在发布的报告《赢余:低碳经济的成长》(2007)中介绍了低碳经济的概念,指出低碳经济具有更高的投资回报率,能够显著增加产量、缩短生产周期、提高生产可靠性、改善产品质量、改善工作环境,在新增就业方面具有出色的潜力,其增长速度也大于其他经济形态。

全球气候暖化现象引发了全球对碳排放的关注,世界主要国家都制订了关于发展低碳经济的计划和政策。学术界普遍认为,在技术、发展模式和制度方面创新是发展低碳经济的主要途径,城市建设方面应充分利用可再生能源,以"三低"(低耗、低排、低污染)为经济和城市建设的发展目标。在当前气候变暖趋势明显加速时期,人类生存危机加重,因而全球高度关注低碳经济发展,并开始进行有益的探索和实践。

Johnston 等学者对英国住房碳排放调查分析,认为从低碳减排技术角度,未来 20 年内可以在现有基础上减排 80% 的碳排放量。Kawase 等(2006)学者从碳排放强度、能源效率和经济活动层面分析,认为目前只有减排速度较 50 年前加快 2～3 倍,才能实现 60%～80% 的减排目标。

国内学术界也对低碳经济概念、特征和发展优势做出很多阐述,如庄贵阳认为,提高能源效率和调整清洁能源结构是低碳经济发展的核心,并在相应的减碳技术和制度方面进行创新,核心目标是减少碳排放,减缓气候变化,促进人类可持续发展。目前,我国已经确立了发展"低碳经济"的道路,为应对全球气候变化做出了一系列努力。2007 年 6 月,我国发布了第一部针对全球变暖的政策方案——《中国应对气候变化国家方案》,方案记述了气候变化的影响及中国将采取的政策手段框架。我国学者顾朝林、谭纵波等(2009)分析了气候变化与低碳城市规划的关系,认为低碳经济是气候变化时期重要的经济革命浪潮,其发展本质是以低能耗、低污染、低排放为基础的经济模式,发展的核心途径是在能源技术领域、制度层面以及人类发展观念方面实现根本转变。

7.2.2 低碳工业园区的发展模式

1.低碳经济发展模式

低碳经济发展模式实质是以低碳经济理论组织社会经济活动,从传统高碳经济发展模式转向低碳型的新型经济模式。概括来说,低碳经济发展模式是以低能耗、低污染、低排放和高效能、高效率、高效益为基础,以低碳发展为主要方向,以节能减排为发展方式,以碳中和技术为发展方法的绿色经济发展模式,发展模式框架从宏观层面、中观层面和微观层面三个部分(图 7-7)。

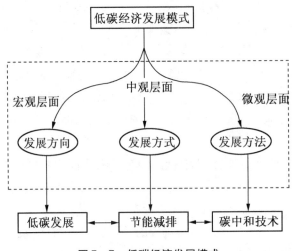

图 7-7 低碳经济发展模式

2.低碳工业园区发展模式

工业园区是我国发展现代化工业的重要载体,尤其我国在面临资源匮乏、能源高耗、促进经济增长等多重矛盾冲击下,推动工业园区低碳生态化发展成为当前亟待解决的关键问题。目前,低碳工业园区发展研究主要集中在以下方面。

(1)生态园区规划方面,Zhao 等(2017)通过中国工业园区和美国边缘城市比较分析,提出生态工业园区的规划策略;Xu 等(2017)以芜湖市生态工业园,建立基于动态决策模型与投入产出模型的生态工业园区规划方法。

(2)工业园区绩效评估方面,Liu 等(2017)提出了污水集中处理评价指标;也有学者从三维环境绩效评估方面对工业园区生态经济效益和环境影响进行评估。

(3)生态产业链构建方面,Li 等(2017)以宁东煤化工园区,建立了基于复网理论和拓扑结构对园区生态产业链优化体系;Wang 等(2019)对油气资源型城市生态工业园区产业耦合共生网络进行物流增长共生网络模型研究。

(4)园区产业结构调整方面,Shu 等(2019)提出了工业园区用地配置对产业结构优化和减排的影响;Tian 等(2012)以浙江上虞工业园为例,从价值链和物流方面分析了精细化工产业园区产业结构优化对策。

上述研究表明,现有低碳工业园区发展模式注重从产业用地规划布局、产业链结构、产业结构优化、园区量化动态评估等方面进行研究,缺乏从低碳生态系统方面的研究。低碳工业园区应在城市总体规划层面建立与自然、资源、环境协同发展的土地利用模式,在产业、经济模式、交通、环境等方面向低碳化方向发展,实现园区低碳化发展(图7-8)。

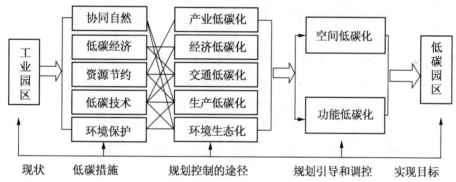

图 7-8　低碳工业园区总体层面的低碳规划调控框架

7.3　我国低碳工业园区建设现状分析

7.3.1　低碳工业园区建设历程

1.国外低碳工业园发展历史进程

工业园区低碳化发展主要从高耗能产业走向产业链集群发展,再到依靠科技和金融的高新技术产业园。从近百年来世界产业园发展趋势来看,从 19 世纪中叶,工业活动呈现出与居住区和农业区分隔,形成独立园区,后逐渐被称为工业区或工业园等。西方工业园区发展初期主要是劳动密集型、重工业等产业,如著名的德国鲁尔工业园、荷兰鹿特丹工业园等,而后随着科技革命兴起,逐渐走向以科技和金融主导的高新技术产业园。国外高新技术产业园发展大致分为三个发展阶段,产业园名称也不尽相同,如科学工业园、科技园、高新技术开发区、科学城、技术城等,也有根据园区的技术开发内容和地理特点称为硅谷、硅山、硅岛等。

低碳工业园区发展以高新技术产业园区为引领,第一阶段以 1894 年英国曼彻斯特特拉福德工业园为标志,是世界上第一个消减生产功能,逐渐被科技、金融等新兴产业所代替。1951 年美国斯坦福研究园(Stanford Research Park)提出建立科技产业园为标志,依托斯坦福大学创建了科技产业园,逐步形成了今日闻名的"硅谷"。随着斯坦福科技园的崛起,美国波士顿地区从林肯中心沿 128 号高速公路两侧陆续汇集了几百家高新技术企业,发展到现在已经形成科技硅廊,聚集 700 多家与计算机产业有关的高新技术企业。第一阶段发展相对缓慢,截至 1980 年,全球范围仅有 50 个高新技术产业园区,而且大部分分布于美国、英国、日本等西方发达国家。

第二发展阶段主要从 20 世纪 80 年代后期到 90 年代初期,是世界范围内科技产业逐渐扩大阶段。截至 1992 年,在美国 50 个州中有 42 个州建立了科学园、技术园、工业园区,达到 258 个。同一时期德国西柏林革新与创业中心、韩国大德科技园等都逐渐发展起来。

第三发展阶段是从 20 世纪 90 年代后期到至今,全世界高新技术企业逐步走向发展中国家,截至目前,全世界已经拥有 1 000 多个科学园和高新技术产业园,我国有 53 个国家级高新技术产业园。我国高新技术产业园是新型工业化先导区、改革开放示范区、科技创新与高新技术产业重要基地、低碳生态经济发展引领区。

工业园区绿色低碳发展越来越受到世界各国重视,2010 年联合国工业发展组织(UNIDO)发布了低碳工业园区建设指导文件;2017 年世界银行、联合国工业发展组织、德国国际合作机构共同发布了生态工业园区国际评价框架。不难看出工业园区低碳化模式和经验逐步向全球推广。

2.我国工业园发展现状和发展趋势

(1)工业园区发展现状。

我国工业园兴起与改革开放密切相关,初始建设期是从 1979 年国务院批准深圳、珠海、汕头、厦门为经济特区开始,深圳蛇口工业区是我国第一个对外开放的工业园区,占地面积 2 平方千米,成为集中发展工业园区的开端。而后在 1984 年又陆续开放 14 个沿海港口城市,陆续建设了一批经济技术开发区。随着我国科技的进步和发展,1988 年批准了北京新技术产业开发实验区,也是我国第一个高新技术产业区。1992 年随着开放长江三角洲及边境城市和内陆省会城市,工业园区建设进入快速发展阶段,出现了"开发区热"现象。

根据国家发展和改革委员会公布的《中国开发区审核公告目录》(2018 年版),目前国务院批准设立的国家级开发区有 552 个,其中经济技术开发区 219 个、高新技术产业开发区 156 个、海关特殊监管区域 135 个、边境/跨境经济合作区 19 个、其他类型开发区 23 个。根据中国开发区网最新统计数据显示,截至 2021 年 4 月,我国国家级开发区和省级开发区共有 2 728 家,园区贡献达到全国 50% 以上工业产出,其中国家级经济技术开发区共有 218 家,较 2018 年新增加 62 个;国家级海关特殊监管区 150 个,较 2018 年增加 15 个;国家级自贸区达到 18 个,国家级新区共有 19 个,国家级自主创新示范区 19 个,其他国家级开发区共有 23 个,省级开发区共有 2 094 个。

在 218 个国家级经济开发区中,江苏、浙江和山东三个省合计占比达到 28.31%,其中前 10 强分别为苏州工业园区、广州经济技术开发区、天津经济技术开发区、北京经济技术开发区、昆山经济技术开发区、青岛经济技术开发区、烟台经济技术开发区、江宁经济技术开发区、杭州经济技术开发区、上海漕河径新兴技术开发区。156 个国家级高新区中,江苏、山东和广东三个省数量最多,合计占比 26.92%(表 7-2)。

表 7-2　国家级经济开发区和高新区地区分布情况

地区	开发区个数	高新区个数	地区	开发区个数	高新区个数	地区	开发区个数	高新区个数
江苏	26	18	湖南	8	7	陕西	4	7
浙江	21	8	黑龙江	8	3	广西	4	4
山东	15	13	四川	8	8	内蒙古	3	3
安徽	12	6	湖北	7	12	重庆	3	4
江西	10	9	天津	6	1	贵州	2	2
河南	10	7	上海	6	2	青海	2	1
河北	10	7	广东	6	14	宁夏	2	2
福建	10	7	吉林	5	5	海南	1	1
新疆	9	3	甘肃	5	2	北京	1	1
辽宁	9	8	云南	5	2	西藏	1	—

高新技术产业开发区占全国各类园区仅为 8%,普通开发区数量依然十分庞大。根据同济大学发展研究院和新华社中国金融信息中心联合发布的《2018 中国产业园区持续发展蓝皮书》,高新技术产业园区主要分布在沿海区域和经济发达省份(表 7-3),其中中关村国家自主创新示范区、上海张江国家自主创新区和苏州工业园区位于前列。同时根据工业企业数量调查数据,全国重工业企业数量达到 21.9 万个,占全国工业企业总数量的 57.9%,工业高耗能、高污染、高排放问题依然十分严峻(图 7-9)。

表 7 - 3　东部沿海城市产业园区规模庞大的成因

园区类型	分布成因	典型地区
高新技术产业开发区	东部沿海地区具有较好的产业发展条件和区位优势,交通条件和基础设施配套完善,地方政府税收优惠政策好,同时有大量高素质人才汇集,吸引国内外知名企业入驻和发展高科技产业具有明显优势	长三角中的浙江、江苏、上海,环渤海地区的北京、天津
经济开发区	经济区创建于改革开放后,国家先行开放沿海地区,发展壮大后不断吸收利用外资、拓展外贸出口及发展现代工业	较早对外开放城市和 14 个沿海城市
国家级海关特殊监管区	国家级海关特殊监管区具有特殊性,主要分布在沿海区域,与经济发展水平密切相关	沿海城市为主

（2）我国工业园区发展趋势。

①基于区位和成本效益产业转移。从工业园区现有发展基础来看,东部沿海区域产业园区经济实力和产业实力都非常强,但也面临一系列瓶颈和弊端,如土地问题一直制约着我国产业园区发展。目前,沿海地区土地成本上升已经导致产业园区建设成本增大,经营成本增高。同时受到劳动力成本升高影响,东部地区产业开始向中西部地区转移。

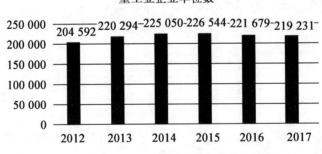

图 7 - 9　2012—2017 年全国重工业企业发展规模

基于土地和劳动力成本"双重"压力,产业园区已经出现了"北上、西进、郊区化"发展趋势。产业转移呈现沿海地区由珠江三角洲向长江三角洲转移;西进是指沿海向中西部内地城市,尤其是江西、安徽等地转移加速;郊区化是大城市产业中心向周边地区转移加快。

②以产业链聚集为核心,促进产业低碳化发展。低碳生态园区运行和管理是依靠技术和产业本身低碳化双重作用的结果,实现产业低碳化是工业园区低碳生态建设的根本。因此,工业园区在产业选择上已经由单一功能性产业,向产业链上下游延伸方向发

展,同时产业走向以智能型和低碳型产业为核心。

　　③工业园区走向产业精细化和智能服务化为主。当前基于行业细分复合时代发展需要,工业园区产业精细化管理成为保障园区可持续发展的基础性保障。工业园区建立智能化公共管理生产性服务平台和生活性服务平台,在后工业化的西方发达国家已经运行多年,为此我国工业园区精细化管理应从服务保障、监控管理、技术革新等多个层面促进园区高效运营,低碳化发展。

7.3.2　我国低碳工业园区建设实践

1. 我国工业园区发展历史进程和趋势

　　工业园区建设和发展已经有 100 多年历史,工业园区产业发展和技术体系都在随着时代发展而不断升级和创新,逐渐走向产城融合发展,注重资源可持续利用,实现经济最大化和生态效益最大化发展趋势,逐渐走向高新技术产业园区。从园区建设发展历史进程来分,发展阶段大致分为四个阶段(表 7-4)。

表 7-4　我国工业园区发展历史进程和发展趋势

阶段	园区特点	园区功能和产业体系
工业园区 1.0 时代	第一代工业园区以劳动密集型产业为主	工业园区选址依赖良好的区位和交通等基础设施,以解决企业生存发展需要。园区内功能单一化,无产业链体系,入驻企业复杂多样,企业加工工艺简单,属于消耗性产业园
工业园区 2.0 时代	第二代工业园区注重同类产业聚集	园区注重生产效率,初步建立同类产业聚集发展,增加产业园区内部配套服务设施,如公寓、办公中心、员工宿舍等,但配套标准较低
工业园区 3.0 时代	第三代工业园区注重产业链发展	园区内产业注重上下游产业链发展,有明确的产业定位,注重产业强链、补链发展。园区内建筑类型多样,需要产业功能区域与城市高度融合发展
工业园区 4.0 时代	第四代工业园区注重低碳生态化发展,形成综合性园区	工业园区更加注重产业形成整体生态化发展,产业园区选址实现"退二进三"用地更替,考虑产业园区职住平衡发展,注重产业研发、居住、商业商务整体配套,产业区聚集科研、资本等企业所发展的生态要素,实现产城融合、以人为本、可持续发展

2. 我国低碳工业园区建设实践

　　从碳排放和经济产业来看,以国家级经济开发区为例,土地占地面积占全国总面积的 0.15%、水资源消耗量占全国总消耗量的 1.9%、综合能源消耗量占全国总消耗量的

2.2%、二氧化碳排放量和二氧化硫排放量分别占全国总排放量的0.8%和0.6%,地区生产总值占全国总产值的8.7%,实现15.6%的工业增加值,在资源优化和减排等方面,高新技术产业园成效显著。然而从全国产业园区数量来看,高新技术产业园数量仅占全国产业园区的6.13%,碳排放和高能耗问题依然十分严峻。

从国家生态工业示范园区建设实践来看,从已经受牌的14个园区数据分析表明,园区工业增加值平均增长56%,单位工业增加值综合能耗平均下降21%,单位工业增加值废水量平均下降27%,二氧化碳排放量下降25%,二氧化硫排放量平均下降51%,单位工业增加值耗水量下降23%。这些指标表明排放量和强度实现了双降,对产业园区节能减排起到了很好的示范作用。

工业园区是国家产业经济发展的重要区域,国家级工业园区和省级开发区(工业园区)工业产值占整体工业GDP的50%以上,成为我国经济发展的重要载体和经济动力核心区。郝吉明等(2022)对长江经济带工业园区研究表明,工业园区是长江经济带经济增长的排头兵,贵州省规模以上企业工业产值超过全省70%,江苏省工业园区产值超过地区生产总值50%以上,完成80%以上进口额。

通过上文看出,工业园区是资源消耗主要区域。低碳工业园区建设面临的突出问题体现在,我国东西部地域差异大,园区数量多,行业种类广,园区发展层次和建设水平各异,园区管理和发展认识不统一,导致排放量总量控制,短期制约发展等问题;全国工业园区行业门类广、技术更迭和基础设施建设水平多样,开展低碳减排和技术难题较多;各地中小园区存在发展水平、主导产业、基础设施建设等碳排放评估和底数不清问题。

2013年,国家工业和信息化部和国家发改委联合组织开展了国家低碳工业园区试点工作,颁布了《关于组织开展国家低碳工业园区试点工作的通知》,提出低碳工业园总体思路,加快重点用能行业低碳化改造,培育一批低碳型企业,推广低碳管理模式,碳排放强度达到国内行业先进水平,形成一批园区低碳化发展模式。

截至2015年,我国已经有51个园区被确定为国家低碳工业园区试点,其中西部地区14个、东部地区25个、中部地区12个。有近60%的园区单位工业增加值碳排放均有不同程度下降,碳排放总量下降最明显的3个园区分别下降11.94%、6.32%和4.17%。同时工业园区开发强度在增强,按照2019年全国各省市工业用地出让面积排名,山东省工业用地出让最多,开发强度根据《山东省建设用地控制标准(2019年版)》,明确一类地区工业用地不低于200万元/亩,纺织业和医药制药业分别达到300万元/亩和430万元/亩以上。

根据国家工业和信息部和国家发展和改革委员会批复的近70家低碳工业园区来看,苏州工业园区、上海金桥经济开发区、天津经济技术开发区、贵阳国家高新技术产业开发区、南昌国家高新技术产业开发区在低碳园区建设和运营管理方面走在前列,低碳节能成效较为显著。

7.4　低碳工业园规划策略

7.4.1　低碳工业园区规划设计策略

低碳工业园区规划与建设应按照低碳经济发展宗旨,应当遵循自然生态规律,实施"一园一策",通过优化物质在经济和产业系统内部的循环利用和流动,减少资源输入和污染输出,使生产过程实现低排放,甚至达到零排放,实现工业园区可持续发展,实现工业系统、能源系统、生态环境系统全覆盖的绿色发展模式。因此,低碳工业园区应从城市系统的角度进行规划,园区内部应包括居住区、管理区、生产区和废物处理中心等四大功能(图7-10)。从系统工程和全生命周期视角,构建企业间、产品间、区域间协作,资源共享的关联产业链体系和产业共生网络,打造具有区域影响力的产业功能区。

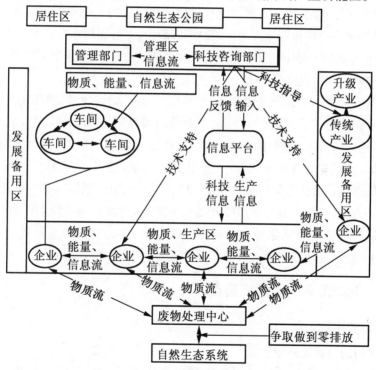

图7-10　工业园区系统循环结构方案

建设低碳工业园区的基本经济政策的调整,包括自然资源开采、利用的相关税收和价格政策;废弃物处理的环境税费政策以及对消费扶持奖励政策等。例如,可以提高资源能源税,据相关研究,如果将煤炭和石油税提高20%,可降低6.4%的煤炭消费和10.2%的石油消费,对GDP的影响只有0.1%;将综合矿产资源税提高20%,可降低金属矿产资源消耗11.75%,降低非金属矿产资源消耗8.31%。

　　城市工业园区规划是我国城市规划工作的一个重要组成部分,从总体上来说,城市产业结构的变动体现为城市化的变动。因此,我们应积极制定低碳工业园区引导政策,同时应建立相应评价指标体系。如今,低碳概念正在步入各个行业领域,在产业规划领域,实现高能耗产业向低碳园区规划和建设的转变是当前亟待解决的问题。目前,国内研究低碳工业园区的成果相对较少,相关研究正处于起步阶段。基于当前气候环境的压力,如何在现有基础上把工业园区建设成低碳园区,实现经济效益、生态效益和社会效益的统一,是工业园区规划中亟待解决的技术问题。

　　针对目前低碳工业园区建设情况,"十四五"时期还应从园区产业定位与土地利用空间布局、工业园区建设和运营全过程节能低碳、园区管理评价与相关法规等方面进行完善和建设。低碳工业园区建设应在制定统一的工业园区碳排放核实指南基础上,编制好碳达峰路线图,科学处理好工业园区能量代谢、水资源代谢、物质代谢定量分析工作。

　　2017年国家发展和改革委员会发布《节能标准体系建设方案》、2018年国际标准化组织发布《温室气体:组织层次上对温室气体排放和清除的量化和报告的规范及指南》等标准,规范了碳排放管理和计算方法。2021年12月,工信部发布《"十四五"工业绿色发展规划》,提出到2025年我国工业产业结构、生产方式绿色低碳转型取得明显成效,单位工业增加值二氧化碳排放降低18%。

　　低碳工业园区规划应综合考虑绿色发展水平、园区经济规模、园区主导产业体系及上下游产业协同链接关系、碳排放特点、基础设施建设等方面因素,对园区进行分类分级,从产业结构升级方案、增加碳汇系统、能源精细化管理、绿色技术开发、基础设施升级、创新管理等途径开展总体规划设计,注重能源基础设施共生体系统筹规划。低碳工业园区标准体系包括总体规划层面的规划布局与土地利用、低碳交通、确定宏观低碳经济与环境保护方案、能源与资源双强度开发控制措施;建设与运营层面提出低碳建设、低碳生产、低碳管理、低碳政策保障和低碳评价等几个方面,特别强化环境与健康风险防控,涵盖规划、建设、环境、运营管理、政策保障等多个方面(图7-11)。

7.4.2　低碳工业园区规划重点内容

1.土地低碳利用模式

　　(1)土地利用与碳排放量关系。

　　从我国近50年来碳排放量的源头来看,土地利用变化对碳排放有直接影响。土地利用的合理性、混合性及高效利用性直接决定了土地的效能。在城市宏观层面上,城市土地功能的发挥和土地利用系统的结构效应的高低,都与土地利用模式、开发导向有非常密切的关系。在产业园区总体规划层面,园区土地利用模式粗放、效率低,规模缺乏控制等问题,究其原因是缺乏从国土空间总体规划层面考虑应对气候变化的土地利用响应和对策。

　　工业园区以低碳目标为导向,以土地利用为根本,综合考虑城市与自然以及工业园区内部要素之间的联系。我国工业行业主要包括高新技术类园区、冶金有色金属类园区、轻工类园区、工农复合型园区、化工类园区、建筑材料类园区、机械装备加工园区、综合类及其他类等 9 大类型工业园区。

产业用地低效主要表现在，根据政府导向和市场需求的单一功能分区，导致产业功能区不同功能用地间缺乏协同作用，难以构造紧密联系的综合经济体；"大街区、宽马路"的形态影响了产业功能区"道路—用地"布局；严重缺乏土地综合高效利用的衡量指标，如不同规模尺度下的环境质量指标、产业用地能耗指标、交通可达性指标、土地有效混合度指标等。

（2）低碳导向的高效土地利用模式。

产业用地资源的日益紧张和生态环境恶化等多重危机，促使迈向低碳循环发展已经成为必然趋势。产业用地的高效与否，直接关系到社会经济发展、交通、自然以及能源和材料的消耗等多维层面（图 7 - 12）。从产业空间总体规划的土地利用层面，应着重考虑产业用地与自然环境、交通以及能源的协同发展。产业园区规划编制也应由单纯满足园区建设规模需求转变为市场需求和生态容量的双向协同体系。传统产业园区规划修编对城市环境问题认识程度还不够，土地规模的扩大必然会对区域生态环境造成不同程度的影响，因而适度地扩大和开发的前提是要衡量区域生态承载力。产业用地要与交通和生态系统建立良好的协同关系，构建"交通—土地"一体化格局，同时顺应自然，形成与自然融合的生态体系。

城市产业空间宏观发展层面构筑可持续发展的框架模式是实现产业低碳化和生态化发展的基础。然而，产业空间要素的整体协同和网络化都需要以土地利用为核心进行调整和布局，因此产业园区高效的土地利用规划需要构筑不同产业功能用地间的协同发展，减少整体交通出行量，促进产业空间生态网络和步行网络建设，优化公共服务设施布局，加强人们使用的便利性和共享性。

在微观的产业街区层面，用地的高效性和协同作用表现较为明显。一直以来，普遍认为土地利用模式对交通出行量有较为明显的作用，这也是园区开发追求有效混合开发的原因。研究表明，依托公共交通系统进行的相应开发对降低机动交通出行的影响明显大于单纯进行居住或商业开发对交通的影响。由表 7 - 5 可知，依托公共交通站点进行的有效混合开发对降低机动交通出行的效果明显，可达到 15% ~ 20%，而以上其他两种情况分别只降低 5% 和 10%。城市工业园区规划传统的"功能分区法"分隔了不同功能用地间的相互协同发展的路径，导致长距离的出行活动逐渐增加，职住平衡关系被打破。相反，紧凑、高效混合的协同发展模式促进不同用地在功能和空间上整合，从而便于产业街区尺度的步行网络建设（图 7 - 13）。

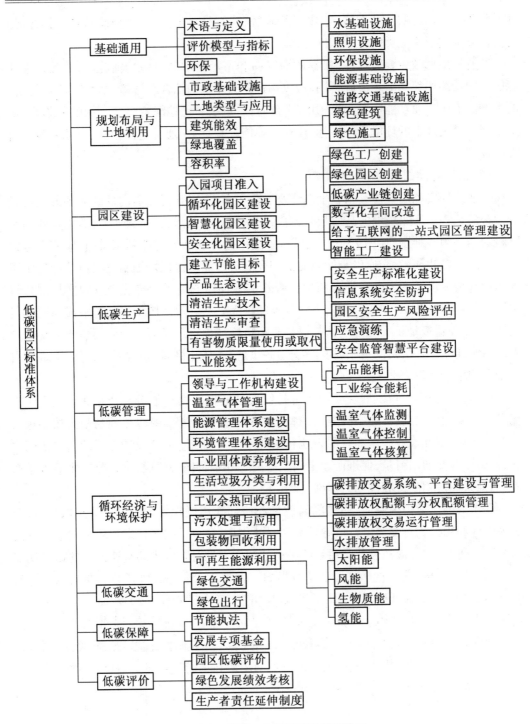

图 7 –11　低碳工业园区建设标准体系

图 7 - 12　高效的土地利用效应

表 7 - 5　土地利用模式与交通出行量

土地利用模式	减少的交通出行量
在公交站点周围进行居住开发	10%
在公交站点周围进行商业开发	15%
沿着公交线路进行居住开发	5%
沿着公交线路进行商业开发	7%
在公交站点周围进行混合居住开发	15%
在公交站点周围进行混合商业开发	20%
沿着公交线路进行混合式居住开发	7%
沿着公交线路进行混合式商业开发	10%
混合式居住开发	5%
混合式商业开发	7%

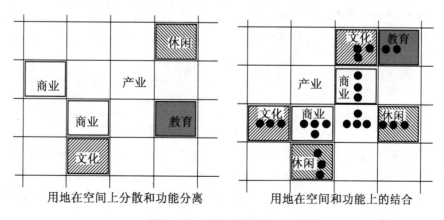

用地在空间上分散和功能分离　　　　　用地在空间和功能上的结合

图 7 - 13　土地利用模式对比

目前,产业用地土地利用变化导致碳排放量,大约占人为碳排放量的30%,因而产业用地与其他功能用地间的联系非常重要。多元复合的不同城市土地间的网络连接,不仅能缩短交通出行量,而且能有效引导产城融合多元的生活模式,对降低城市总体碳排放量有明显作用。合理规划产业用地与其他用地的功能和交通联系对于减少人流和物流运输的碳排放量有非常关键的作用。

以上的分析表明,城市产业空间不同的空间发展模式,带来的后果和发展导向有明显的差别。我国正处在快速城市化进程中,尤其大城市周边新城规划和产业园区建设逐渐增多,而且已经建设的产业新城还有诸多经济和社会问题,CII(City-Industry Integration)理念(促进城市与产业发展更加高效、具有持续社会经济活力且能改善交通和生态环境的空间发展模式)提供了很好的解决思路,从CII实际的功能和作用来看,其实质是"城市产城融合空间"的代表,这为解决产业新城用地的多样化的功能性、经济活力性以及低碳交通和低碳社会引导等方面都提供了具有创建性的思维和发展路线(表7-6)。

表7-6　城市产业空间土地利用模式转变趋势

	传统功能分区模式	低碳发展的产城融合模式
概念	产业功能区独立位于城市边缘区位,为产业园区建设和发展集中提供生产空间和基础设施的区域	CII概念可以表述为产城融合发展,提供多种产业和经济社会发展的组合空间,包括现代服务中心、商业文化设施中心与城市产业空间融合发展,实现公共服务设施和基础设施共享,促进职住平衡
功能差异	注重强调相对单一的产业功能,特别是排除了能够带动产城融合发展的功能	强调产城融合,促进不同用地间的功能多样性,整合传统功能分区相对单一的产业空间区域,使各类用地在一定地域内相互渗透;同时职住平衡功能的引入为步行导向的公共空间建设和避免单纯机动车导向的大尺度空间提供了转型,是一种迈向低碳社会的导向模式
空间和产业特征	位于城市边缘区,支持机动车导向的长距离交通运输;提供相对独立的产业发展空间;产业空间与生活空间相对较远,出行距离长	根据产城融合发展模式,产业规模的不同可以形成多层面的CII分布,甚至是在产业街区规划层面;产业共性是多元化、服务性和外向型;空间布局强调不同功能之间的互动和整合;产业园区内部公共空间由模式的单一公共空间,转向由公园、广场、林荫步道组成的序列空间,并利用这些空间将不同产业功能用地有效联系起来;内部交通以步行为主导的流动空间,提供多样生产和生活空间

为有效控制工业园区用地低碳生态化发展,城市产业用地的控制和开发必须要落实到具体的法定规划层面,因而在控制性详细规划中要区别于传统的土地利用模式,增加对资源利用、交通与环境的协同方式,并通过协同度指标等进行控制,以有效强化城市各类用地间的协同作用,减少碳排放量(表7-7)。

表 7 – 7　土地利用效率对比

	传统土地利用规划	高效的土地利用规划
与自然协同	考虑较少,呈现片断化发展	与自然环境建立网络连通体系
土地资源利用	土地粗放发展;资源单向流动	土地高效混合利用;资源循环利用
开发方式	土地价值驱动扩张发展	根据生态承载力合理、紧凑发展
与交通及环境的协同方式	缺乏协同的一体化发展模式;人工与自然缺乏协调的生态系统	"土地—交通—生态"一体化发展;人工生态系统与自然系统网络连接
协同度指标	各类用地间协同指标缺乏	职住平衡的人口比例;混合的土地利用比例;土地—交通—密度整合度;弹性用地预留比例;步行网络建设比例;公共服务设施使用便利程度

（3）产业空间布局模式。

产业空间是落实产业生产和配套服务的具备部署和安排,产业空间及用地场所关系直接决定建筑功能、能耗以及建筑风貌等方面影响。低碳工业园区空间布局关键要素系统包括产业生态空间、产业单元建设、园区基础设施及生活服务配套、产业生态化建设、低碳化运营管理等方面内容（表 7 – 8）。

新时期园区低碳产业主要体现在产业生态、产业空间、管理运营、生活服务配套、产业服务配套、产业经济盈利模式等。

①产业生态建设方面,注重产业上下游产业链发展,走产业集群化发展路线,强化产业发展所需要素的链接与融合,产业发展高度依赖技术、资本、配套服务、智能化管理以及网络化平台建设等。

②产业空间建设方面,强化产业园区各功能产业主体之间的深度合作,采取多样的建筑空间组合形式,营造丰富多样的生产空间和配套服务空间,提高生产效率。

③低碳化管理运营方面,推广智能化管理平台,配套园区产业引导服务、物业服务、政务一体化服务,科技服务、民生和节能环保专项服务等,提高园区运营效率。

④园区生活配套服务,注重产城融合发展,提高服务设施和基础设施共享,满足科技人群、产业人群等不同群体的教育、休闲、社交等多方面需求,强化与城市共建共享。

⑤园区配套服务,提供生态性服务体系,解决企业生产、经营活动以及销售、展览展销等多方面困境,切实满足企业发展需求。

⑥产业经济盈利模式体现在对科技支撑、产品附加值、物流销售等配套方面,形成多元化盈利方式,适应产业可持续发展趋势。

⑦产业园区内外协作方面,注重适应市场发展趋势,建立市场、企业、消费者多渠道链,并通政府引导、股权合作、基金参与等多元经营和管理手段,建立园区与企业共赢模式,推动园区健康发展。

表7-8　工业园区建筑布局模式对比分析

功能要素	行列式布局	环绕式布局
城市界面关系	园区建筑界面不一,影响城市界面风貌	减少园区建筑山墙面,有利于形成连续沿街界面
功能分区	园区各空间单元分区明确,联系不密切,不利于办公生产一体化	采取单元组合模式,功能相对集中,形成复合化空间
生产和生活空间组织	生产和生活空间分割清晰,互不干扰	适度形成生产与生活空间融合,便于联系
运营管理	功能分区明确,空间独立,增加管理难度	产业功能单元划分,适合集中管理

2.低碳产业体系

(1)产业链体系的低碳化内涵。

在产业链体系建设方面,以产业集群建设理念推动工业园区形成上下游产业链,有助于产业间合作、促进能源、物流和人流、资源(如能源、水资源、废物再利用等)等多方面的统筹协调,形成产业网络体系、生产空间和生活空间协同,节约用地,提高资源再利用率和资源共享效率。

(2)低碳工业园区产业链建设。

园区产业链集群建设是建立上下游产业间相互作用及功能联系,注重产业间相互依存联系,空间建设体现出空间土地要素、资源要素及基础设施的共建共享。

产业链集群工业园区产业体系能有效解决产业间资源循环,精细化产业空间单元能优化产业空间用地布局,建立复杂功能联系,解决粗放发展形势,降低能源消耗和二氧化碳排放量。产业链集群引导的产业体系能与周边配套企业建立功能联系,促进资源在企业间流动,建立功能联系,增加土地混合性,提高土地开发强度,促进多中心产业空间形成,更利于工业园区低碳化发展,降低单位 GDP 能耗(图 7-14 和图 7-15)。另外有助于园区做大做强,建立强链和补链产业机制,提高生产效率,降低生产成本,吸引资金和人才聚集,推动技术进步和产业升级,打造循环产业园区。

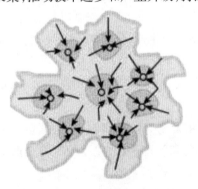
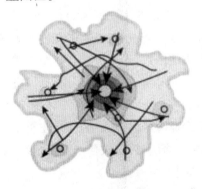

图7-14　非产业集群产业结构　　　　图7-15　产业集群引导的产业结构

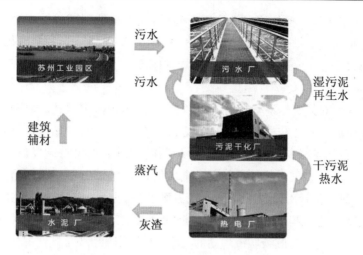

图 7 - 6　苏州工业园区低碳基础设施循环链流程图

7.2　低碳经济与低碳工业园区发展模式

7.2.1　低碳经济的发展内涵

低碳经济提出的大背景,是全球气候变暖对人类生存和发展的严峻挑战。在此背景下,"低碳发展""低碳城市""低碳社会"等一系列新概念和新政策应运而生。低碳经济作为广泛社会性的前沿经济理念,目前对其概念还没有统一定义。

"低碳经济"最早是在 2003 年英国政府发布的能源白皮书《我们未来的能源:创建低碳经济》中首次提出,引起国际社会的广泛关注。其中指出,低碳经济是通过更少的自然资源消耗和更少的环境污染,获得更多的经济产出;低碳经济是创造更高的生活标准和更好的生活质量的途径和机会,也为发展、应用和输出先进技术创造了机会,同时也能创造新的商机和更多的就业机会。庄贵阳(2005)认为低碳经济的实质是提高能源效率和清洁能源结构,核心是能源技术创新和制度创新,就是从高能耗的经济增长模式转向低能耗、低污染为基础的经济模式。气候集团在发布的报告《赢余:低碳经济的成长》(2007)中介绍了低碳经济的概念,指出低碳经济具有更高的投资回报率,能够显著增加产量、缩短生产周期、提高生产可靠性、改善产品质量、改善工作环境,在新增就业方面具有出色的潜力,其增长速度也大于其他经济形态。

全球气候暖化现象引发了全球对碳排放的关注,世界主要国家都制订了关于发展低碳经济的计划和政策。学术界普遍认为,在技术、发展模式和制度方面创新是发展低碳经济的主要途径,城市建设方面应充分利用可再生能源,以"三低"(低耗、低排、低污染)为经济和城市建设的发展目标。在当前气候变暖趋势明显加速时期,人类生存危机加重,因而全球高度关注低碳经济发展,并开始进行有益的探索和实践。

Johnston 等学者对英国住房碳排放调查分析,认为从低碳减排技术角度,未来 20 年内可以在现有基础上减排 80% 的碳排放量。Kawase 等(2006)学者从碳排放强度、能源效率和经济活动层面分析,认为目前只有减排速度较 50 年前加快 2 ~ 3 倍,才能实现 60% ~ 80% 的减排目标。

国内学术界也对低碳经济概念、特征和发展优势做出很多阐述,如庄贵阳认为,提高能源效率和调整清洁能源结构是低碳经济发展的核心,并在相应的减碳技术和制度方面进行创新,核心目标是减少碳排放,减缓气候变化,促进人类可持续发展。目前,我国已经确立了发展"低碳经济"的道路,为应对全球气候变化做出了一系列努力。2007 年 6 月,我国发布了第一部针对全球变暖的政策方案——《中国应对气候变化国家方案》,方案记述了气候变化的影响及中国将采取的政策手段框架。我国学者顾朝林、谭纵波等(2009)分析了气候变化与低碳城市规划的关系,认为低碳经济是气候变化时期重要的经济革命浪潮,其发展本质是以低能耗、低污染、低排放为基础的经济模式,发展的核心途径是在能源技术领域、制度层面以及人类发展观念方面实现根本转变。

7.2.2　低碳工业园区的发展模式

1.低碳经济发展模式

低碳经济发展模式实质是以低碳经济理论组织社会经济活动,从传统高碳经济发展模式转向低碳型的新型经济模式。概括来说,低碳经济发展模式是以低能耗、低污染、低排放和高效能、高效率、高效益为基础,以低碳发展为主要方向,以节能减排为发展方式,以碳中和技术为发展方法的绿色经济发展模式,发展模式框架从宏观层面、中观层面和微观层面三个部分(图 7 -7)。

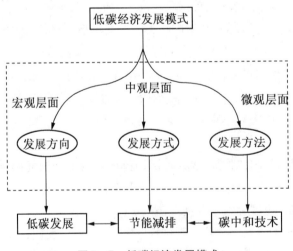

图 7 -7　低碳经济发展模式

2.低碳工业园区发展模式

工业园区是我国发展现代化工业的重要载体,尤其我国在面临资源匮乏、能源高耗、促进经济增长等多重矛盾冲击下,推动工业园区低碳生态化发展成为当前亟待解决的关键问题。目前,低碳工业园区发展研究主要集中在以下方面。

(1)生态园区规划方面,Zhao 等(2017)通过中国工业园区和美国边缘城市比较分析,提出生态工业园区的规划策略;Xu 等(2017)以芜湖市生态工业园,建立基于动态决策模型与投入产出模型的生态工业园区规划方法。

(2)工业园区绩效评估方面,Liu 等(2017)提出了污水集中处理评价指标;也有学者从三维环境绩效评估方面对工业园区生态经济效益和环境影响进行评估。

(3)生态产业链构建方面,Li 等(2017)以宁东煤化工园区,建立了基于复网理论和拓扑结构对园区生态产业链优化体系;Wang 等(2019)对油气资源型城市生态工业园区产业耦合共生网络进行物流增长共生网络模型研究。

(4)园区产业结构调整方面,Shu 等(2019)提出了工业园区用地配置对产业结构优化和减排的影响;Tian 等(2012)以浙江上虞工业园为例,从价值链和物流方面分析了精细化工产业园区产业结构优化对策。

上述研究表明,现有低碳工业园区发展模式注重从产业用地规划布局、产业链结构、产业结构优化、园区量化动态评估等方面进行研究,缺乏从低碳生态系统方面的研究。低碳工业园区应在城市总体规划层面建立与自然、资源、环境协同发展的土地利用模式,在产业、经济模式、交通、环境等方面向低碳化方向发展,实现园区低碳化发展(图7-8)。

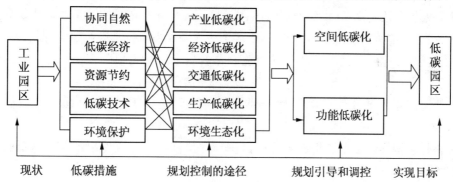

图 7-8　低碳工业园区总体层面的低碳规划调控框架

7.3　我国低碳工业园区建设现状分析

7.3.1　低碳工业园区建设历程

1.国外低碳工业园发展历史进程

工业园区低碳化发展主要从高耗能产业走向产业链集群发展,再到依靠科技和金融的高新技术产业园。从近百年来世界产业园发展趋势来看,从 19 世纪中叶,工业活动呈现出与居住区和农业区分隔,形成独立园区,后逐渐被称为工业区或工业园等。西方工业园区发展初期主要是劳动密集型、重工业等产业,如著名的德国鲁尔工业园、荷兰鹿特丹工业园等,而后随着科技革命兴起,逐渐走向以科技和金融主导的高新技术产业园。国外高新技术产业园发展大致分为三个发展阶段,产业园名称也不尽相同,如科学工业园、科技园、高新技术开发区、科学城、技术城等,也有根据园区的技术开发内容和地理特点称为硅谷、硅山、硅岛等。

低碳工业园区发展以高新技术产业园区为引领,第一阶段以 1894 年英国曼彻斯特特拉福德工业园为标志,是世界上第一个消减生产功能,逐渐被科技、金融等新兴产业所代替。1951 年美国斯坦福研究园(Stanford Research Park)提出建立科技产业园为标志,依托斯坦福大学创建了科技产业园,逐步形成了今日闻名的"硅谷"。随着斯坦福科技园的崛起,美国波士顿地区从林肯中心沿 128 号高速公路两侧陆续汇集了几百家高新技术企业,发展到现在已经形成科技硅廊,聚集 700 多家与计算机产业有关的高新技术企业。第一阶段发展相对缓慢,截至 1980 年,全球范围仅有 50 个高新技术产业园区,而且大部分分布于美国、英国、日本等西方发达国家。

第二发展阶段主要从 20 世纪 80 年代后期到 90 年代初期,是世界范围内科技产业逐渐扩大阶段。截至 1992 年,在美国 50 个州中有 42 个州建立了科学园、技术园、工业园区,达到 258 个。同一时期德国西柏林革新与创业中心、韩国大德科技园等都逐渐发展起来。

第三发展阶段是从 20 世纪 90 年代后期到至今,全世界高新技术企业逐步走向发展中国家,截至目前,全世界已经拥有 1 000 多个科学园和高新技术产业园,我国有 53 个国家级高新技术产业园。我国高新技术产业园是新型工业化先导区、改革开放示范区、科技创新与高新技术产业重要基地、低碳生态经济发展引领区。

工业园区绿色低碳发展越来越受到世界各国重视,2010 年联合国工业发展组织(UNIDO)发布了低碳工业园区建设指导文件;2017 年世界银行、联合国工业发展组织、德国国际合作机构共同发布了生态工业园区国际评价框架。不难看出工业园区低碳化模式和经验逐步向全球推广。

2. 我国工业园发展现状和发展趋势

(1)工业园区发展现状。

我国工业园兴起与改革开放密切相关,初始建设期是从 1979 年国务院批准深圳、珠海、汕头、厦门为经济特区开始,深圳蛇口工业区是我国第一个对外开放的工业园区,占地面积 2 平方千米,成为集中发展工业园区的开端。而后在 1984 年又陆续开放 14 个沿海港口城市,陆续建设了一批经济技术开发区。随着我国科技的进步和发展,1988 年批准了北京新技术产业开发实验区,也是我国第一个高新技术产业区。1992 年随着开放长江三角洲及边境城市和内陆省会城市,工业园区建设进入快速发展阶段,出现了"开发区热"现象。

根据国家发展和改革委员会公布的《中国开发区审核公告目录》(2018 年版),目前国务院批准设立的国家级开发区有 552 个,其中经济技术开发区 219 个、高新技术产业开发区 156 个、海关特殊监管区域 135 个、边境/跨境经济合作区 19 个、其他类型开发区 23 个。根据中国开发区网最新统计数据显示,截至 2021 年 4 月,我国国家级开发区和省级开发区共有 2 728 家,园区贡献达到全国 50% 以上工业产出,其中国家级经济技术开发区共有 218 家,较 2018 年新增加 62 个;国家级海关特殊监管区 150 个,较 2018 年增加 15 个;国家级自贸区达到 18 个,国家级新区共有 19 个,国家级自主创新示范区 19 个,其他国家级开发区共有 23 个,省级开发区共有 2 094 个。

在 218 个国家级经济开发区中,江苏、浙江和山东三个省合计占比达到 28.31%,其中前 10 强分别为苏州工业园区、广州经济技术开发区、天津经济技术开发区、北京经济技术开发区、昆山经济技术开发区、青岛经济技术开发区、烟台经济技术开发区、江宁经济技术开发区、杭州经济技术开发区、上海漕河径新兴技术开发区。156 个国家级高新区中,江苏、山东和广东三个省数量最多,合计占比 26.92%(表 7 - 2)。

表 7 - 2　国家级经济开发区和高新区地区分布情况

地区	开发区个数	高新区个数	地区	开发区个数	高新区个数	地区	开发区个数	高新区个数
江苏	26	18	湖南	8	7	陕西	4	7
浙江	21	8	黑龙江	8	3	广西	4	4
山东	15	13	四川	8	8	内蒙古	3	3
安徽	12	6	湖北	7	12	重庆	3	4
江西	10	9	天津	6	1	贵州	2	2
河南	10	7	上海	6	2	青海	2	1
河北	10	7	广东	6	14	宁夏	2	2
福建	10	7	吉林	5	5	海南	1	1
新疆	9	3	甘肃	5	2	北京	1	1
辽宁	9	8	云南	5	2	西藏	1	—

高新技术产业开发区占全国各类园区仅为 8%,普通开发区数量依然十分庞大。根据同济大学发展研究院和新华社中国金融信息中心联合发布的《2018 中国产业园区持续发展蓝皮书》,高新技术产业园区主要分布在沿海区域和经济发达省份(表 7 - 3),其中中关村国家自主创新示范、上海张江国家自主创新区和苏州工业园区位于前列。同时根据工业企业数量调查数据,全国重工业企业数量达到 21.9 万个,占全国工业企业总数量的 57.9%,工业高耗能、高污染、高排放问题依然十分严峻(图 7 - 9)。

表 7 – 3　东部沿海城市产业园区规模庞大的成因

园区类型	分布成因	典型地区
高新技术产业开发区	东部沿海地区具有较好的产业发展条件和区位优势,交通条件和基础设施配套完善,地方政府税收优惠政策好,同时有大量高素质人才汇集,吸引国内外知名企业入驻和发展高科技产业具有明显优势	长三角中的浙江、江苏、上海,环渤海地区的北京、天津
经济开发区	经济区创建于改革开放后,国家先行开放沿海地区,发展壮大后不断吸收利用外资、拓展外贸出口及发展现代工业	较早对外开放城市和 14 个沿海城市
国家级海关特殊监管区	国家级海关特殊监管区具有特殊性,主要分布在沿海区域,与经济发展水平密切相关	沿海城市为主

(2)我国工业园区发展趋势。

①基于区位和成本效益产业转移。从工业园区现有发展基础来看,东部沿海区域产业园区经济实力和产业实力都非常强,但也面临一系列瓶颈和弊端,如土地问题一直制约着我国产业园区发展。目前,沿海地区土地成本上升已经导致产业园区建设成本增大,经营成本增高。同时受到劳动力成本升高影响,东部地区产业开始向中西部地区转移。

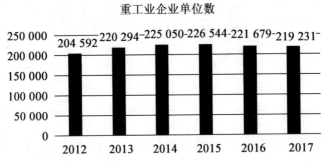

重工业企业单位数

图 7 – 9　2012—2017 年全国重工业企业发展规模

基于土地和劳动力成本"双重"压力,产业园区已经出现了"北上、西进、郊区化"发展趋势。产业转移呈现沿海地区由珠江三角洲向长江三角洲转移;西进是指沿海向中西部内地城市,尤其是江西、安徽等地转移加速;郊区化是大城市产业中心向周边地区转移加快。

②以产业链聚集为核心,促进产业低碳化发展。低碳生态园区运行和管理是依靠技术和产业本身低碳化双重作用的结果,实现产业低碳化是工业园区低碳生态建设的根本。因此,工业园区在产业选择上已经由单一功能性产业,向产业链上下游延伸方向发

展,同时产业走向以智能型和低碳型产业为核心。

③工业园区走向产业精细化和智能服务化为主。当前基于行业细分复合时代发展需要,工业园区产业精细化管理成为保障园区可持续发展的基础性保障。工业园区建立智能化公共管理生产性服务平台和生活性服务平台,在后工业化的西方发达国家已经运行多年,为此我国工业园区精细化管理应从服务保障、监控管理、技术革新等多个层面促进园区高效运营,低碳化发展。

7.3.2　我国低碳工业园区建设实践

1. 我国工业园区发展历史进程和趋势

工业园区建设和发展已经有 100 多年历史,工业园区产业发展和技术体系都在随着时代发展而不断升级和创新,逐渐走向产城融合发展,注重资源可持续利用,实现经济最大化和生态效益最大化发展趋势,逐渐走向高新技术产业园区。从园区建设发展历史进程来分,发展阶段大致分为四个阶段(表 7 - 4)。

表 7 - 4　我国工业园区发展历史进程和发展趋势

阶段	园区特点	园区功能和产业体系
工业园区 1.0 时代	第一代工业园区以劳动密集型产业为主	工业园区选址依赖良好的区位和交通等基础设施,以解决企业生存发展需要。园区内功能单一化,无产业链体系,入驻企业复杂多样,企业加工工艺简单,属于消耗性产业园区
工业园区 2.0 时代	第二代工业园区注重同类产业聚集	园区注重生产效率,初步建立同类产业聚集发展,增加产业园区内部配套服务设施,如公寓、办公中心、员工宿舍等,但配套标准较低
工业园区 3.0 时代	第三代工业园区注重产业链发展	园区内产业注重上下游产业链发展,有明确的产业定位,注重产业强链、补链发展。园区内建筑类型多样,需要产业功能区域与城市高度融合发展
工业园区 4.0 时代	第四代工业园区注重低碳生态化发展,形成综合性园区	工业园区更加注重产业形成整体生态化发展,产业园区选址实现"退二进三"用地更替,考虑产业园区职住平衡发展,注重产业研发、居住、商业商务整体配套,产业区聚集科研、资本等企业所发展的生态要素,实现产城融合、以人为本、可持续发展

2. 我国低碳工业园区建设实践

从碳排放和经济产业来看,以国家级经济开发区为例,土地占地面积占全国总面积的 0.15%、水资源消耗量占全国总消耗量的 1.9%、综合能源消耗量占全国总消耗量的

2.2%、二氧化碳排放量和二氧化硫排放量分别占全国总排放量的0.8%和0.6%,地区生产总值占全国总产值的8.7%,实现15.6%的工业增加值,在资源优化和减排等方面,高新技术产业园成效显著。然而从全国产业园区数量来看,高新技术产业园数量仅占全国产业园区的6.13%,碳排放和高能耗问题依然十分严峻。

从国家生态工业示范园区建设实践来看,从已经受牌的14个园区数据分析表明,园区工业增加值平均增长56%,单位工业增加值综合能耗平均下降21%,单位工业增加值废水量平均下降27%,二氧化碳排放量下降25%,二氧化硫排放量平均下降51%,单位工业增加值耗水量下降23%。这些指标表明排放量和强度实现了双降,对产业园区节能减排起到了很好的示范作用。

工业园区是国家产业经济发展的重要区域,国家级工业园区和省级开发区(工业园区)工业产值占整体工业GDP的50%以上,成为我国经济发展的重要载体和经济动力核心区。郝吉明等(2022)对长江经济带工业园区研究表明,工业园区是长江经济带经济增长的排头兵,贵州省规模以上企业工业产值超过全省70%,江苏省工业园区产值超过地区生产总值50%以上,完成80%以上进口额。

通过上文看出,工业园区是资源消耗主要区域。低碳工业园区建设面临的突出问题体现在,我国东西部地域差异大,园区数量多,行业种类广,园区发展层次和建设水平各异,园区管理和发展认识不统一,导致排放量总量控制,短期制约发展等问题;全国工业园区行业门类广、技术更迭和基础设施建设水平多样,开展低碳减排和技术难题较多;各地中小园区存在发展水平、主导产业、基础设施建设等碳排放评估和底数不清问题。

2013年,国家工业和信息化部和国家发改委联合组织开展了国家低碳工业园区试点工作,颁布了《关于组织开展国家低碳工业园区试点工作的通知》,提出低碳工业园总体思路,加快重点用能行业低碳化改造,培育一批低碳型企业,推广低碳管理模式,碳排放强度达到国内行业先进水平,形成一批园区低碳化发展模式。

截至2015年,我国已经有51个园区被确定为国家低碳工业园区试点,其中西部地区14个、东部地区25个、中部地区12个。有近60%的园区单位工业增加值碳排放均有不同程度下降,碳排放总量下降最明显的3个园区分别下降11.94%、6.32%和4.17%。同时工业园区开发强度在增强,按照2019年全国各省市工业用地出让面积排名,山东省工业用地出让最多,开发强度根据《山东省建设用地控制标准(2019年版)》,明确一类地区工业用地不低于200万元/亩,纺织业和医药制药业分别达到300万元/亩和430万元/亩以上。

根据国家工业和信息化部和国家发展和改革委员会批复的近70家低碳工业园区来看,苏州工业园区、上海金桥经济开发区、天津经济技术开发区、贵阳国家高新技术产业开发区、南昌国家高新技术产业开发区在低碳园区建设和运营管理方面走在前列,低碳节能成效较为显著。

7.4　低碳工业园规划策略

7.4.1　低碳工业园区规划设计策略

　　低碳工业园区规划与建设应按照低碳经济发展宗旨,应当遵循自然生态规律,实施"一园一策",通过优化物质在经济和产业系统内部的循环利用和流动,减少资源输入和污染输出,使生产过程实现低排放,甚至达到零排放,实现工业园区可持续发展,实现工业系统、能源系统、生态环境系统全覆盖的绿色发展模式。因此,低碳工业园区应从城市系统的角度进行规划,园区内部应包括居住区、管理区、生产区和废物处理中心等四大功能(图7-10)。从系统工程和全生命周期视角,构建企业间、产品间、区域间协作,资源共享的关联产业链体系和产业共生网络,打造具有区域影响力的产业功能区。

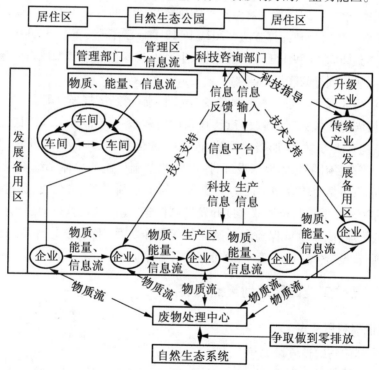

图 7-10　工业园区系统循环结构方案

　　建设低碳工业园区的基本经济政策的调整,包括自然资源开采、利用的相关税收和价格政策;废弃物处理的环境税费政策以及对消费扶持奖励政策等。例如,可以提高资源能源税,据相关研究,如果将煤炭和石油税提高20%,可降低6.4%的煤炭消费和10.2%的石油消费,对GDP的影响只有0.1%;将综合矿产资源税提高20%,可降低金属矿产资源消耗11.75%,降低非金属矿产资源消耗8.31%。

　　城市工业园区规划是我国城市规划工作的一个重要组成部分,从总体上来说,城市产业结构的变动体现为城市化的变动。因此,我们应积极制定低碳工业园区引导政策,同时应建立相应评价指标体系。如今,低碳概念正在步入各个行业领域,在产业规划领域,实现高能耗产业向低碳园区规划和建设的转变是当前亟待解决的问题。目前,国内研究低碳工业园区的成果相对较少,相关研究正处于起步阶段。基于当前气候环境的压力,如何在现有基础上把工业园区建设成低碳园区,实现经济效益、生态效益和社会效益的统一,是工业园区规划中亟待解决的技术问题。

　　针对目前低碳工业园区建设情况,"十四五"时期还应从园区产业定位与土地利用空间布局、工业园区建设和运营全过程节能低碳、园区管理评价与相关法规等方面进行完善和建设。低碳工业园区建设应在制定统一的工业园区碳排放核实指南基础上,编制好碳达峰路线图,科学处理好工业园区能量代谢、水资源代谢、物质代谢定量分析工作。

　　2017年国家发展和改革委员会发布《节能标准体系建设方案》、2018年国际标准化组织发布《温室气体:组织层次上对温室气体排放和清除的量化和报告的规范及指南》等标准,规范了碳排放管理和计算方法。2021年12月,工信部发布《"十四五"工业绿色发展规划》,提出到2025年我国工业产业结构、生产方式绿色低碳转型取得明显成效,单位工业增加值二氧化碳排放降低18%。

　　低碳工业园区规划应综合考虑绿色发展水平、园区经济规模、园区主导产业体系及上下游产业协同链接关系、碳排放特点、基础设施建设等方面因素,对园区进行分类分级,从产业结构升级方案、增加碳汇系统、能源精细化管理、绿色技术开发、基础设施升级、创新管理等途径开展总体规划设计,注重能源基础设施共生体系统筹规划。低碳工业园区标准体系包括总体规划层面的规划布局与土地利用、低碳交通、确定宏观低碳经济与环境保护方案、能源与资源双强度开发控制措施;建设与运营层面提出低碳建设、低碳生产、低碳管理、低碳政策保障和低碳评价等几个方面,特别强化环境与健康风险防控,涵盖规划、建设、环境、运营管理、政策保障等多个方面(图7-11)。

7.4.2　低碳工业园区规划重点内容

1. 土地低碳利用模式

（1）土地利用与碳排放量关系。

　　从我国近50年来碳排放量的源头来看,土地利用变化对碳排放有直接影响。土地利用的合理性、混合性及高效利用性直接决定了土地的效能。在城市宏观层面上,城市土地功能的发挥和土地利用系统的结构效应的高低,都与土地利用模式、开发导向有非常密切的关系。在产业园区总体规划层面,园区土地利用模式粗放、效率低,规模缺乏控制等问题,究其原因是缺乏从国土空间总体规划层面考虑应对气候变化的土地利用响应和对策。

　　工业园区以低碳目标为导向,以土地利用为根本,综合考虑城市与自然以及工业园区内部要素之间的联系。我国工业行业主要包括高新技术类园区、冶金有色金属类园区、轻工类园区、工农复合型园区、化工类园区、建筑材料类园区、机械装备加工园区、综合类及其他类等9大类型工业园区。

产业用地低效主要表现在,根据政府导向和市场需求的单一功能分区,导致产业功能区不同功能用地间缺乏协同作用,难以构造紧密联系的综合经济体;"大街区、宽马路"的形态影响了产业功能区"道路—用地"布局;严重缺乏土地综合高效利用的衡量指标,如不同规模尺度下的环境质量指标、产业用地能耗指标、交通可达性指标、土地有效混合度指标等。

(2)低碳导向的高效土地利用模式。

产业用地资源的日益紧张和生态环境恶化等多重危机,促使迈向低碳循环发展已经成为必然趋势。产业用地的高效与否,直接关系到社会经济发展、交通、自然以及能源和材料的消耗等多维层面(图7-12)。从产业空间总体规划的土地利用层面,应着重考虑产业用地与自然环境、交通以及能源的协同发展。产业园区规划编制也应由单纯满足园区建设规模需求转变为市场需求和生态容量的双向协同体系。传统产业园区规划修编对城市环境问题认识程度还不够,土地规模的扩大必然会对区域生态环境造成不同程度的影响,因而适度地扩大和开发的前提是要衡量区域生态承载力。产业用地要与交通和生态系统建立良好的协同关系,构建"交通—土地"一体化格局,同时顺应自然,形成与自然融合的生态体系。

城市产业空间宏观发展层面构筑可持续发展的框架模式是实现产业低碳化和生态化发展的基础。然而,产业空间要素的整体协同和网络化都需要以土地利用为核心进行调整和布局,因此产业园区高效的土地利用规划需要构筑不同产业功能用地间的协同发展,减少整体交通出行量,促进产业空间生态网络和步行网络建设,优化公共服务设施布局,加强人们使用的便利性和共享性。

在微观的产业街区层面,用地的高效性和协同作用表现较为明显。一直以来,普遍认为土地利用模式对交通出行量有较为明显的作用,这也是园区开发追求有效混合开发的原因。研究表明,依托公共交通系统进行的相应开发对降低机动交通出行的影响明显大于单纯进行居住或商业开发对交通的影响。由表7-5可知,依托公共交通站点进行的有效混合开发对降低机动交通出行的效果明显,可达到15%~20%,而以上其他两种情况分别只降低5%和10%。城市工业园区规划传统的"功能分区法"分隔了不同功能用地间的相互协同发展的路径,导致长距离的出行活动逐渐增加,职住平衡关系被打破。相反,紧凑、高效混合的协同发展模式促进不同用地在功能和空间上整合,从而便于产业街区尺度的步行网络建设(图7-13)。

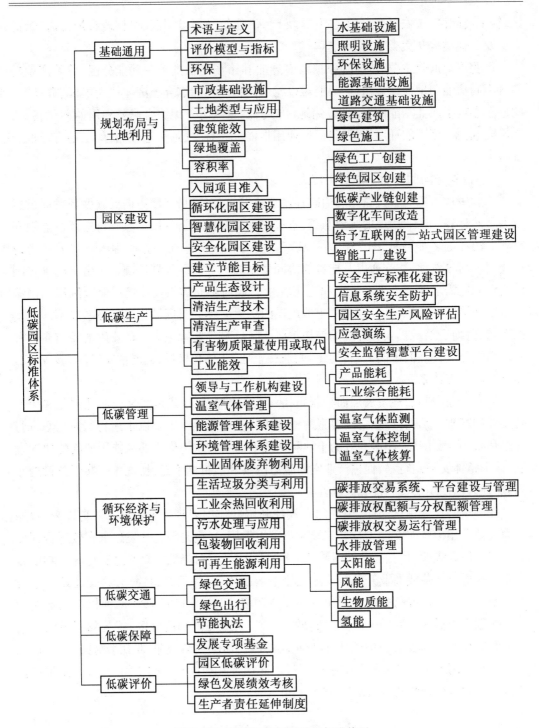

图7-11 低碳工业园区建设标准体系

图 7 – 12   高效的土地利用效应

表 7 – 5   土地利用模式与交通出行量

土地利用模式	减少的交通出行量
在公交站点周围进行居住开发	10%
在公交站点周围进行商业开发	15%
沿着公交线路进行居住开发	5%
沿着公交线路进行商业开发	7%
在公交站点周围进行混合居住开发	15%
在公交站点周围进行混合商业开发	20%
沿着公交线路进行混合式居住开发	7%
沿着公交线路进行混合式商业开发	10%
混合式居住开发	5%
混合式商业开发	7%

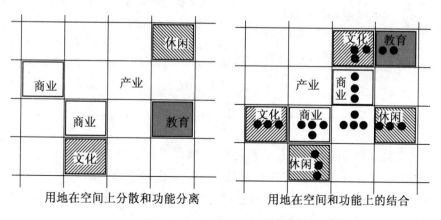

用地在空间上分散和功能分离　　　　　用地在空间和功能上的结合

图 7 – 13   土地利用模式对比

目前,产业用地土地利用变化导致碳排放量,大约占人为碳排放量的30%,因而产业用地与其他功能用地间的联系非常重要。多元复合的不同城市土地间的网络连接,不仅能缩短交通出行量,而且能有效引导产城融合多元的生活模式,对降低城市总体碳排放量有明显作用。合理规划产业用地与其他用地的功能和交通联系对于减少人流和物流运输的碳排放量有非常关键的作用。

以上的分析表明,城市产业空间不同的空间发展模式,带来的后果和发展导向有明显的差别。我国正处在快速城市化进程中,尤其大城市周边新城规划和产业园区建设逐渐增多,而且已经建设的产业新城还有诸多经济和社会问题,CII(City-Industry Integration)理念(促进城市与产业发展更加高效、具有持续社会经济活力且能改善交通和生态环境的空间发展模式)提供了很好的解决思路,从CII实际的功能和作用来看,其实质是"城市产城融合空间"的代表,这为解决产业新城用地的多样化的功能性、经济活力性以及低碳交通和低碳社会引导等方面都提供了具有创建性的思维和发展路线(表7-6)。

表7-6 城市产业空间土地利用模式转变趋势

	传统功能分区模式	低碳发展的产城融合模式
概念	产业功能区独立位于城市边缘区位,为产业园区建设和发展集中提供生产空间和基础设施的区域	CII概念可以表述为产城融合发展,提供多种产业和经济社会发展的组合空间,包括现代服务中心、商业文化设施中心与城市产业空间融合发展,实现公共服务设施和基础设施共享,促进职住平衡
功能差异	注重强调相对单一的产业功能,特别是排除了能够带动产城融合发展的功能	强调产城融合,促进不同用地间的功能多样性,整合传统功能分区相对单一的产业空间区域,使各种用地在一定地域内相互渗透;同时职住平衡功能的引入为步行导向的公共空间建设和避免单纯机动车导向的大尺度空间提供了转型,是一种迈向低碳社会的导向模式
空间和产业特征	位于城市边缘区,支持机动车导向的长距离交通运输;提供相对独立的产业发展空间;产业空间与生活空间相对较远,出行距离长	根据产城融合发展模式,产业规模的不同可以形成多层面的CII分布,甚至是在产业街区规划层面;产业共性是多元化、服务性和外向型;空间布局强调不同功能之间的互动和整合;产业园区内部公共空间由模式的单一公共空间,转向由公园、广场、林荫步道组成的序列空间,并利用这些空间将不同产业功能用地有效联系起来;内部交通以步行为主导的流动空间,提供多样生产和生活空间

为有效控制工业园区用地低碳生态化发展,城市产业用地的控制和开发必须要落实到具体的法定规划层面,因而在控制性详细规划中要区别于传统的土地利用模式,增加对资源利用、交通与环境的协同方式,并通过协同度指标等进行控制,以有效强化城市各类用地间的协同作用,减少碳排放量(表7-7)。

表 7-7　土地利用效率对比

	传统土地利用规划	高效的土地利用规划
与自然协同	考虑较少,呈现片断化发展	与自然环境建立网络连通体系
土地资源利用	土地粗放发展;资源单向流动	土地高效混合利用;资源循环利用
开发方式	土地价值驱动扩张发展	根据生态承载力合理、紧凑发展
与交通及环境的协同方式	缺乏协同的一体化发展模式;人工与自然缺乏协调的生态系统	"土地—交通—生态"一体化发展;人工生态系统与自然系统网络连接
协同度指标	各类用地间协同指标缺乏	职住平衡的人口比例;混合的土地利用比例;土地—交通—密度整合度;弹性用地预留比例;步行网络建设比例;公共服务设施使用便利程度

(3)产业空间布局模式。

产业空间是落实产业生产和配套服务的具备部署和安排,产业空间及用地场所关系直接决定建筑功能、能耗以及建筑风貌等方面影响。低碳工业园区空间布局关键要素系统包括产业生态空间、产业单元建设、园区基础设施及生活服务配套、产业生态化建设、低碳化运营管理等方面内容(表 7-8)。

新时期园区低碳产业主要体现在产业生态、产业空间、管理运营、生活服务配套、产业服务配套、产业经济盈利模式等。

①产业生态建设方面,注重产业上下游产业链发展,走产业集群化发展路线,强化产业发展所需要素的链接与融合,产业发展高度依赖技术、资本、配套服务、智能化管理以及网络化平台建设等。

②产业空间建设方面,强化产业园区各功能产业主体之间的深度合作,采取多样的建筑空间组合形式,营造丰富多样的生产空间和配套服务空间,提高生产效率。

③低碳化管理运营方面,推广智能化管理平台,配套园区产业引导服务、物业服务、政务一体化服务,科技服务、民生和节能环保专项服务等,提高园区运营效率。

④园区生活配套服务,注重产城融合发展,提高服务设施和基础设施共享,满足科技人群、产业人群等不同群体的教育、休闲、社交等多方面需求,强化与城市共建共享。

⑤园区配套服务,提供生态性服务体系,解决企业生产、经营活动以及销售、展览展销等多方面困境,切实满足企业发展需求。

⑥产业经济盈利模式体现在对科技支撑、产品附加值、物流销售等配套方面,形成多元化盈利方式,适应产业可持续发展趋势。

⑦产业园区内外协作方面,注重适应市场发展趋势,建立市场、企业、消费者多渠道链,并通政府引导、股权合作、基金参与等多元经营和管理手段,建立园区与企业共赢模式,推动园区健康发展。

表 7 - 8　工业园区建筑布局模式对比分析

功能要素	行列式布局	环绕式布局
城市界面关系	园区建筑界面不一,影响城市界面风貌	减少园区建筑山墙面,有利于形成连续沿街界面
功能分区	园区各空间单元分区明确,联系不密切,不利于办公生产一体化	采取单元组合模式,功能相对集中,形成复合化空间
生产和生活空间组织	生产和生活空间分割清晰,互不干扰	适度形成生产与生活空间融合,便于联系
运营管理	功能分区明确,空间独立,增加管理难度	产业功能单元划分,适合集中管理

2.低碳产业体系

(1)产业链体系的低碳化内涵。

在产业链体系建设方面,以产业集群建设理念推动工业园区形成上下游产业链,有助于产业间合作、促进能源、物流和人流、资源(如能源、水资源、废物再利用等)等多方面的统筹协调,形成产业网络体系、生产空间和生活空间协同,节约用地,提高资源再利用率和资源共享效率。

(2)低碳工业园区产业链建设。

园区产业链集群建设是建立上下游产业间相互作用及功能联系,注重产业间相互依存联系,空间建设体现出空间土地要素、资源要素及基础设施的共建共享。

产业链集群工业园区产业体系能有效解决产业间资源循环,精细化产业空间单元能优化产业空间用地布局,建立复杂功能联系,解决粗放发展形势,降低能源消耗和二氧化碳排放量。产业链集群引导的产业体系能与周边配套企业建立功能联系,促进资源在企业间流动,建立功能联系,增加土地混合性,提高土地开发强度,促进多中心产业空间形成,更利于工业园区低碳化发展,降低单位 GDP 能耗(图 7 - 14 和图 7 - 15)。另外有助于园区做大做强,建立强链和补链产业机制,提高生产效率,降低生产成本,吸引资金和人才聚集,推动技术进步和产业升级,打造循环产业园区。

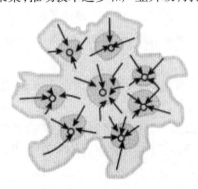

图 7 - 14　非产业集群产业结构

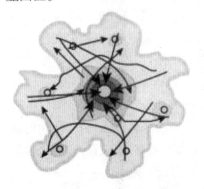

图 7 - 15　产业集群引导的产业结构

表 7 - 16　低碳生态工业园区国家引领值指标

一级指标	二级指标	国家参考值	单位
资源利用低碳化指标	水资源产出率	1500	元/立方米
	土地资源产出率	15	亿元/平方千米
	工业固体废弃物综合利用率	95	%
	工业用水重复利用率	90	%
	中水回用率	30	%
	余热资源回收利用率	60	%
	废气资源回收利用率	90	%
	再生资源回收利用率	80	%
能源利用低碳化指标	能源产出率	3	亿元/吨标准煤当量
	可再生能源使用比例	15	%
	清洁能源使用率	75	%
产业低碳化指标	高新技术产业产值占园区工业总产值比例	30	%
	绿色产业增加值占园区工业增加值比例	30	%
	现代服务比例	30	%
	人均工业增加值	15	万元/人
基础设施低碳化指标	污水集中处理设施	具备	—
	新建工业建筑中绿色建筑的比例	60	%
	500 米公交站点覆盖率	90	%
	节能与新能源公交车比例	30	%
生态环境绿色化指标	工业固体废弃物处置利用率	100	%
	万元工业增加值碳排放量消减率	3	%
	单位工业增加值废水排放量	5	吨/万元
	主要污染物弹性系数	0.3	—
	空气质量优良率	80	%
	绿化覆盖率	30	%
	道路遮阴比例	80	%
	露天停车场遮阴比例	80	%
运行管理低碳化指标	低碳园区标准体系完善程度	/	%
	低碳园区发展规划	/	—
	低碳化信息平台建设	/	—

7.6 本章小结

工业领域碳排放量是全球碳排放最重要的碳源头之一,按照当前世界平均水平,工业能耗占 37.7%,能耗量和碳排放量居首位。工业是我国温室气体排放的重要领域,工业园区能源消耗占全国的 66%,碳排放占 67%,因此建设低碳工业园区,引领整个工业领域碳排放强度下降,对于我国实现碳排放目标具有战略性和全局性的意义。

从全球工业领域降碳减排模式来看,并没有成熟的低碳工业园区发展模式可以参考,仍在探索和试点阶段。按照我国"双碳"目标,工业领域成为碳减排最为关键的领域,因此如何建立低碳、生态、可持续发展的工业园区,成为多学科共同研究的课题,也是一项复杂的系统工程。

在习近平生态文明思想的科学指引下,我国正在积极应对气候变化,推动实现碳达峰和碳中和目标。因此 2021 年 9 月,国家生态环境部发布了《关于推进国家生态工业示范园区碳达峰碳中和相关工作的通知》,要求园区将碳达峰、碳中和作为国家生态工业示范园区重要发展内容,希望通过践行绿色低碳发展理念强化减污降碳协同增效,培育低碳新业态,提升产业发展的绿色影响力。

低碳园区建设措施是以产业优化、技术创新、综合技术平台建设,形成碳达峰和碳中和方案和实施路径,并分阶段、稳步有序推动示范园区先于全社会 2030 年前实现碳达峰,2060 年前实现碳中和。因此,工业园区绿色发展意义重大,园区低碳生态发展成为工业领域推进生态文明建设的重要途径,是落实国家碳排放目标的重大举措。

本章从低碳经济发展内涵出发,在充分研究工业用地规模与碳排放关系基础上,分析了现有低碳工业园区发展模式,现有研究注重从产业用地规划布局、产业链结构、产业结构优化、园区量化动态评估等方面进行研究,还缺乏从低碳生态系统方面的研究。

本章在分析国内外工业园区转型历程和我国试点工业园区建设实践的基础上,从城市规划视角,基于工业园区建设、低碳生产、低碳管理、园区循环经济与环境保护、低碳交通、低碳园区保障与评价等层面,提出了低碳工业园区总体规划控制要素和建设标准体系,进而在土地利用与碳排放关系研究基础上,提出了低碳导向的工业园区高效土地利用模式。工业园区产业低碳是减排的关键,本章在产业链体系低碳化内涵分析基础上,提出低碳工业园区产业链建设策略,提出工业园区产业共生体系,并从化工行业、食品行业、电子通信行业等方面提出工业园区静脉产业及企业门类,促进资源在企业间流动,建立产业功能联系。

工业园区建筑和产业工艺体系是碳排放主体,在建筑材料生产中资源消耗、能源消耗和碳排放全过程分析的基础上,依据工业建筑设计和建设的原则,同时加强低碳节能技术应用,提出低碳建筑集成体系。

工业园区资源化再利用也是低碳化和生态化发展的重要方面,尤其在能源和水资源利用方面,降低单位 GDP 能耗标准,提高单位用地再生水重复利用率,增加雨水收集再利用,强化园区碳汇系统建设等。因此工业园区能源利用和水资源循环利用以及工业园区环境治理都是实现工业园区低碳生态化发展的关键。本章围绕工业园区重点建设内容,提出了能源系统规划、水资源循环利用、工业园区环境治理等方面规划策略。

从城市规划视角,为有效指导和协调多部门的利益关系,有效组织工业园区空间规划,优化土地资源配置,分层级指标控制必须从总体规划、详细规划以及专项规划和实施层面贯彻工业园区低碳化和生态化理念,从而实现规划层次之间的关系协调、层次递进,提出低碳工业园区规划指标控制要素体系,推动工业园区能源消耗低碳化、土地利用紧凑化、产业多元化发展,实现工业园区低碳生态化建设。

结　　论

近百年来,随着地球表层平均温度和大气二氧化碳浓度上升,导致全球气候变暖,已经威胁到人类生存空间,是最突出的全球性环境问题之一,并引发了一系列环境危机问题。城市面积虽然占地球表面积的2%,但城市是全球经济活动的枢纽,消耗了全球75%的能源,产生了80%的温室气体排放量。因此基于城市空间视角探求城市低碳、节能、生态的可持续发展模式成为城市规划学科的主要责任和任务,对于低碳城市建设具有重要的科学和现实意义。

城市空间作为承载经济和社会发展的空间载体,其空间结构和发展模式对于城市总体碳排放量有一定关系。如何通过规划技术手段和相应的规划政策保障城市空间模式转型、城市空间整体高效运行,实现低耗、低排发展的图景,是我国城市规划转型和进一步发展面临的紧迫问题。本书基于对气候变化背景下低碳城市的空间结构组织和协同规划研究,得出以下结论:

第一,在全球气候变化和城市面临的危机,以及低碳城市内涵和运行规律的分析基础上,提出城市发展应走向"理性+技术"并重的发展路径。

本书基于对气候变化与城市化交互耦合系统理论、生态现代化理论的解读,通过对协同学理论溯源分析和协同规划原理的释义,提出低碳城市的协同规划概念、内涵、效应和作用机理,并在城市规划学科体系方面,从多学科交叉研究视角系统建构了包括协同规划目标与规划原则体系、协同规划编制技术体系、规划实施保障体系的低碳城市的协同规划理论框架。

从城市"内生型"低碳化和"外生型"低碳化方面深入剖析低碳城市的发展内涵,认为城市作为一个系统有机生命体,存在与生物基本特征相类似的发展特性。生物体严整、有序、低耗、高效的生命运行原理对城市发展有一定启示作用,同时对生物平衡的新陈代谢过程与现代城市"超新陈代谢"过程进行了鲜明对比。基于生物层面与城市层面的对比分析,认为城市通过"理性"的科学规划方法和空间组织,是城市实现低碳发展的关键,而相应的低碳节能技术和制度保障措施是城市低碳发展的有益补充。

第二,城市低碳化发展的规划控制内容和方法。

本书在低碳城市内涵解析、空间发展的价值取向及低碳城市与城乡规划的发展关系基础上,提出了城市低碳发展的控制要素和指标体系,并从城市土地低碳利用和城市空间结构有效组织的两个层面,建构了城市低碳发展的控制内容和方法。基于对低碳城市内涵、运行机理和运行模式的阐释,提出低碳城市空间发展的价值取向和契合的模式,并提出城市向低碳演化发展的规划控制内容和方法。基于当前城市发展面临的瓶颈,寻求

"低碳增长"的空间发展选择和价值取向是城市迈向低碳发展的关键。通过分析全球城市碳排放发展趋势、我国城市化进程与碳排放面临的危机,进而剖析粗放型经济发展模式下的城市形态表征和空间效能,并从碳排放视角检验当前城市空间结构和形态发展的合理性与效能性,指出传统经济模式下城市空间发展打破与自然协同发展的规律,追求经济增长和发展速度的价值观也是导致城市"高碳"的重要原因。进而通过低碳城市与城市规划的关系与作用分析,提出通过城乡规划有效建构和控制城市低碳化发展,并提出低碳导向的规划控制内容和方法,以期通过从宏观规划到微观的城市建设,建构上下"双向"协同发展的规划控制体系,实现城市各环节低碳、节能发展的图景。

第三,为达到城市空间低碳发展目标,提出应当建构城市空间协同模式。

在对低碳城市空间结构关系组织原理、内涵和组织机制分析的基础上,提出城市空间组织的目的是构建一个"协同、有序、高效、持续"发展的城市空间形态,其明显特征是城市空间系统要素的协同组织是建立在衡量城市的"低碳协调度""低碳发展度""低碳持续度"的基础上,分别从城市环境质量层面、城市发展"数量"层面和城市可持续发展力的时间层面考量低碳城市的空间结构低碳化组织模式和协同关系。在此基础上,提出低碳城市的协同发展的形态模式和网络化发展的功能模式。

第四,低碳城市空间结构组织模式和协同规划途径。

本书在阐释低碳城市的空间结构内涵和系统关联特性的基础上,将协同规划原理运用到城市规划体系研究中,通过分析协同规划原理的作用和功能,将协同规划运用于城市规划体系中,分析协同规划的理念和本质以及协同规划的效应与作用机理,即协同规划有助于提高城市效能、实现融合自然的协同、促进城市低碳循环发展、促进城市规划要素之间整合与协作。提出低碳城市空间结构组织的形态模式和网络化发展模式,继而提出建立以空间规划为主体的空间与政策和经济的规划协同控制体制、多层次规划协同的城市规划编制技术体系、协同作用下的规划发展对策和保障体系的协同规划途径,建构了系统的低碳城市协同规划体系,包括协同规划目标与原则体系、编制技术体系与内容、协同作用下的规划发展对策与保障体系。

第五,居住区和工业园区低碳化发展的规划编制体系。

居住区是城市活动最为频繁的区域,工业园区是城市碳排放量的最大源头,基于居住区和工业园区在降碳减排的重要性,分别从居住区和工业园区空间与碳排放效应关系研究入手,提出低碳化建设模式和规划策略,建构低碳建设指标框架体系。

综上所述,本书对低碳城市的空间结构组织和协同规划体系框架进行了初步的理论建构,而这一方法能否更成熟、更适应多变的气候变化及时代背景和专业实践,对低碳城市规划理论与实践建设模式的研究具有理论和现实意义。本书的理论基础研究也有助于在以下方面做进一步探索:

(1)低碳城市的协同规划技术性指标研究。为推进低碳城市建设实践向更为科学、规范的方向发展,相应的量化研究和指标体系的建立非常必要。因此,如何利用定量研究方法体系、低碳城市的指标控制体系等内容,以促进低碳城市建设实践的可操作性与推广性,是完善理论框架内容的重要补充。

(2)低碳城市协同规划的实证研究。追根溯源,协同规划是为实现城市低碳、节能、可持续发展,提高规划指引和控制的手段。协同规划在各类规划以及城市规划体系内部的环环协调与承接,其作用效果和反馈都需要在后续的实证过程中进行研究。

显然,本书研究领域宽泛,所及内容庞杂,命题论证跨度增大,难度增加。虽然本书试图从气候变化背景下城市空间发展与协同规划进行聚焦,但城市系统间的协同关系较为复杂,有些观点分析不够透彻,尚需在深度上进行挖掘。同时,由于国内尚缺此类协同规划的实际案例,以及相应案例实证与反馈方面的经验,因而导致命题论证过程显得相对抽象和空泛,这些都有待于在今后的研究工作中进一步完善。

(3)低碳居住区和低碳工业园区实质研究。不同地域和不同气候条件的居住区和工业园区,都需要有针对性的低碳生态化模式和指标体系研究,这将是今后努力的方向。

参考文献

[1] WANG W Z, WANG W Y. Consideration on the current global climate change[J]. China population, resources and environment, 2005(5):79-81.

[2] 罗巧灵, 胡忆东, 丘永东. 国际低碳城市规划的理论、实践和研究进展[J]. 规划师, 2011(5):5-10.

[3] SATTERTHWAITE D. The contribution of cities to global warming and their potential contributions to solutions[R]. Environment and urbanization, 2008(20):539-545.

[4] 中国城市科学研究会. 中国低碳生态城市发展战略[M]. 北京:中国城市出版社, 2009.

[5] NORRIS P. Watching earth from space[M]. Chickester:Praxis publishing, 2010.

[6] Department of Trade and Industry. UK Energy White Paper:Our energy future creating a low carbon economy[M]. London:TSO, 2003.

[7] 李迅, 刘琰. 中国低碳生态城市发展的现状、问题与对策[J]. 城市规划学刊, 2011 (4):23-28.

[8] MARIBEL F, PROSPERI D C. Planning for low carbon cities: Reflection on the case of Broward County, Florida, USA[J]. Cities, 2011(4):1-12.

[9] JOHNSTON D, LOWE R, BELL M. An exploration of the technical feasibility of achieving CO_2 emission reductions in excess of 60% within the UK housing stock by the year 2050[J]. Energy policy, 2005(33):1643-1659.

[10] Kawase, R, Matsuoka, Y, Fujino, J. Decomposition analysis of CO_2 emission in long-term climate stabilization scenarios[J]. Energy policy, 2006(15):2113-2122.

[11] 庄贵阳. 中国经济低碳发展的途径与潜力分析[J]. 国际技术经济研究, 2005 (3):79-87.

[12] 顾朝林, 谭纵波, 韩春强. 气候变化与低碳城市规划[M]. 南京:东南大学出版社, 2009.

[13] JAIN A K. Low carbon city: policy, planning and practice[M]. New Delhi:Discovery publishing house Pvt. Ltd., 2009.

[14] MORPHET J. Effective practice in spatial planning[M]. London:Routledge, 2011.

[15] 顾朝林, 谭纵波, 刘宛, 等. 气候变化、碳排放与低碳城市规划研究进展[J]. 城市规划学刊, 2009(3):38-45.

[16] 陈柳钦. 低碳城市发展的国外实践[J]. 环境保护与循环经济, 2011(1): 18-20.

［17］　戴亦欣. 低碳城市发展的概念沿革与测度初探［J］. 现代城市研究,2009(11):7-9.

［18］　SIMAO A, DENSHAM P J. Web-based GIS for collaborative planning and public participation:An application to the strategic planning of wind farm sites［J］. Journal of environmental management, 2009,90(5):2027-2040.

［19］　ARCINIEGAS G, JANSSON R. Spatial decision support for collaborative land use planning workshops［J］. Landscape and urban planning, 2012(107):332-342.

［20］　GRAZI F, VAN DEN Bergh J C J M. Spatial organization, transport, and climate change:comparing instruments of spatial planning and policy［J］. Ecological economics, 2008, 67(12):630-639.

［21］　MYINT S W. An exploration of spatial dispersion, pattern, and association of socio-economic functional units in an urban system ［J］. Applied geography, 2008,28(7): 168-188.

［22］　仇保兴. 我国城镇化中后期的若干挑战与机遇——城市规划变革新动向［J］. 城市规划, 2010(1):15-23.

［23］　张洪波. 全球气候变化下低碳城市实现的规划途径［J］. 四川建筑科学研究,2011(6):247-251.

［24］　李迅,曹广忠. 中国低碳生态城市发展战略［J］. 城市发展研究,2010(1):32-38.

［25］　陈群元,喻定权. 我国建设低碳城市的规划构想［J］. 现代城市研究,2009(11): 17-19.

［26］　唐子来. 以低碳生态的名义［J］. 城市规划,2011(1):54-59.

［27］　张泉. "低碳"对规划的冲击有多大［J］. 城市规划, 2009(12):79-81.

［28］　沈清基,安超,刘昌寿. 低碳生态城市的内涵、特征及规划建设的基本原理探讨［J］. 城市规划学刊,2010(5):48-56.

［29］　顾朝林,谭纵波,刘志林,等. 基于低碳理念的城市规划研究框架［J］. 城市与区域规划研究,2010(2):24-33

［30］　张洪波,徐苏宁. 低碳时代的城市发展导向与城乡规划变革［J］. 哈尔滨工业大学学报(社会科学版),2011(5):59-65.

［31］　潘海啸,汤锡,吴锦瑜, 等. 中国"低碳城市"的空间规划策略［J］. 城市规划学刊,2008(6):57-64,

［32］　张泉,叶兴平,陈国伟. 低碳城市规划——一个新的视野［J］. 城市规划,2010(2):13-18.

［33］　王建国,王兴平. 绿色城市设计与低碳城市规划——新型城市化下的趋［J］. 城市规划,2011(2):20-21.

［34］　顾朝林. 低碳城市规划发展模式［J］. 城乡建设,2009(11):71-72.

［35］　陈飞,诸大建. 低碳城市研究的理论方法与上海实证分析［J］. 城市发展研究,

2009(10):71-79.

[36]　李晓伟,曹伟. 基于低碳理念的厦门概念规划研究[J]. 规划师,2010(5):21-26.

[37]　胡禹域. 重庆渝中半岛碎片式历史环境与现代城市空间协同发展研究[D]. 重
　　　庆:重庆大学,2010.

[38]　王小健,陈眉舞. 大事件建筑规划设计与城市空间协同发展研究[J]. 华中建筑,
　　　2007(8):35-42.

[39]　付允,马永欢,刘怡君,等. 低碳经济的发展模式研究[J]. 中国人口·资源与环
　　　境,2008(3):14-19.

[40]　张泉. "低碳"对规划的冲击有多大[J]. 城市规划,2009(12):79-81.

[41]　夏堃堡. 发展低碳经济,实现城市可持续发展[J]. 环境保护,2008(3):33-34.

[42]　2050中国能源与碳排放研究课题组. 2050中国能源与碳排放报告[M]. 北京:科
　　　学出版社,2009.

[43]　仇保兴. 我国城市发展模式转型趋势——低碳生态城市[J]. 现代城市, 2010
　　　(5):1-6.

[44]　颜文涛,王正,韩贵锋,等. 低碳生态城规划指标及实施途径[J]. 城市规划学刊,
　　　2011(3):39-48.

[45]　何洪泽. 世界城市化的发展趋势[J]. 智能建筑与城市信息,2003(5):74-75.

[46]　POUMANYVONG P, KANELEO S. Does urbanization lead to less energy ues and low-
　　　er CO_2 emissions? A cross-country analysis [J]. ecological Economics, 2010(70):
　　　434-444.

[47]　WBIE Group. Hazards of nature, risk to development:An IEG evaluation of World
　　　Bank assistance for natural disaster [M]. Washington DC:World Bank Publications,
　　　2006.

[48]　史培军,李宁,叶谦,等. 全球环境变化与综合灾害风险防范研究[J]. 地球科学进
　　　展,2009, 24(4):428-434.

[49]　KALNAY E, CAI M. Impact of urbanization and land-use change on climate[J]. Na-
　　　ture, 2003,423(6939):528-531.

[50]　张妍,黄志龙. 中国城市化水平和速度的再考察[J]. 城市发展研究,2010 (11):
　　　1-6.

[51]　简新华,黄锟. 中国城镇化水平和速度的实证分析与前景预测[J]. 经济研究,
　　　2010(3):28-35.

[52]　吴志强,仇勇懿,干靓,等. 中国城镇化的科学理性支撑关键[J]. 城市规划学刊,
　　　2011(4):1-9.

[53]　刘庆,陈利根,张凤荣. 中国建设占用耕地数量与人口增长关系实证[J]. 中国人
　　　口·资源与环境, 2009(5):111-115.

[54]　谈明洪,李秀彬. 世界主要国家城市人均用地研究及其对我国的启示[J]. 自然资

源学报,2010(11):1814-1819.

[55] KLAUS H, DABO G . Environmental implications of urbanization and lifestyle change in China:Ecological and water footprints [J]. Journal of cleaner production,2009 (17):1241-1248.

[56] 杨恬,左伋,刘艳平. 细胞生物学[M]. 北京:人民卫生出版社,2010.

[57] 中国城市规划学会. 城市规划读本[M]. 中国建筑工业出版社, 2002.

[58] 吴良镛. 吴良镛城市研究论文集——迎接新世纪的来临[M]. 北京:中国建筑工业出版社,1996.

[59] 齐康. 我看城市[J]. 现代城市研究,2002(6):4-7.

[60] 吴良镛. 环境科学导论[M]. 中国建筑工业出版社,2001.

[61] 黑川纪章. 黑川纪章城市设计的思想与手法[M]. 覃力,译. 北京:中国建筑工业出版社,2004.

[62] KENNEDY C, PINCETL S,Bunje P. The study of urban metabolism and its applications to urban planning and design [J]. Environmental pollution,2010 (10):1-9.

[63] 布斯盖兹. 多元线路化城市[M]. 张悦, 王宇婧, 王钰, 译. 武汉:华中科技大学出版社,2010.

[64] HICKMAN R, ASHIRU O,BANISTER D. Briefing:Low-carbon transport in London [J]. Urban design and planning,2009(10):151-153.

[65] 朱介鸣. 发展规划:强化规划塑造城市的机制[J]. 城市规划学刊,2008 (5):7-13.

[66] 王原. 城市化区域气候变化脆弱性综合评价理论、方法与应用研究——以中国河口城市上海为例[D]. 上海:复旦大学,2010.

[67] 马国馨. 丹下健三——国外著名建筑师丛书[M]. 北京:中国建筑工业出版社,1989.

[68] HUBER J. Towards industrial ecology:Sustainable development as a concept of ecological modernization[J]. Journal of environmental policy and planning,2000(2):45.

[69] MOL A P J. Globalization and environmental reform:The ecological modernization of the global economy [M]. Cambridge:MIT press,2001.

[70] 何晋勇, 吴仁海. 生态现代化理论及在国内环境决策中的应用[J]. 中国人口·资源与环境,2001(4):17-20.

[71] 刘昌寿. 城市生态现代化:理论、方法及案例研究[D]. 上海:同济大学,2007.

[72] 刘佳燕. 走向整合发展的城市邻里更新策略——荷兰 Bijlmer 大型住区综合性更新项目的启示[J]. 国际城市规划,2012(3):85-91.

[73] 瑞吉斯特. 生态城市:重建与自然平衡的城市[M]. 王如松, 于占杰, 译. 北京:社会科学文献出版社,2010.

[74] 徐苏宁. 城市设计美学[M]. 北京:中国建筑工业出版社,2007.

[75] SAMANIEGO H. Cities as organisms：Allometric scaling of urban road networks [J]. Journal of transport and land use,2008(1):21-39.

[76] 周岚,张京祥. 低碳时代的生态城市规划与建设[M]. 北京:中国建筑工业出版社,2010.

[77] ALEXANDER C, ISHIKAWA S. A pattern language[M]. New York:Oxford University press,1977.

[78] RANHAGEN U. 曹妃甸国际生态城规划综述[J]. 谭英,译. 世界建筑,2009(6):17.

[79] TAN K W. A greenway network for Singapore[J]. Landscape and urban planning,2006(76):50.

[80] 陆大道,宋林飞. 中国城市化发展模式:如何走向科学发展之路[J]. 苏州大学学报(哲学社会科学版),2007(2):6-12.

[81] 张妍,黄志龙. 中国城市化水平和速度的再考察[J]. 城市发展研究,2010(11):1-6.

[82] 韦保仁. 中国能源需求与二氧化碳排放的情景分析[M]. 北京:中国环境科学出版社,2007.

[83] 陈宣庆,张可云. 统筹区域发展的战略问题与政策研究[M]. 北京:中国市场出版社,2007.

[84] 王志伟. 建筑垃圾的开发和利用[J]. 建筑技术开发,2000(6):33.

[85] 张京祥,陈浩. 中国的"压缩"城市化环境与规划应对[J]. 城市规划学刊,2010(6):10-20.

[86] 朱江玲,岳超,王少鹏,等. 1850—2008年中国及世界主要国家的碳排放[J]. 北京大学学报(自然科学版),2010(4):497-503.

[87] 陈蔚镇,卢源. 低碳城市发展的框架、路径与愿景——以上海为例[M]. 北京:科学出版社,2010.

[88] 海道清信. 紧凑型城市的规划与设计[M]. 苏利英,译. 北京:中国建筑工业出版社,2011.

[89] 魏后凯. 论中国城市转型战略[J]. 城市与区域发展转型,2011(1):1-17.

[90] 李国平. 首都圈结构、分工与营建战略[M]. 北京:城市出版社.

[91] 施继元. 都市圈效应研究[D]. 上海:上海交通大学,2009.

[92] HARRIET B, BROTO V C, HODSON M,et al. Cities and low carbon transitions [M]. Abingdon:Routledge, 2011.

[93] 丁成日. 城市空间结构和用地规模对城市交通的影响[J]. 城市交通,2010(5):29-34.

[94] 吕斌,刘津玉. 城市空间增长的低碳化路径[J]. 城市规划学刊,2011(3):33-37.

[95] 朱介鸣. 市场经济下的中国城市规划[M]. 北京:中国建筑工业出版社,2009.

［96］　沈清基.见微知著:读《市场经济下的中国城市规划》后的若干思考［J］.城市规划学刊,2010(3):116-119.

［97］　CROSS N. Developments in design methodology［J］. London:John Wiley & Sons, 1984.

［98］　诸大建,王世营.上海城市空间重构与新城发展研究［J］.城市与区域规划研究, 2011(1):57-68.

［99］　黑川纪章.城市革命——从公有到共有［M］.徐苏宁,吕飞,译.北京:中国建筑工业出版社,2011.

［100］　陈云川,朱明仓,王帆飞,等.我国城市经营的现状和特征——以四川省为例［J］.河南工业大学学报(社会科学版),2006(2):11-16.

［101］　SOVACOOL B K, BROWN M A. Twelve metropolitan carbon footprints:A preliminary comparative global assessment［J］. Energy policy, 2010(38):4856-4869.

［102］　李静,李雪铭,刘自强.基于城市化发展体系的城市生态环境评价与分析［J］.中国人口·资源与环境,2009(1):156-160.

［103］　张庭伟.20世纪规划理论指导下的21世纪城市建设——关于"第三代规划理论"的讨论［J］.城市规划学刊,2011(3):1-7.

［104］　詹克斯.紧缩城市:一种可持续发展的城市形态［M］.周玉鹏,译.北京:中国建筑工业出版社,2004.

［105］　孙施文.城市规划哲学［M］.北京:中国建筑工业出版社,1997.

［106］　王凯.国家空间规划论［M］.北京:中国建筑工业出版社,2010.

［107］　仇保兴.生态城改造分级关键技术［J］.城市规划学刊,2010(3):1-13

［108］　洪再生,丁灵鸽,孙易.城市新区设计中的文化植入［J］.城市问题,2011(10): 21-24.

［109］　MARSHALL J D. Energy-efficient urban form［J］. American chemical society,2008 (3):3133-3135.

［110］　GLAESER E,KAHN M E. The greenness of cities:Carbon dioxide emissions and urban development［J］. Journal of urban economics,2009 (11):234-240.

［111］　李燕,李娅蓓."具有全球示范效应"的规划——聚焦《武汉城市总体规划(2009—2020年)》［J］.中华建设,2010(2):6-15.

［112］　沈丽珍.流动空间［M］.南京:东南大学出版社,2010.

［113］　HOORNWEG D. Cities and greenhouse gas emissions:Moving forward ［J］. Environment and urbanization,2011(1):207-226.

［114］　Lewis Mumford. The city in history:Its origins, its trans formation, and its prospects ［M］. New York:Harcourt Brace&World,1961.

［115］　PUMAIN D, SANDERS L. Ecopolis:Architecture and cities for a changing climate ［M］. New York: Springer Netherlands,2009.

[116] STEFFEN L. Can rapid urbanization ever lead to low carbon cities? The case of Shanghai in comparison to Potsdamer Platz Berlin [J]. Sustainable cities and society, 2011(8):7-10.

[117] 朱渊. 网络化城市建设研究初探——从"十次小组"谈起[J]. 建筑师,2008 (5):52-54.

[118] 朱渊,王建国."十次小组""流动性"解析与延展[J]. 建筑学报,2010(4):9.

[119] 沈玉麟. 外国城市建设史[M]. 北京:中国建筑工业出版社,1989:171.

[120] 加塔利,德勒兹. 资本主义与精神分裂(卷二)[M]. 姜宇辉,译. 上海:上海书店出版社,2009.

[121] JIANG B, CLARAMUNT C. Topological analysis of urban street networks [J]. Environment and planning,2004(31):151-162.

[122] 张庭伟,王兰. 从 CBD 到 CAZ:城市多元经济发展的空间需求与规划[M]. 北京:中国建筑工业出版社,2011.

[123] 朱文元. 中国新型城市化报告2010[M]. 北京:科学出版社,2010.

[124] GRAZI F,VAN DEN BERGH J,VAN OMMEREN J N. An Empirical analysis of urban form, transport and global warming [J]. The energy journal,2008(4):97-113.

[125] 赵宏宇,郭湘闽,褚筠."碳足迹"视角下的低碳城市规划[J]. 规划师,2010(5):13.

[126] MILLER E J,HUNT J D. Microsimulating urban systems [J]. Computers, environment and urban systems,2004(28):12-14.

[127] 雍怡. 短距城市的理论及综合评价方法研究[D]. 上海:复旦大学,2006.

[128] 杨保军,董珂. 生态城市规划的理论与实践[J]. 城市规划, 2008,32(8):10-15.

[129] 陈飞,诸大建. 城市低碳竞争力理论与发展模式研究[J]. 城市规划学刊,2011 (4):18-20.

[130] 倪敏东,许艳玲. 适应气候变化的公共空间规划——来自伦敦卡姆登区的经验[J]. 国际城市规划,2010(1):47-51.

[131] THOMPSON C W. Urban open space in the 21st century [J]. Landscape and urban planning,2002(60):59-72.

[132] 谭敏,李和平. 城镇密集区集约发展的空间选择与规划对策——以成渝城镇密集区为例[J]. 城市规划学刊,2010(5):111-116.

[133] 金广君,吴小洁. 对城市"廊道"概念的思考[J]. 建筑学报,2010(11):90-95.

[134] 贝尔奈特,肯恩,马尔巴赫. 胡塞尔思想概论[M]. 李幼蒸,译. 北京:中国人民大学出版社,2011.

[135] 郑时龄. 未来大都市与生活品质[J]. 住宅科技,2004(6):7-8.

[136] 孙靓. 城市空间步行化研究初探[J]. 华中科技大学学报,2005(3):76-79.

[137] 仇保兴. 进一步加快绿色建筑发展步伐——中国绿色建筑行动纲要(草稿)解读

　　　　　　　［J］. 建设科技,2011(6):10-13.

[138]　DROEGE P. Urban Energy Transition—From Fossil Fuels to Renewable Power［M］. Amsterdan:Elsevier,2008.

[139]　鲁亚诺. 生态城市 60 个优秀案例研究［M］. 吕晓惠,译. 北京：中国电力出版社,2007.

[140]　陶亮,曹晶. 中加联手打造低碳节能建筑新方案［J］. 城市住宅,2010(4):95.

[141]　鲍家声. 低碳经济时代的建筑之道［J］. 建筑学报,2010(7):1-6.

[142]　吴志强,肖建莉. 世博会与城市规划学科发展——2010 上海世博会规划的回顾［J］. 城市规划学刊,2010(3):14-18.

[143]　沈清基. 论城市规划的生态学化——兼论城市规划与城市生态规划的关系［J］. 规划师,2000(3):5-9.

[144]　林树森. 战略规划应突出三个"概念"［J］. 城市规划,2011(3):21-28.

[145]　周向频,刘源源. 轨道交通发展对城市景观影响的研究现状与展望［J］. 城市规划学刊,2011(4):75-80.

[146]　美国城市规划协会. 城市规划设计手册——技术与工作方法［M］. 祁文涛,译. 大连:大连理工大学出版社,2009.

[147]　赵民,赵蔚. 关注城市规划的社会性——兼论城市社区发展规划［J］. 上海城市规划,2006(6):8-11.

[148]　仇保兴. 生态城改造分级关键技术［J］. 城市规划学刊,2010(3):1-13.

[149]　王唯山. "三规"关系与城市总体规划技术重点的转移［J］. 城市规划学刊,2009(5):14-18.

[150]　丁成日. "经规"? "土规"? "城规"规划整合的理论与方法［J］. 规划师,2009(3):53-58.

[151]　郝吉明,田金平,卢琬莹,等. 长江经济带工业园区绿色发展战略研究［J］. 中国工程科学,2022(1):155-165.

[152]　ARNALDO B. Cities in Contemporary Europe［M］. Torino:Università degli Studi di Torino,2010.

[153]　GAO Z G, ZHANG B. Innovation of urban planning formulation system in China［J］. City planning review,2009(33):26-28.

[154]　杨保军,王文彤. 总体规划批什么［J］. 城市规划,2010 (1):61-72.

[155]　刘玉亭,何深静,魏立华. 英国的社区规划及其对中国的启示［J］. 规划师,2009(3):85-89.

[156]　蔡博峰,刘春兰. 城市温室气体清单研究［M］. 北京:化学工业出版社, 2009.

[157]　PANDEY D, AGRAWAL M. Carbon footprint:Current methods of estimation［J］. Environmental monitoring and assessment,2011(178):135-160.

[158]　仇保兴. 复杂科学与城市规划变革［J］. 城市规划,2009(4):11-26.

[159] 何珍,吴志强,王紫琪,等. 碳达峰路径与智力城镇化[J]. 城市规划学刊,2021
        (6):37-44.

[160] 张洪波. 文化生态学理论及其对我国城市可持续发展的启示[J]. 2009(10):85-
        90.

[161] 何兴华. 城市规划中实证科学的困境及其解困之道[M]. 北京:中国建筑工业出
        版社,2007.

[162] 张洪波. 低碳出行导向的城市日常生活服务设施可步行性评价[J]. 四川建筑科
        学研究,2016(3):97-101.

[163] 张洪波,徐苏宁. 从健康城市看我国城市步行环境营建[J]. 华中建筑,2009
        (2):149-152.

[164] 王贵新,武俊奎. 城市规模与空间结构对碳排放的影响[J]. 城市发展研究,2012
        (3):89-95.

[165] 易春燕,马思思,关卫军. 紧凑的城市是低碳的吗?[J]. 城市规划,2018(5):31-
        38,86.

[166] 姜洋,何永,毛其智,等. 基于空间规划视角的城市温室气体清单研究[J]. 城市
        规划,2013(4):50-56.

[167] 张洪波,陶春晖,姜云,等. 基于低碳经济模式的工业园区规划探讨[J]. 山西建
        筑,2010(27):3-4.

[168] 赵若楠,马中,乔琦,等. 中国工业园区绿色发展政策对比分析及对策研究[J].
        环境科学研究,2020(2):511-517.

[169] 孙淼,李振宇. 中心城区工业遗存地用地特征与更新设计策略研究——以长三
        角7个城市为例[J]. 城市规划学刊,2019(5):9-100.